Fit für alle Sprechsituationen – BE PREPARED!
Die perfekte mentale, formale und inhaltliche Vorbereitung im Business

W0197145

THOMAS **KLOCK**

Fit für alle Sprechsituationen —
BE PREPARED!

Die perfekte mentale,
formale und inhaltliche Vorbereitung
im Business

LEYKAM

Die Gleichbehandlung von Frauen und Männern ist mir ein großes persönliches Anliegen. In der Sprache spiegeln sich Haltung und Einstellung von Menschen. Gleichzeitig muss ich als Kommunikations-Fachmann, dem die deutsche Sprache sehr am Herzen liegt, zur Kenntnis nehmen, dass manche gegenderte Formulierungen im Kontext eines Buchs eine große Herausforderung an die Lesbarkeit darstellen. Deshalb habe ich mich zwar zu einer grundsätzlich geschlechtsneutralen Formulierungsweise entschlossen, wenn Sie jedoch eine solche an der einen oder anderen Stelle vermissen, dann habe ich sie dort bewusst aus den genannten Überlegungen weggelassen, ohne sie aus dem Fokus zu verlieren und ohne nur eines der beiden Geschlechter zu meinen.

© by Leykam Buchverlagsgesellschaft m.b.H. Nfg. & Co. KG, Graz 2018

Kein Teil des Werkes darf in irgendeiner Form (durch Fotografie, Mikrofilm oder ein anderes Verfahren) ohne schriftliche Genehmigung des Verlages reproduziert oder unter Verwendung elektronischer Systeme verarbeitet, vervielfältigt oder verbreitet werden.

Layout und Satz: Gerhard Gauster
Lektorat: Rosemarie Konrad
Cover: Martina Dundler, www.mangomango.at
Autorenfoto: Matthias Heschl
Druck und Bindung: Steiermärkische Landesdruckerei GmbH, 8020 Graz
Gesamtherstellung: Leykam Buchverlag

ISBN 978-3-7011-8086-8
www.leykamverlag.at

Meinen Eltern

Franz & Brunhilde Klock

gewidmet

Inhaltsverzeichnis

3

4

5

Die THOMAS KLOCK Methode

Wenn ich mit Führungskräften arbeite, höre ich sehr oft das Gleiche: „Ich weiß ja, dass ich mich besser vorbereiten sollte, aber ich habe dafür einfach keine Zeit. Und Üben? Das tun die anderen ja auch nicht …" Es sind die zwei Klassiker: Zeit und Üben. Und dann auch noch Zeit für das Üben … Hallo? Und überhaupt – üben?? Ja, üben. Denn was unterscheidet die meisten Menschen von echten Profis im Kommunikationszirkus? Die professionelle Vorbereitung! Inklusive professionellen Übens. Das kostet nicht etwa Zeit, nein, es spart Zeit, weil Sie damit Ihr Ziel auf Anhieb erreichen, ohne zeitfressende „Ehrenrunden" …

Zugegeben: Es gibt unterschiedliche Stufen der Herausforderung an Sprechsituationen. Für die eine wird eine intensivere Vorbereitung notwendig sein als für eine andere. Doch – Hand aufs Herz – ist im Business-Kontext der Maßstab nicht immer der, dass die Botschaft so überzeugend wie möglich wirkt? Überzeugungskraft und Vorbereitung – ein direkt proportionaler Zusammenhang.

Alle Profis üben. Wir sehen das nur nicht. Weil sie uns nicht zusehen lassen. Zu Recht. Übungen macht man allein – bevor es nicht fertig ist, zeigt der Künstler sein Kunstwerk einfach nicht her! Mitten in einer Präsentation, während eines Vortrags ein Stocken und dann ein Satz, der wie „An dieser Stelle fehlt noch etwas, das habe ich noch nicht durchformuliert …" klingt, wirkt höchst unprofessionell und lässt auch am Inhalt zweifeln.

Vorbereitung hat bei den Profis ein fixes Zeitbudget, alles andere ist disponierbar. Weil sie wissen, dass von einer guten Vorbereitung alles abhängt: richtige Entscheidungen, Erfolg und Karriere, sogar die Gesundheit … Wenn Sie sagen, Sie haben sicher keine Zeit für eine gute Vorbereitung, dann ist dieses Buch nichts für Sie. Und Sie werden Ihre Zeit weiterhin mit wenig zielführenden rhetorischen Einsätzen vergeuden …

Im Business-Kontext ist es üblich, die Vorbereitung auf einen Vortrag, eine Präsentation fast ausschließlich auf die inhaltliche Ebene zu beschränken. Doch genauso wichtig ist es, auch die mentale und die formale Ebene zu beachten. Wie im Spitzensport sind auch in Sprechsituationen Haltung, Einstellung und „Bilder des Gelingens" von entscheidender Bedeutung. Und es ist die Form, die den Inhalt qualifiziert – nicht umgekehrt. Ob der Inhalt gehört und vor allem verstanden wird, hängt so letztendlich von Selbstbewusstsein, Mut, Körpersprache, Stimmklang, Dramaturgie, bildhafter Sprache und Einfühlungsvermögen ab …

Die THOMAS KLOCK Methode umfasst jede Monolog- wie auch Dialog-Situation, also alle Kommunikations-Settings. Egal, ob Sie *mit* oder *vor* Menschen sprechen: Ist Ihre persönliche Wirkung perfekt, werden Sie auch inhaltlich überzeugen. Sprechsituationen sind tatsächlich ungewöhnliche Herausforderungen. Ungewöhnlich im Sinne von „ungewohnt". Jenseits von Tratsch, Geplauder oder neudeutsch Smalltalk geht es nur noch darum, in möglichst kurzer Zeit Botschaften auf den Punkt zu bringen und überzeugend zu sein. Das schüttelt niemand einfach so aus dem Ärmel. Das muss erlernt und trainiert werden. Sich mit einem oder mehreren Menschen zusammenzusetzen oder sich vor Menschen zu stellen und zu sprechen, mit dem Vorhaben, dass sich *Ihre* Vorstellungen durchsetzen, erfordert spezielle Herangehensweisen. Wenn Sie mit und vor Menschen sprechen, haben Sie eine Botschaft, die ankommen soll. Die etwas bewirken soll. Wenn Sie das gut machen, sind große Veränderungen möglich.

Für viele ist dabei die Nervosität eines der ganz großen Hindernisse. Von Mark Twain ist der Ausspruch überliefert: „Das menschliche Gehirn funktioniert bis zu dem Zeitpunkt, wo du aufstehst, um eine Rede zu halten." Das Phänomen heißt: Redeangst. Auch Sie sprechen nicht gern darüber? Das ist verständlich. Es ist ein Tabu! In meiner 2016 durchgeführten und groß angelegten Studie über Redeangst kam es ans Tageslicht: Mehr als die Hälfte aller Führungskräfte (58 Prozent) leidet beim Sprechen an körperlichen und emotionalen Symptomen, die die Sicherheit und das Kontrollvermögen massiv negativ beeinflussen (mehr zu den Ergebnissen und Schlussfolgerungen dieser Studie in Kapitel 1.5). Das ist dramatisch. Bei jeder fünften Führungskraft, die stark darunter leidet, nimmt das Phänomen sogar noch weiter zu. Redeangst befindet sich unter allen Stressfaktoren einer Führungskraft an sechster Stelle, bei den darunter stark leidenden Führungskräften an erster Stelle. Als Hauptgrund wurde von den Befragten „schlecht vorbereitet zu sein" (mit Abstand am öftesten genannt) angegeben, gefolgt von Erwartungsängsten in Bezug auf Situationen, die neu, ungewohnt oder schwerer einzuschätzen sind. Und die Studie zeigte klar: je geringer die Häufigkeit von Sprechsituationen, desto größer der Grad an Nervosität. Diese Studienergebnisse machen das vorliegende Buch so notwendig. Fazit ist: Ein professioneller Auftritt beim Sprechen hat mit Routine, Übung und Vorbereitung zu tun! Und damit die Zeit gut investiert ist: mit der *richtigen* Vorbereitung.

Es ist ein Buch aus der Praxis für die Praxis. Sie als Führungskraft oder Mitarbeiterin bzw. Mitarbeiter mit Verantwortung haben wenig Zeit. Ein Buch für Sie muss schlank sein. Ein Minimum an Theorie, ein Maximum an griffigen Tools und Tipps. Sie warten schon auf Sie! Die Summe dieser Tools ist mein „BE PREPARED!"-Konzept: eine aufeinander abgestimmte Sammlung von Hilfsmitteln und Übungen. Damit laufen Sie zur Höchstform in Sprechsituationen auf.

Die von mir entwickelten Übungen und Methoden wirken schnell, tiefgreifend und nachhaltig. Und was vermutlich auch für Sie völlig neu ist, sind die Mentaltools aus dem Bereich der hypnosystemischen Interventionen. Auf die Hypnosystemik werde ich in diesem Buch sogar sehr intensiv eingehen, sie ist Grundlage meiner persönlichen Lebenshaltung. Eine genaue Beschreibung dieser psychologischen Beratungs- und Therapiemethode enthält Kapitel 1.6, aber auch davor und danach nehme ich immer wieder Bezug darauf und erkläre so nach und nach, wie die Hypnosystemik funktioniert. Eine ihrer Hauptsäulen ist, dass es keine Patentrezepte gibt, sondern nur auf den einzelnen Menschen, die entsprechende Situation und den jeweiligen Zusammenhang bezogene Lösungsansätze. Diese Grundhaltung läuft einem „Ratgeber", der auf die Individualität der einzelnen Leserin und des einzelnen Lesers naturgemäß nicht eingehen kann, ziemlich entgegen. Das ist mir vollkommen bewusst. Dennoch habe ich mich entschieden, in diesem Buch – einer spannenderen Schilderungsweise und leichten Lesbarkeit geschuldet – vielfach auf eine direktive Formulierung zurückzugreifen. Die konsequenten Hypnosystemiker mögen mir das verzeihen. So beschreibe ich zum Beispiel Übungen, in denen Formulierungen wie „Gehen Sie nun in den Raum …" usw. vorkommen. In einer hypnosystemischen Sitzung würde ein Berater eine derartige Formulierung nicht gebrauchen, da Menschen selbstorganisatorisch (autopoietisch) und autonom entscheiden und entscheiden wollen. Der Berater würde in so einem Fall sagen: „Wenn Sie wollen, können Sie nun in den Raum gehen …"

Zu den erwähnten Mentalübungen kommen Tipps zur Beherrschung der formalen Ebene sowie mein einzigartiger Leitfaden zur inhaltlichen Gestaltung. Daraus entsteht das unkomplizierte Gesamtkonzept der THOMAS KLOCK Methode. So sind Sie mit „Fit für alle Sprechsituationen" für Ihr nächstes Gespräch, Ihre Präsentation, Ihren Vortrag, Ihren Auftritt, Ihr Meeting, Ihr Interview oder Ihre Moderation perfekt vorbereitet:

„BE PREPARED!"

BE PREPARED! DIE MENTALE VORBEREITUNG

Jede Sportlerin und jeder Sportler weiß heute um die Wichtigkeit, nur aufgewärmt ans Gerät zu schreiten oder aufs Spielfeld zu laufen. Sie denken sich jetzt vielleicht: Was meint er mit „heute" – das war ja wohl immer schon so … Wenn Sie dabei an körperlich muskuläres Aufwärmen denken, stimme ich Ihnen zu. Was ich hier tatsächlich meine, ist: *mentales* Aufwärmen.

Mental-Pioniere im Sport waren die Österreicher. In den 1970er-Jahren entwickelte deren Schisprung-Team unter Baldur Preiml wegweisende Konzentrations- und Entspannungsübungen, die nebst einer Revolution im Bereich des Schi- und Bekleidungsmaterials das Wunderteam mit Toni Innauer, Karl Schnabl und vielen anderen hervorbrachten. Nach und nach übernahmen auch andere Nationen diese Form der Vorbereitung. Heute ist es televisionärer Alltag, den Akteurinnen und Akteuren welcher Sportart auch immer dabei zuzusehen, wie sie vor dem Start im Geiste und mit breiter Gestik durch Tore wedeln, stoßweise Atemluft herauspressen, die Brust schwellen, meditative Musik aus dem iPod hören, sich Affirmationen vorsagen usw. Die mentale Überlegenheit bestimmt heute mehr als die körperliche oder die für die jeweilige Sportart spezifisch technische den Erfolg im Sport. Das ist auch in Sprechsituationen so.

Was ist mentales Training? Ein Mensch hat ungefähr 60.000 Gedanken pro Tag. Davon sind lediglich drei Prozent positiv. Ziel eines Mentaltrainings ist es, auch in schwierigen Problemsituationen die positiven Seiten zu erkennen. Denn diese stärken – die negativen schwächen.[1]
Ein Beispiel: Ein Schauspieler steht auf der Bühne, kann seine Rolle, kann seinen Text. In vielen Proben hat er es ständig bewiesen. Dann kommt die Premiere … und er hat einen Texthänger … er kann seine Kompetenz nicht abrufen. Warum kann er nicht, wenn er es vorher konnte? Mentale Stärke heißt, den Zugang zur Selbststeuerung zu behalten. So können Ressourcen genutzt, Kompetenzen erhöht und Stress reduziert werden.
Führungskräfte und Menschen mit Verantwortung erleben große Belastungen. Dabei spielen die kommunikativen und rhetorischen Fähigkeiten eine große Rolle: Sich oder das Unternehmen optimal zu präsentieren, in Meetings die Stimme zu erheben oder in Gesprächen selbstbewusst und überzeugend zu argumentieren, wird vorausgesetzt. Erfolg hat heute, wer die Soft Skills beherrscht, denn fachlich gut sind heute (fast) alle …

1.1 Ihr inneres Bild bestimmt, was mit Ihnen geschieht

Bleiben wir noch kurz beim Sport. Ab und zu kann man in Siegerinterviews hören: „Ich hab's schon gewusst, bevor ich losgefahren bin – heute gewinne ich!" Das innere „Bild des Gelingens" bewirkt, dass das Gelingen tatsächlich eintritt. Ob es für einen Sieg über andere reicht, steht auf einem anderen Blatt – die Konkurrenz schläft ja nicht. Aber die Erfolgsaussichten sind um vieles größer. Visualisierungen haben eine Kraft, durch die Berge versetzt werden können. Für alle Skeptikerinnen und Skeptiker mit mechanistischem Weltbild: Das ist wissenschaftlich erwiesen.

Der Neurobiologe Gerald Hüther beschreibt in seinem Buch „Die Macht der inneren Bilder", wie Menschen durch ihre inneren Bilder zu dem werden, was sie sind. Er definiert die inneren Bilder als all die Vorstellungen, die wir in uns tragen und die unser Denken, unser Fühlen und unser Handeln bestimmen. Es sind im Gehirn abgespeicherte Muster, die wir benutzen, um uns in der Welt zurechtzufinden.

Diese Muster werden aus den fünf Sinneskanälen gespeist, also Sehen, Hören, Tasten, Riechen, Schmecken. Unser Gehirn ist das Organ, das die Bilder entstehen lässt. Die Sinnesorgane selbst sind nur die Rezeptoren. Maßgeblich dafür, ob ein Reiz, der über diese Sinnesorgane ins Gehirn kommt, auch bewusst wahrgenommen wird, ist nicht, wie „wahr" er tatsächlich ist, sondern als wie „wichtig" er eingeschätzt wird: Emotionalität vor Realität.

Die Qualität des inneren Bildes Ihrer Sprechsituation bestimmt also, wie Sie darüber denken, was Sie dabei fühlen und wie Sie diesbezüglich handeln. Das passiert überwiegend unterbewusst. Solange das so ist, herrscht das innere Bild über Sie. Wenn Sie jedoch bewusst innere Bilder erzeugen oder die vorhandenen verändern, herrschen Sie über die Bilder – und damit über Ihr Denken, Fühlen und Handeln.

Wenn Sie zum Beispiel in den ersten Minuten eines Gesprächs, einer Präsentation usw. regelmäßig das Gefühl von Unsicherheit empfinden, vielleicht sogar denken, man würde Sie ablehnen, und Sie erkennen, dass Sie schneller als üblich sprechen, dann deshalb, weil Sie ein inneres Bild davon haben und es immer wieder aufs Neue festigen. Ziel könnte es hier sein, dieses unvorteilhafte Bild (Problembild) durch ein zieldienlicheres (Lösungsbild) zu ersetzen. Dieses Lösungsbild kann erfunden sein. Denn das Gehirn kann eine lebhaft bildliche Vorstellung nicht von der Realität unterscheiden. Betonung auf „lebhaft". Beispiel Albtraum: Wir wachen schweißgebadet auf, schreien womöglich erschrocken, das

Herz rast, wir atmen schwer. Obwohl die Ursache – der Mörder hinter dem Vorhang – nur eingebildet ist, real existiert sie ja nicht. Lebhaft bedeutet also: Das Bild muss für das Gehirn *wichtig* sein, wir müssen es emotional *erleben* lassen.

Wir erkennen also zweierlei:

1. Bewusst erlebte innere Bilder helfen, unser Denken, Fühlen und Handeln mit unserem Ziel in Verbindung zu bringen. Visualisierungen sind „Ein-bild-ungen": Sie holen sich damit ein „Bild herein". Idealerweise ein positives „Bild des Gelingens".
2. Im Unterbewusstsein wirken sehr viele innere Bilder, viele davon machen Probleme. Diese inneren Bilder können verändert werden, damit sie zieldienlich nutzbar werden.

Das Bewusst- und Erlebbarmachen von inneren Bildern erfolgt über die fünf Sinne. Unser Gehirn besteht aus etwa 100 Milliarden Nervenzellen, die alle miteinander verbunden sind. Jedes Erlebnis, egal ob geschehen oder erwünscht/erdacht, ist in Form eines neuronalen Netzwerks angelegt. Dieses Netzwerk besteht aus mit diesem Erlebnis verbundenen und abgespeicherten Sinneswahrnehmungen: sehen, hören, tasten, riechen und schmecken. Für die Arbeit mit inneren Bildern ist es also wichtig, deren Bausteine, die dazugehörenden Sinneswahrnehmungen (auch Sinnesmodalitäten genannt), abzurufen. In der Hypnosystemik (und auch in anderen Modellen und Methoden der Psychologie bzw. der psychologischen Beratung) wird dafür der sogenannte VAKOG-Raster verwendet. Dieses Schema soll helfen, die fünf Sinneskanäle systematischer abfragen zu können.

Der VAKOG-Raster

V = visuell (Sehsinn)
A = auditiv (Hörsinn)
K = kinästhetisch (Tastsinn)
O = olfaktorisch (Geruchssinn)
G = gustatorisch (Geschmackssinn)

Abb. 1: Erleben entsteht über die Reize aus den fünf Sinneswahrnehmungskanälen.

Wenn Sie sich an Ihre letzte Präsentation erinnern, dann aktivieren Sie automatisch das dazugehörige neuronale Netzwerk und werden sofort wieder in die damalige Stimmung versetzt. Sie fühlen wieder das, was Sie damals gefühlt haben. Diese Stimmung wird über die fünf Sinneswahrnehmungskanäle repräsentiert: VAKOG. Vielleicht können Sie sich nicht mehr an alle fünf Sinneseindrücke gleich gut bewusst erinnern, zwei bis drei klappen aber so gut wie bei jedem. Vielleicht tauchen vor Ihrem geistigen Auge visuelle Details auf, vielleicht hören Sie innerlich etwas Bestimmtes, Sie werden vielleicht Wahrnehmungen am Körper spüren, vielleicht ein Ziehen oder Drücken oder ein Wärmegefühl an einer bestimmten Stelle, womöglich riechen oder schmecken Sie etwas. Sobald Sie sich auf dieser Ebene der Sinneswahrnehmungen bewegen, *erleben* Sie die Situation, egal ob vorgestellt oder real. Sonst ist es bloß ein „Reden oder Denken *über*", das nichts verändert, unser Ziel aber ist das „Erleben *von*". Übung 1 – „Bild des Gelingens" – soll Ihnen dabei helfen, dieses Ziel zu erreichen:

Übung 1 – „BILD DES GELINGENS"

1. Nehmen Sie sich ausreichend Zeit, achten Sie auf Ruhe, setzen oder legen Sie sich gemütlich hin. Vielleicht wollen Sie die Augen schließen.

2. Stellen Sie sich eine Sprechsituation vor, vielleicht jene, die unmittelbar bevorsteht.

3. Nun sagen Sie sich einen Satz wie: „Diese Sprechsituation wird die überzeugendste meines Lebens!", oder: „Bei diesem Vortrag werde ich mich unendlich sicher fühlen, die Zuhörer werden begeistert sein!" Achten Sie darauf, dass der Satz positiv formuliert ist, Negationen, Wörter wie „nicht", „kein" usw., versteht das Gehirn nicht.

4. Wie fühlt sich dieser Zustand an? Wenn es Ihnen schwerfällt, in das Gefühl hineinzukommen, sagen Sie sich: „Wie würde es sich anfühlen, wenn ich in das Gefühl hineinkommen *könnte?"* Das funktioniert auch!

5. Nun gehen Sie den VAKOG-Raster durch, um das Gefühl und die Situation lebhaft zu gestalten, also erlebbar zu machen:
    – Wie sehen Sie sich, den Raum, die Menschen, während Sie die überzeugendste Sprechsituation Ihres Lebens erleben?
    – Was hören Sie ...?
    – Wo am Körper haben Sie welche Wahrnehmung?
    – Können Sie etwas riechen?
    – Etwas schmecken?

6. Je intensiver Sie die einzelnen Sinneswahrnehmungen beschreiben können, umso stärker erleben Sie Ihr Wunschbild.

7. Versuchen Sie auch, alle fünf Sinneswahrnehmungskanäle möglichst gleichzeitig wahrzunehmen. Erleben Sie die Gesamtstimmung, als passierte die Sprechsituation eben jetzt.

8. Nach einiger Zeit verlassen Sie das Bild, öffnen die Augen, strecken sich und atmen einmal kräftig durch.

Machen Sie derartige Visualisierungsübungen, so oft Sie können. Auch unmittelbar vor einer Sprechsituation. So bereiten Sie sich optimal mental vor.

Eine Visualisierungstechnik zum Entspannen, um sich in die eigene Mitte zu bringen, ist der sogenannte „Wohlfühl-Raum". Bei dieser Übung versetzen Sie sich nicht in die konkrete Sprechsituation, sondern in eine Szenerie, die auf Sie erholsam und beruhigend wirkt. Sie können diesen Ort schon persönlich besucht haben, ihn nur von Bildern oder Erzählungen kennen oder sogar erfunden haben. Beim „Wohlfühl-Raum" kann es sich um einen Raum in einem Gebäude handeln, oder um einen Platz zum Beispiel in der Natur. Alles ist möglich, Hauptsache, er wirkt entspannend, kein anderes Ziel soll damit erreicht werden. Wichtig ist, dass er so detailliert wie möglich beschrieben werden kann. Denn auch in dieser Übung dient der VAKOG-Raster als Mittel zum Erleben.

Übung 2 – „WOHLFÜHL-RAUM"

---

1. Nehmen Sie sich ausreichend Zeit, achten Sie auf Ruhe, setzen oder legen Sie sich gemütlich hin. Vielleicht wollen Sie die Augen schließen.
2. Stellen Sie sich Ihren ganz persönlichen „Wohlfühl-Raum" vor und begeben Sie sich gedanklich hin bzw. hinein.
3. Nun gehen Sie den VAKOG-Raster durch:
    – Was sehen Sie? Was wollen Sie sehen? Erfüllen Sie sich Ihren Wunsch! Sie sind nun die Produzentin, der Regisseur, die Drehbuchautorin, der Dramaturg, Ausstatter, die Maskenbildnerin, Beleuchterin oder der Kameramann usw. Ihres eigenen Films!
    – Was hören Sie?
    – Wo am Körper haben Sie welche Wahrnehmung?
    – Was riechen Sie?
    – Was schmecken Sie?
4. Nach einiger Zeit verlassen Sie das Bild, öffnen die Augen, strecken sich und atmen einmal kräftig durch.

Den „Wohlfühl-Raum" können Sie immer und überall besuchen, er steht Ihnen permanent zur Verfügung, Sie haben ihn immer dabei. Und wenn Sie schon Übung darin haben, ist es ganz leicht, ihn schnell aufzusuchen, also zum Beispiel immer dann, wenn Sie akut eine Stressreduktion benötigen.

Visualisierungen haben viel mit der Kraft des Positiven Denkens zu tun. Die entsprechenden Regale in den Buchhandlungen sind voll mit derartigen Ratgebern. Womöglich haben Sie selbst schon einmal einen gelesen. Die meisten von ihnen haben allerdings einen Haken: Sie funktionieren auf Dauer nicht. Das in pseudowissenschaftlichen Publikationen breitgetretene Positive Denken braucht nämlich noch etwas Entscheidendes zusätzlich.

Stellen Sie sich bitte vor: Sie bereiten sich auf eine Kurzpräsentation im Rahmen eines Meetings vor. Um mental gut gerüstet zu sein, schaffen Sie sich ein Bild Ihres perfekten Auftritts. So weit, so gut. Da Sie schon die Erfahrung gemacht haben, dass Sie in solchen Situationen manchmal zu schnell reden, stellen Sie sich vor, wie Sie langsam und kontrolliert sprechen. Dazu gehen Sie sogar den VAKOG-Raster durch und verbinden jede einzelne Sinneswahrnehmung mit dem guten Grundgefühl, langsam zu sprechen. Wenn Sie dann aber die Präsentation halten, erkennen Sie, dass Sie gleich schnell gesprochen haben wie immer. Was ist passiert? In Ihrem Bild Ihres perfekten Auftritts ist zumindest ein Aspekt enthalten, den Sie sich *deswegen* positiv vorstellen, weil Sie ihn irgendwann davor schon einmal *negativ* erlebt haben. In unserem Beispiel ist das das schnelle Sprechen. Sie konzentrieren sich deshalb auf das Einbremsen, weil Sie schlechte Erfahrungen mit dem Schnellsprechen gemacht haben. Das heißt, Sie haben ein Problem, das Sie sich nicht näher ansehen, Sie wollen gleich die Lösung. So leicht lässt sich das Gehirn aber nicht übertölpeln. Einfach nur mehr an das Positive denken, nur das Positive, positiv, positiv, positiv ... Schönreden (allein) hilft nicht! Aus der Sicht des Gehirns hat nämlich alles, was es abspeichert, einen Sinn! Auch das Negative. Zum Beispiel als Warnung oder als Schutz. Aspekte, die mit dem Erlebten in Verbindung stehen, unter den Tisch fallen zu lassen, lässt das Gehirn nicht zu. Deshalb stellt die Hypnosystemik – wenn ein Problem auftaucht oder bereits vorhanden ist – zunächst die „Würdigung des Problems" vor das Lösungsbild. Erst dadurch und danach kann ein Konzentrieren auf das positive Erleben nachhaltig funktionieren. Das Würdigen lässt sich in etwa mit dem Anerkennen des Problems umschreiben. Dabei ist es egal, ob Sie im Problem einen *Sinn* erkennen oder nicht. Sie nehmen jedenfalls die Haltung ein, eine Sinnhaftigkeit *anzuerkennen*.

Übung 3 – „PROBLEMWÜRDIGUNG"

1. Nehmen Sie sich ausreichend Zeit, achten Sie auf Ruhe, setzen oder legen Sie sich gemütlich hin. Vielleicht wollen Sie die Augen schließen.
2. Versetzen Sie sich in die Situation, als würden Sie die Sprechsituation eben durchleben.
3. Vielleicht taucht ein Problem auf. Zum Beispiel, dass Sie oft zu schnell sprechen.
4. Würdigen Sie nun das Problem mit Worten wie: „Ja, ich bin mir bewusst, dass ich manchmal zu schnell spreche. Ich bin mir sicher, es hatte bisher irgendeinen Sinn. In Zukunft möchte ich es gern anders haben!"
5. Dann visualisieren Sie wie gewohnt Ihr Wunschbild und setzen fort wie in Übung 2, Punkt 3, beschrieben.

Einer der Grundsätze der Neurobiologie, also der modernen Gehirnforschung, lautet: Alles, worauf Sie achten, verstärkt sich. Jene neuronalen Bahnen und Netzwerke, die immer wieder begangen werden, verstärken sich. Würden Sie *nur* das Problem visualisieren, dann würde es tatsächlich zunehmen. Wenn Sie es wegdrängen, verschafft es sich auf andere Art Aufmerksamkeit, kommt womöglich aus dem Hinterhalt. Wenn Sie seine Existenz anerkennen, ihm aber auch zu verstehen geben, sie bräuchten eine Änderung, kann es ohne Kampf gehen.

Die in Übung 3 beschriebene Abfolge ist nur der Anfang, mit der Technik der „Problemwürdigung" zu arbeiten. Fortgeschrittene tauschen die Informationen aus den einzelnen Sinneswahrnehmungskanälen zwischen einem Problembild und dem Lösungsbild regelrecht aus. Dazu mehr in Kapitel 1.6.

1.2 Wissen, womit und mit wem man es zu tun hat

Wissen Sie, wie ein Verschiebebahnhof funktioniert? So etwas braucht man, um Lastzüge neu zusammenzustellen. Wie Abbildung 2 zeigt, werden auf einer Seite nach und nach Waggons hereingeschoben. Jeder einzelne erhält durch den sogenannten Abrollhügel Eigenschwung, und dank eines an ihm montierten Chips gleitet er durch viele von Computern korrekt gestellte Weichen auf jenes Gleis, auf dem er mit anderen Waggons einen neuen Zug mit einer bestimmten Destination bilden soll. Eine Lokomotive zieht den fertigen Zug heraus, und ab geht's ans Ziel bzw. zum nächsten Verschiebebahnhof.

Frage: Welche Weiche ist die wichtigste? Richtig: die erste! Da ja permanent Waggons den Abrollhügel herunterkommen, wiegt eine falsch gestellte Weiche am Anfang geradezu fatal, einen so verirrten Waggon kann man nur mehr in die Luft sprengen … Eine falsche Weiche weiter hinten wiegt weniger schwer. Kurz anhalten, zurückschieben, aufs richtige Gleis und fertig!

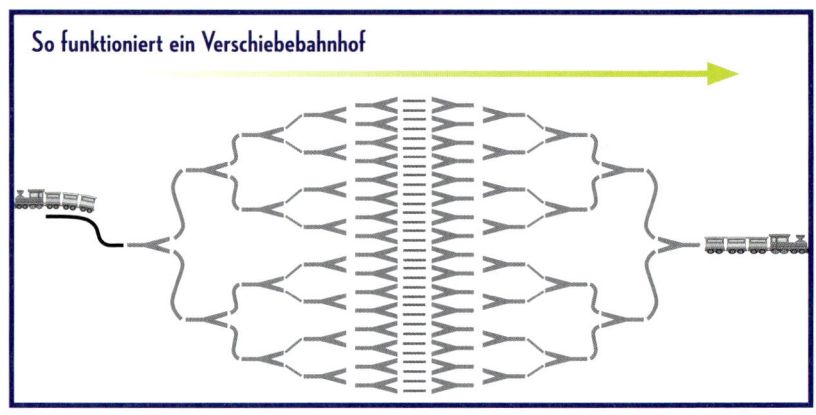

So funktioniert ein Verschiebebahnhof

Abb. 2: Je früher die Entscheidung, umso folgenschwerer ist sie.

Je früher die Weiche (= Entscheidung), umso wichtiger! Diese Formel gilt auch für die perfekte Vorbereitung auf eine Sprechsituation. Die ersten Entscheidungen, die Sie treffen, sind jene, die die größten Auswirkungen darauf haben, ob Ihre Botschaft ankommt und wie Ihre persönliche Wirkung ist.

Wie wichtig Visualisierungen sind, haben wir schon im vorigen Kapitel besprochen. Nun wenden wir diese Technik an der „Ersten Weiche" ganz konkret auf die anstehende Sprechsituation an. Je genauer Ihre Vorstellung davon ist, was Sie erwartet, umso treffender wird Ihre Botschaft sein. Dazu benötigen Sie eine Vielzahl an Informationen. Recherchieren Sie ausgiebig! Dafür habe ich eine Checkliste erstellt:

Checkliste 1 – „ERSTE WEICHE"

1. Wer ist Ihr Zielpublikum?
   Wie viele Personen sind es? Wenn es mehrere sind, ist die Gruppe heterogen oder homogen? Wie lauten ihre Namen? Welche beruflichen Funktionen haben sie? Welche Motivation könnten sie haben, Ihnen zuzuhören? Usw.
2. Machen Sie sich ein Bild! Googeln Sie oder lassen Sie sich Fotos schicken:
   - von der Person bzw. den Personen,
   - von dem Raum, in dem Sie sprechen werden: Größe und Größenverhältnisse, Farbe, Helligkeit, Bestuhlung, Tische, Platz für Präsentationsmittel etc.
3. Am besten ist es natürlich, Sie machen eine Begehung. Dann können Sie auch gleich den Klang des Raums hören – auch das machen Profis!
4. Wenn Ihnen etwas Störendes auffällt, fordern Sie sofort eine Veränderung ein (siehe Kapitel 2.1).
5. Stellen Sie sich bei allen weiteren Vorbereitungsschritten ganz konkret und detailliert vor, wie Sie *in diesem* Raum vor *diesen* Menschen stehen oder sitzen und zu *ihnen* sprechen. So als würden Sie es schon tun!

Meine berufliche Laufbahn als Präsentator im Österreichischen Rundfunk, die 1986 in der Auszeichnung als beliebtester Moderator des Radioprogramms Ö3 gipfelte, begleiteten viele kluge Tipps meiner Mentoren. Die meisten von ihnen wende ich auch heute noch als Trainer an oder gebe Sie in meinen Coachings an meine Klientinnen und Klienten weiter. Einer dieser Tipps lautet: „Spreche nicht zu einer diffusen Menge von Menschen, sondern immer konkret zu einem!"

Dahinter verbergen sich zwei Wahrheiten: Wenn Sie es schaffen, in einer Gruppe von Menschen zumindest zu einem eine Beziehungsebene aufzubauen, fühlen sich viele angesprochen. Das heißt aber nicht, dass Sie nur einen *ansehen* müssen – den Blick müssen Sie tatsächlich kreisen lassen, Beziehungsebene ist mehr als Augenkontakt (mehr dazu in den Kapiteln 2.6 und 2.7).

Und es bedeutet zum anderen, dass Sie nur dann eine punktgenaue Botschaft absenden können, wenn Sie ein klares Bild von Ihrem Publikum haben. Bei einem einzelnen Zuhörer genauso, wie wenn Sie vor einer

Gruppe sprechen. Eine Gruppe besteht aus *einzelnen* Menschen. Jede bzw. jeder Einzelne darin fühlt sich nicht als Teil einer Gruppe angesprochen, sondern entweder persönlich oder gar nicht. Somit ist es umso besser, je mehr Menschen einer Gruppe Sie sich ganz konkret vorstellen können und je genauer das Bild von jedem einzelnen ist.

Falls Sie nun nach einer perfekten Recherche und Vorbereitung am Tag des „Auftritts" am „Tatort" erscheinen, und Sie finden alles verändert vor, nichts ist so wie auf den Fotos und in Ihren Vorstellungen, werden Sie *nicht* aus allen Wolken fallen. Sie werden sich in diesem Fall sogar viel *leichter* tun! Denn jene, die sich alles bis ins letzte Detail vorgestellt haben, können besser auf die Veränderungen eingehen, als jene, die keine Vorstellungen haben. Probieren Sie es aus! Es ist wie in der Musik: Improvisieren können nur die, die das Stück perfekt spielen können. Wer das Stück nicht kennt, kann auch nicht darüber improvisieren. Durch die konkreten Vorstellungen haben Sie ein Bild davon, wie Sie es haben *wollen*. Wenn sich nun die Umstände ändern, ist es dadurch leichter, das Ziel weiterzuverfolgen.

An der „Ersten Weiche" entscheidet sich, zu wem und wie Sie sprechen. Alle weiteren Schritte des Vorbereitens sind durch diese Grundentscheidung beeinflusst. Ohne viele Worte. Durch Bilder. Ihre inneren Bilder von Ihrem Publikum, Ihren Gesprächspartnern. Sie machen es schon, noch bevor Sie es machen! Durch dieses Hineinversetzen – „so als ob" – in die Sprechsituation sprechen Sie zu jemand Bestimmtem etwas ganz Konkretes. So wird die Botschaft punktgenau ankommen, und Sie fühlen sich gut vorbereitet.

Ziele setzen – aber richtig! 1.3

Ich nenne diese „Erste Weiche" in der Vorbereitung auf eine Sprech-situation gerne die „Weiche der Inneren Klarheit". Weil sich an dieser so frühen Stelle des Prozesses klären soll, wie die eigenen inneren Bilder des Zielpublikums aussehen. Das ist jedoch noch nicht alles. Diese „Entschei-dung der Inneren Klarheit" betrifft auch die Frage nach dem Ziel selbst: Welches Ziel verfolge ich ... wirklich?

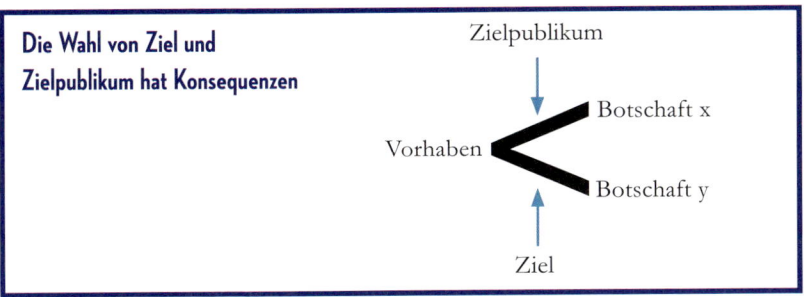

Abb. 3: Die Antwort auf die Frage nach dem Zielpublikum und dem Ziel hat weitreichende Folgen. Sie kommen dann mit Ihrer Botschaft auf den Punkt, wenn Sie sich darüber im Klaren sind – und das so früh wie möglich.

Stellen wir uns vor, Sie werden beauftragt, beim nächsten Jour fixe einen Input zur aktuellen Umsatzentwicklung zu gestalten. Sie machen die ers-ten Schritte der Vorbereitung vollkommen richtig, visualisieren also den Raum und die zu erwartenden Kolleginnen und Kollegen, überlegen sich deren Bedürfnisse und Erwartungen – und dennoch kommen Sie beim Auftritt nicht auf den Punkt, der Funke springt nicht über ... Womöglich deshalb: Welche Ziele haben Sie sich *genau* gesteckt? Was wollten Sie dort erreichen? Und bei Ihrer Selbstanalyse kommen Sie dann drauf: Ihr Ziel hat im Wesentlichen nur darin bestanden, eine gute Präsentation abzu-liefern. Das ist aber so selbstverständlich, dass es niemanden hinter dem Ofen hervorlockt ...

„Innere Klarheit" ist neben dem Definieren des Publikums ein weiterer Aspekt der „Ersten Weiche". Ich spreche von Ihren Absichten. Ihren *eigenen*, versteht sich! Nicht von denen Ihres Auftraggebers. Kriterium ist, ob Sie die Absichten übernommen haben, ohne näher darüber nachzu-denken, oder ob gar ein unbewusstes Ziel Ihren Auftritt überschattet oder beeinflusst hat.

In meiner Beobachtung gehen die meisten Menschen mit gar keiner Zielklärung oder mit bloß einem sehr schwachen Ziel an eine Sprechsituation heran. Ziele wie „Ich möchte sie überzeugen" oder „Ich möchte mich nicht versprechen" oder „Es soll einfach gut laufen" können Sie allesamt vergessen. Sobald Sie ein Ziel haben, auf das Sie auf gut Österreichisch mit einem „Na net", also einem „Ja eh", reagieren können, ist es ein wirkungsloses Ziel. Ein starkes Ziel könnte sein: „Ich erwarte mir, dass meine Zuhörer dem vorgestellten Prozess vollinhaltlich zustimmen und mir am Ende des Meetings einen klaren Auftrag in meinem Sinne erteilen."

Oder ein anderes Beispiel. Sie sind ein Anbieter von Dienstleistungen und zu einem Kennenlerngespräch in den Räumlichkeiten eines potenziellen Kooperationspartners eingeladen. Viele würden das so anlegen, dass sie darauf achten, die richtigen Unterlagen eingepackt, die Beschreibungen der eigenen Angebote gut im Kopf gespeichert, die passende Kleidung und die Anreise zeitlich gut berechnet zu haben. Als Ziel taucht dann so etwas wie ein „den Auftrag bekommen" auf. Der Profi hingegen lenkt seinen Fokus woandershin. Mittels mentaler Vorbereitung und guter Recherche weiß er zunächst einmal ganz konkret, in welcher Umgebung er es mit wem genau zu tun haben wird und was seine Gesprächspartner wahrscheinlich wollen. Darauf nimmt er Bezug und klärt nun seinerseits, ob sich das mit seinen Zielvorstellungen verträgt, wo es Überschneidungsflächen gibt und welche konkreten nächsten Schritte er sich erwartet oder gar wünscht. Seine Zielformulierung könnte somit lauten: „Ich möchte bei dem Punkt xy höchst kompetent erscheinen, will, dass sich die Gesprächspartner so weit öffnen, damit ich klar sehen werde, wo die Grenze des Zumutbaren ist, und ich somit alle Informationen erhalte, um ein perfektes Vertragsangebot erstellen zu können." Das ist weit konkreter als ein „den Auftrag bekommen" – na net!

Bei Ihren Zielformulierungen können Sie ruhig ein wenig übertreiben. Gehen Sie aus der Komfortzone heraus (Abbildung 13, Seite 64)! Ein Freund von mir hat mir vor Kurzem eröffnet, dass er regelmäßig Lotto spielt. „Ah", sagte ich durchaus erstaunt, da ich das von ihm nicht angenommen hatte, „sehr interessant, hast du schon einmal etwas gewonnen, und was erwartest du dir?"

„Na, ja, drei Richtige waren schon dabei, aber mehr als ein Vierer, das wird's wohl nicht werden …"

Darauf ich: „Wozu spielst du denn dann überhaupt?"

Wir sind in unseren Zielsetzungen viel zu bescheiden, zu brav, zu zurückhaltend. Da gehört mehr Leidenschaft, mehr Emotionalität, mehr Biss hinein. Wenn man sich nicht einen Sechser erwartet, dann macht das Lottospielen ja gar keinen Sinn! Freilich ist die Wahrscheinlichkeit nicht sehr hoch – aber nur wenn ich nach den Wolken greife, wenn ich mir *hohe* Ziele setze, kann ich Erfolge erwarten. Ein hohes Ziel motiviert! Sie sagen jetzt vielleicht: „Aber wenn das Ziel so hoch ist, dann erreiche ich es ja nie …" Das Gegenteil ist wahr: Wenn Sie sich ein schwaches Ziel setzen – oder gar keines –, erreichen Sie es *nicht*. Wenn Sie sich hohe Ziele setzen, bleiben Sie eher dran, dann gelingt auch ein Vierer, irgendwann einmal ein Fünfer, und dann vielleicht auch der Sechser selbst. Hohe Ziele ermöglichen, dass Sie beharrlich das Ziel im Auge behalten.

Ziele müssen „ziehen"! Sie wollen ein neues Auto, ein größeres, komfortableres? Eine Luxuskarre vielleicht, einen Sportwagen, so ein Traumgerät, ja? Sie fahren jetzt einen Polo, aber weil Sie so brav sind – so ein Realist, wie die meisten Menschen jetzt sagen würden –, wünschen Sie sich bloß einen Golf – „Das ist realistisch!". Okay. So werden Sie ewig einen Polo fahren. „Keep your feet on the ground and keep reaching for the stars!", sagte die US-Radiolegende Casey Kasem am Schluss jeder Sendung. Beides muss sein, nicht nur eines von beidem. Visieren Sie als Ziel einen Porsche an, und es wird zunächst mal ein Scirocco ;) Und wenn Sie beharrlich an Ihrem Ziel festhalten, dann, ja dann nennen Sie tatsächlich vielleicht auch einmal einen Porsche Ihr Eigen!

Bitte verstehen Sie mich richtig: Ich zweifle nicht an den Gesetzen der Wahrscheinlichkeit. Aber es ist auch in der modernen Physik ein unumstößliches Gesetz, dass Sie mit jeder Mobilisierung, die Sie vornehmen, mit jedem Energieausstoß auch dementsprechende Energie zurückerhalten. Ganz praktisch gedacht: Wenn Sie ein schwieriges Thema durchbringen müssen, das von vielen skeptisch gesehen wird, während Sie selbst voll davon überzeugt sind – welche innere Haltung im *Vorhinein* hilft Ihnen wohl *mehr*? Version 1: „… hoffentlich lehnen sie es nicht ab …" Oder Version 2: „Ich sehe ihre begeisterten Gesichter voller Zuversicht und Interesse für diesen neuen Ideen, und sie stimmen zu!" Sehen Sie …

Um hohe Ziele zu erreichen, muss man sich etwas trauen. Das erfordert *Mut*, davor natürlich die *Idee* für ein Ziel und danach die *Beharrlichkeit*, dranzubleiben. Bescheidenheit ist bei der Zielefindung eine falsche Zier. Zu kleine, zu wenig ziehende Ziele funktionieren leider so wie die berühmte Elefantenschnur. Sie kennen dieses Phänomen? Elefanten sind die stärksten Landtiere der Welt. Wenn Sie abgerichtet sind, lassen sie sich mit einem dünnen, kurzen Schnürchen überall anbinden, ohne Knoten, und sie stehen dann bereitwillig stundenlang da, ohne sich zu rühren. Sie bräuchten nur einen kleinen Schritt zu machen – die Schnur würde sofort reißen oder sich lösen, ohne Anstrengung, einfach so. Die Halter dieser Tiere wissen das natürlich. Aber sie haben den Tieren beigebracht, dass die „Schnur im Kopf" sie dazu bringt, sich nicht zu bewegen. Wir alle haben so unsere Elefantenschnüre. Wenn wir Ziele formulieren, egal, ob für unser Leben, unser Projekt oder unsere Sprechsituation, wirken die Schnüre, und wir entwerfen lahme Ziele, bewegungslose, emotionslose Ziele. Erkennen wir sie und hängen wir die Karotte ganz weit vor uns hin!

Übrigens: Zielsätze sollten Sie nie in der Verneinung formulieren. Ha, welch ein Unsinn, dieser Satz! Er muss natürlich lauten: Solche Sätze immer in der Bejahung formulieren! Ein „Nein", „Nicht", „Kein" usw. hört Ihr Gehirn nicht. Schon wieder …
„Denken Sie nicht an einen rosa Elefanten!" – diesen Satz kennen Sie wahrscheinlich. Auch deshalb ist das zuvor genannte Beispiel – „… hoffentlich lehnen sie es nicht ab …" – wenig zielführend. In Gehirnen, die diesen Satz hören oder denken, entsteht daraus: „… hoffentlich lehnen sie es ab …" Bejahungen gegenüber Verneinungen vorzuziehen, ist übrigens ein weitaus komplexeres Thema, als hier nur angedeutet wird. So fühlen sich zum Beispiel auch Formulierungen wie „Es liegt noch viel Anstrengung vor mir" belastend an (Problemorientiertheit), während der Satz „Ich werde in … fertig sein" erlösend wirkt (Lösungsorientiertheit).

Und noch etwas Wichtiges: Abstrakte Zielformulierungen sind immer schwach, konkrete sind stark. Sehr konkret sind Zielformulierungen, die eine Sachebene *und* eine emotionale Ebene beinhalten. Die Faustregel für die Zielformulierung lautet: Ich und mein emotionaler Bezug dazu. Also welche emotionale Reaktion meiner Rezipienten hätte ich gern? Um beim obigen Beispiel zu bleiben, ideal wäre: „Mein Ziel ist es, eine kompromisslose Zustimmung zum präsentierten neuen Regelwerk zu bekommen und dabei ihre begeisterten Gesichter voller Zuversicht und Interesse zu diesen neuen Ideen zu sehen!"
Apropos Emotionen: Solange Sie sich ihrer nicht bewusst sind, machen sie mit Ihnen, was sie wollen. „Innere Klärung" bedeutet auch, die eigenen Emotionen zu erkennen, sie zuzuordnen und sie so im Griff zu haben. Viele Sprecherinnen und Sprecher schleppen eine „hidden agenda" mit sich mit. Das sind Aspekte, die nicht ausgesprochen werden. Entweder weil man sie verbergen will, weil man sie nur vage begreift oder weil sie gar vollständig unbewusst bleiben. Was auch immer der Grund ist, ihre emotionale Kraft wirkt. Wenn unter den Zuhörern Ihre Chefin oder Ihr Chef sitzt, und Sie sehen das als Chance, eine tolle Visitenkarte von sich abgeben zu können, verdrängen Sie dieses Anliegen nicht, sondern machen es sich in allen Einzelheiten bewusst und integrieren es in Ihr Ziel.

Tun Sie es nicht, werden womöglich die dazugehörenden Gefühle unkontrolliert durchbrechen und Sie *dadurch* vielleicht eitel, aufdringlich oder eingebildet erscheinen. „Innere Klärung" bedeutet: *Sie* haben *sich* im Griff. Und damit Ihre Botschaft.

Für die perfekte Vorbereitung stecken Sie sich also hohe, starke Ziele. Checkliste 2 zeigt, wie's geht:

Checkliste 2 – „STARKE ZIELE"

1. Formulieren Sie starke, das heißt *hohe* Ziele.
2. Hohe Ziele sind sehr konkret und erzeugen keine „Eh klar"-Reaktion.
3. Zielformulierungen bestehen aus einer Sachebene und einer emotionalen Ebene: Welche sachlichen und emotionalen Reaktionen wünschen Sie sich?
4. Übertreiben Sie dabei ruhig, gehen Sie aus der Komfortzone heraus, die Trägheit des Systems zieht Sie ohnehin wieder ein Stück zurück.
5. Hohe Ziele motivieren dazu, am Ziel festzuhalten.
6. Formulieren Sie Ihr Ziel in einer bejahenden Form – ohne „nein", „nicht", „kein" etc.
7. Ein solches Ziel, gemeinsam mit dem visualisierten Zielpublikum in der vorgestellten Umgebung, wird Ihre Botschaft an der „Ersten Weiche", der „Entscheidung der Inneren Klarheit", nachhaltig positiv beeinflussen.

1.4 Authentizität & Inszenierung – mit Mut zur persönlichen Wirkung

Immer wieder höre ich Menschen mit einem Stoßseufzer der Erleichterung sagen: „Gott sei Dank ist heute nichts passiert!" Super! Nichts passiert … ist das nicht furchtbar? Wie langweilig! Ich weiß schon, man meint damit vor allem, dass nichts *Schlechtes* passiert sei. Aber da Sprache das Denken abbildet, ist dieser Satz auch ein Abbild der inneren Haltung: „Lieber gar nichts passiert als etwas Schlechtes." Hier fehlt es offenbar an Mut! Starke Ziele brauchen Mut, haben wir im vorherigen Kapitel festgestellt. Um hohe Ziele zu erreichen, muss man sich etwas trauen. Doch wie wird man mutig? „Nur wer die Angst kennt, kann mutig sein", soll Niki Lauda einmal gesagt haben, und der muss es wissen. Dieser einfache und logische Satz zeigt sehr schön den Zusammenhang zwischen diesen beiden Antagonisten auf. Mut entsteht entweder dadurch, dass die Angst kleiner wird oder das Ziel wichtiger als die Angst wird. So oder so bin ich mit Mut in der Lage, „bei mir bleiben zu können".

Ich bin ich selbst – ein anderes Wort dafür ist Authentizität. Alle wollen authentisch sein. Unverfälscht, klar, aufrichtig und stark. Authentisch zu sein liegt voll im Trend. Auch die Werbung hat das erkannt. Man sieht Plakate von einem „authentischen Bier", TV-Spots einer „authentischen Sportswear" und Anzeigen in Zeitungen für die „authentische Form" eines Oberklasse-Kleinwagens. Im Internet fand ich für den Zeitraum der letzten sieben Jahre ganze 16 Markenartikler, die ihre Produkte mit „authentisch" oder „Authentizität" angepriesen haben.

Authentische Menschen wirken stark, aufrichtig, wahrhaftig, selbstbewusst, ehrlich usw. und werden von ihrer Umgebung als nährend, stärkend und bereichernd empfunden – aber auch als herausfordernd … Authentische Menschen können schwierig sein – sie haben eben ihren eigenen Kopf.

Es gibt zahlreiche Modelle, um Authentizität zu beschreiben, psychologische, sozialwissenschaftliche, philosophische wie neurobiologische. Mein Versuch, die mir bekannten zusammenzufassen, sieht so aus:

„EIGENSCHAFTEN EINER AUTHENTISCHEN PERSON"

1. Handelt auf Basis eigener Überzeugungen (auch wenn es nachteilig wäre).
2. Lässt sich nicht manipulieren (setzt Grenzen).
3. Hält für unwichtig, was andere über sie denken.
4. Forscht stetig nach unbewusst gespielten Rollen und wird immer mehr sie selbst.
5. Erkennt selbstreflektierend ihre Motive, Wünsche, Gefühle, Stärken, Schwächen.
6. Erkennt den eigenen und fremden Anteil an ihren Interaktionen mit der Umwelt.
7. Ist nicht rücksichtslos, sondern einfühlend (empathisch).

Die Punkte 1 bis 4 zeigen ganz deutlich: Der Haupthinderungsgrund, authentisch zu sein, ist fehlender Mut. Gehen Sie die Punkte einzeln durch und überlegen Sie, was Sie brauchen, um die jeweilige Eigenschaft zu erhalten. Was immer Ihnen dazu einfällt, letztendlich ist es der Mut, den Sie brauchen werden. In letzter Konsequenz. Zum Beispiel gleich der Punkt 1: „Handelt auf Basis eigener Überzeugungen." Vielleicht sagen Sie sich, da brauche ich zunächst einmal Überzeugungen selbst. Ja, und wenn Sie die haben, was brauchen Sie dann? Denken Sie an eine Situation, in der Sie anderer Meinung als Ihre Chefin oder Ihr Chef waren. Womöglich hatten Sie das Selbstbewusstsein, Ihre Überzeugungen als anerkennens-wert zu betrachten, vielleicht waren Sie sogar motiviert und hatten den Willen, dazu zu stehen, und dennoch erhoben Sie sich nicht und gingen ins Chefbüro, um Ihre Überzeugungen *auszusprechen*, auf die Gefahr hin, gekündigt zu werden. Was – in letzter Konsequenz – fehlte, war der Mut. Der Mut, tollkühn und erhobenen Hauptes die Konsequenzen zu (er)tra-gen, auch wenn sie nachteilig gewesen wären. Mut ist der Schlüssel zu einer authentischen Haltung, ist die Hauptzutat, starke Ziele zu entwer-fen. Ist ein Schlüssel für einen guten Auftritt als Sprecherin bzw. Sprecher! Wie Sie Angst in Mut verwandeln, beschreibe ich in den beiden folgenden Kapiteln 1.5 und 1.6.

Eine weitere Zutat für Authentizität ist eine gesteigerte Wahrnehmungs-fähigkeit. Denn die Punkte 5 und 6 der Liste benötigen letztendlich etwas anderes als Mut. Durchaus, es braucht manchmal viel Mut, um seine eigenen Schwächen ansehen zu können. Aber genau genommen brauchen Sie eine „Fertigkeit", eine Kompetenz, damit es gelingt: eine differen-zierte Wahrnehmung. Dieses Wahrnehmen könnte man auch mit „Durch-schauen" übersetzen. Erreicht wird es durch das Trainieren der fünf Sinne (VAKOG), um auch feinste Nuancen erkennen zu können – die Übungen in den ersten Kapiteln dieses Buches helfen dabei. Eine besondere Art, Ihre Wahrnehmungsfähigkeit zu trainieren, ist in Übung 4 – „Zerlegen in die Submodalitäten" beschrieben. Unter Submodalität wird die qualitative Untergliederung eines Sinnes (auch Sinnesmodalität genannt) verstanden. Ich empfehle, die Übung einmal täglich und mit wechselnden Sinnen durchzuführen, und Sie werden erstaunt sein, wie sich Ihre Wahrnehmung verfeinert.[2]

Übung 4 – „ZERLEGEN IN DIE SUBMODALITÄTEN"

1. Wählen Sie einen der fünf Sinne, in diesem Beispiel ist es das Hören.
2. Achten Sie auf ein Geräusch und machen Sie es mit einem Satz nach folgendem Muster fest: „Ich höre das Knattern des Traktors."
   - Mit „Ich höre" wird der Gegenwartsbezug hergestellt (im Hier und Jetzt = Wahr-Nehmung) und der Sinn gewählt.
   - Es folgen eine hauptwörtlich gebrauchte Beschreibung der jeweiligen Sinneswahrnehmung (das Blau, die Schreie, das Kribbeln, das Bittere usw.) und das Subjekt/Objekt, das diese hervorruft.
   - Notieren Sie den Satz.
3. Nun folgt das Zerlegen:
   - Suchen Sie nach der 1. Submodalität: Die Beschreibung der Sinneswahrnehmung wird spezifiziert; z. B. „das Knattern" wird zu „das hohle Knattern".
   - Suchen Sie nach der 2. Submodalität: Die Beschreibung der 1. Submodalität wird spezifiziert; z. B. „das hohle Knattern" wird zu „das dumpf hohle Knattern".
   - Suchen Sie nach der 3. Submodalität: Die Beschreibung der 2. Submodalität wird spezifiziert; z. B. „das dumpf hohle Knattern" wird zu „das hölzern dumpf hohle Knattern".
   - Und so weiter …
4. Dabei ist zu beachten: Ab der 2. Submodalität „verrät" die Sprache, ob man tatsächlich in die Tiefe zerlegt oder ob man in einer Aufzählung derselben Ebene stecken bleibt, indem die Beschreibung ab der 2. Submodalität kein Endungs-e mehr besitzen darf; Beispiel: „Das unangenehme, laute, hohle Knattern des Traktors" verbleibt in der 1. Submodalität, es ist eine Aufzählung der ersten Ebene, auch deutlich an den Beistrichen und dem Endungs-e ersichtlich; dagegen besitzt „das hölzern dumpf hohle Knattern" keine Beistriche und keine Endungs-es ab der 2. Submodalität, die Beschreibungen „dumpf" und „hölzern" beziehen sich somit nicht unmittelbar auf das Knattern, sondern auf die jeweilige Beschreibung der Ebene darüber.
5. Weiters ist zu beachten: Die Beschreibungen dürfen nicht „erfunden" werden, sie müssen tatsächlich wahrgenommen werden, also gehört, gesehen, ertastet werden usw.
6. Je mehr Submodalitäten, desto reicher wird die Wahrnehmungswelt – sowohl in der Umwelt als auch an einem selbst.

Diese Übung eignet sich auch hervorragend als Spiel mit Kindern, auch sehr kleinen. Man lehrt sie damit nicht nur, einen besseren Wortschatz zu bekommen, sondern eben auch schon in jungen Jahren sehr selbstreflektiert und einfühlsam zu sein. Eine kindgerechte Adaption der Übung könnte so aussehen, dass Sie daraus ein Ratespiel kreieren. Das Kind beschreibt dann einen Gegenstand, ohne seinen Namen zu sagen, zum Beispiel bei einem Spaziergang durch einen Föhrenwald: „Es ist so lang wie mein kleiner Finger, ein bisschen gebogen, sehr dünn und grün."

Sie ahnen natürlich sofort, dass es sich um eine Föhrennadel handelt, stellen sich aber ahnungslos und sagen: „Ah, das klingt interessant, aber leider habe ich noch keine Ahnung. Kannst du mir bitte helfen?"

Jedes Kind will helfen, also strengt es sich nun an und geht in die zweite Submodalitätsebene, zum Beispiel so: „Am Ende ist es nicht grün, sondern da wird es braun, und es ist dort ganz spitz. Dafür ist es am anderen Ende nicht spitz, dort ist es weiß."

Wenn Sie das Gefühl haben, das Kind hätte noch Potenzial für eine dritte Runde, könnten Sie fragen: „Ah, ich hab schon eine Idee, bin mir aber nicht sicher, könntest du mir bitte noch einmal helfen?" Wenn nicht, dann erlösen Sie es und sagen: „Hey, jetzt glaube ich, ich hab's: Es sind die Nadeln der Föhren, nicht wahr?"

Nun wird sich das Kind freuen, und durch diese positiven Emotionen kann es das Erlernte auch im Gehirn abspeichern. Nachhaltiges Lernen ist nur bei gleichzeitig erlebten und damit verbundenen positiven Emotionen möglich.

Aber zurück zur Auflistung der „Eigenschaften einer authentischen Person". Es fehlt noch Punkt 7. Er ist im Zusammenhang mit Authentizität umstritten. Ich halte ihn jedoch für wesentlich. Empathie als fester Bestandteil einer authentischen Seinsweise macht uns letztendlich zu dem, was uns Menschen ausmacht: Menschlichkeit! Die Neurobiologie drückt es so aus: Wir besitzen ein „Social Brain", ein Gehirn, das auf Kooperation setzt, nicht auf Wettbewerb.[3] Menschsein zeichnet sich durch das hohe Maß an Fähigkeit aus, Einfühlungsvermögen zu besitzen, und zwar mehr als jedes andere Individuum auf diesem Planeten. Wenn wir „echt" sind, dann können wir gar nicht anders als einfühlend sein. Wenn wir unsere empathische Seite unterdrücken, sind wir per se inauthentisch. Mehr über Empathie und ihre Bedeutung beim Sprechen mit und vor Menschen erfahren Sie in Kapitel 2.7. Hier nur noch dies: Die Neurobiologie erforscht im Moment sehr intensiv, ob eine gesteigerte Wahrnehmungsfähigkeit genau jene Hirnreale stärkt, die womöglich für die Empathie verantwortlich sind. Erste Ergebnisse untermauern diese These. Man darf auf weitere gespannt sein.

Fassen wir zusammen:

„DIE 3 FELDER DER AUTHENTIZITÄT"

1. Wer authentisch ist, hat **Mut** (und steckt sich hohe Ziele),
2. neigt durch eine feine **Wahrnehmungsfähigkeit** zu einer selbstreflektierten Haltung und
3. besitzt eine **empathische** Kompetenz.
Daraus entsteht eine Strahlkraft, die in Sprechsituationen genutzt werden kann.

Menschen unserer Zeit und Kultur suchen mehr denn je nach dem Echten, dem Wahren, dem Unverbogenen. Als Beispiel: Wir stoßen immer öfter auf Fake News, wissen nicht mehr, wem wir glauben sollen. Wenn wir aber authentisch sind, dann gelangen wir in die Herzen der Menschen und unsere Botschaften werden gehört – könnte man meinen. Ja und nein!

Folgendes Szenario: Ein Meeting ist im Gange, ein Platz ist frei geblieben, keiner weiß, wo der Teilnehmer ist, plötzlich geht die Tür auf, ohne zu grüßen schlurft er gemächlich herein, lässt hinter sich die Tür ins Schloss fallen, bewegt sich auf seinen Stuhl zu, spuckt auf den Boden, legt die Füße auf den Tisch, verschränkt die Arme vor der Brust, sagt, dass er müde und betrunken sei und jetzt einmal ein Schläfchen halten wolle, schließt die Augen und beginnt bald lautstark zu schnarchen …

Dieser Mann ist doch zweifellos sehr authentisch, nicht wahr? Bloß: Seine persönliche Wirkung ist fatal. Wenn es etwa sein Ziel war, entlassen zu werden, dann war sein Tun wohl erfolgreich. Aber in den meisten Fällen, die ich kenne, empfinden Menschen Erfolg eher dann, wenn sie bei sich bleiben können *und* andere von ihren Vorstellungen überzeugen können …

Authentizität allein reicht nicht aus, um zu beschreiben, wie zwischenmenschliche Kommunikation wirkt. Es braucht einen zweiten Pol, und den nenne ich „Inszenierung". Mit anderen Worten: Die „Persönliche Wirkung" findet im *Spannungsfeld* zwischen *Authentizität* und *Inszenierung* statt.

Was ist Inszenierung? Das Wort assoziieren die meisten mit der Theaterwelt und übersetzen es mit „in Szene setzen". Generell stellt jeder zwischenmenschliche Kommunikationsvorgang in gewisser Weise eine Inszenierung dar, indem ich entscheide, was ich sage. Sprechen ist nicht bloß ein „Suchen nach Worten", es ist vielmehr ein „Auswählen aus vielem", ein „Verwerfen von nicht Geeignetem". Wer alles ausspricht, was in seinem Kopf herumspukt, der plappert. Inszenierung bedeutet also nicht das unbewusste, womöglich von außen suggerierte „Verstellen" der eigenen Persönlichkeit, sondern das durch und durch bewusste Steuern der Wirksamkeit meiner Botschaft. Ich als Ich selbst wähle bewusst die Worte aus und gestalte meine Botschaft. Was im ersten Augenblick als Gegenteil erscheint, entpuppt sich im Bereich der zwischenmenschlichen Kommunikation als Kooperative. Das Wechselspiel zwischen Authentizität und Inszenierung ist kein „Entweder-oder"-, sondern ein „Sowohl-als auch"-Spannungsfeld! Das von mir entwickelte Modell der „Persönlichen Wirkung" beschreibt: Je mehr ich in meiner *authentischen Kraft* bin, desto mehr muss ich auch inszenieren, also den Willen zur Gestaltung mitbringen; sonst präsentiere ich mich womöglich egozentrisch, abgehoben oder gar gleichgültig gegenüber meinen Rezipienten. Und je mehr ich *inszeniere,* umso mehr muss ich darauf achten, dabei auch ganz bei mir zu sein, sodass meine inszenatorischen Einfälle nicht sinnentleert oder im reinen Selbstzweck ankommen und ich so den Eindruck eines Kasperls oder eines sprichwörtlichen Schachtelteufels hinterlasse. Weder so noch so werde ich ernst genommen.

Beispiel Schauspieler. Ein guter schlüpft in seine Rolle *und* nimmt bei seinem Auftritt die eigene Persönlichkeit mit hinein. So erhält die zu spielende Figur eine einzigartige Prägung, die nur dieser Schauspieler hinbekommt. Dieses Alleinstellungsmerkmal ist es, was Regisseure auf der ganzen Welt suchen und weswegen sie sich für die *Eine* oder den *Einen* entscheiden. Schlechte Schauspieler lassen ihre Persönlichkeit hinter dem Vorhang zurück, sie wirken dadurch austauschbar und bleiben schal und konturlos. Abbildung 4 beschreibt anschaulich, wie das THOMAS KLOCK Modell des Spannungsfelds „Persönliche Wirkung" funktioniert:

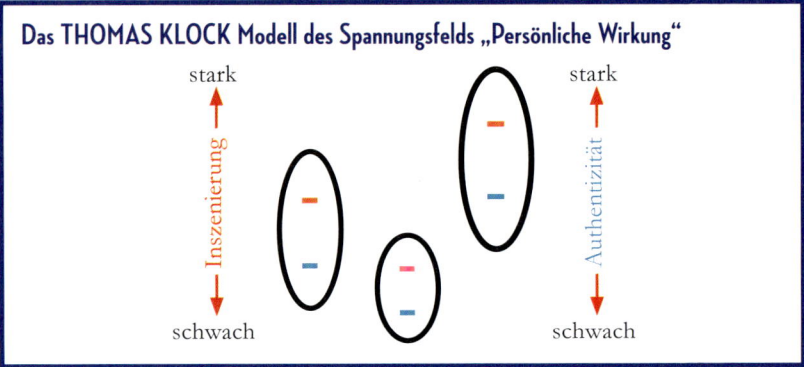

Abb. 4: Die Wirkungsweise eines gelingenden Spannungsfelds kann man sich wie ein Gummiband vorstellen, das durch die Pole „Authentizität" (blau) und „Inszenierung" (rot) gespannt wird. Je nachdem, wie intensiv die „Szene" gerade ist, befindet sich das gespannte Gummiband weiter oben oder weiter unten. Erhöht man den Grad eines Pols einseitig, muss der andere auch stärker werden, sonst wird das Spannungsfeld zu groß, und der Gummi reißt. Wird einer schwächer, muss auch der andere abnehmen, sonst wird das Gummiband schlaff, und das Spannungsfeld erlischt.

Wie wir den Grad an Authentizität beeinflussen, haben wir schon erarbeitet. Zur Erinnerung: Die drei Lernfelder heißen Mut, Wahrnehmung und Empathiefähigkeit.

Wie steuere ich nun das Inszenieren? Hier definiere ich vier Eckpfeiler:

„DIE 4 ECKPFEILER DER INSZENIERUNG"

1. Die **Persönlichkeit** über die formale Äußerungsebene des Sprechens sichtbar machen:
   – Körpersprache (nonverbale Sprache)
   – Stimme (verbale Sprache)
2. Die **emotionale Ebene** sichtbar, bewusst und transparent gestalten.
3. Die Sprechsituation und die Sprache **bilderreich** ausformen.
4. Eine inhaltliche **Dramaturgie** wählen, die das Verstehen leicht macht.

Die Punkte 1 bis 3 sind formale Faktoren, die ich in den Kapiteln 2.1 bis 2.6 bespreche; Punkt 4 ist schließlich der ganze Teil 3 gewidmet.

Um das Spannungsfeld der „Persönlichen Wirkung" zu beeinflussen, müssen wir also darauf achten, die beiden Pole „Authentizität" und „Inszenierung" immer *synchron* auszusteuern: das eine mehr, dann das andere auch; das eine weniger, dann das andere ebenso. Gegenläufig auszusteuern bedeutet: zu wenig oder zu viel Spannung.

Ich gebe dazu ein Beispiel: Sie sind beauftragt, dem Führungsteam die letzten Quartalszahlen mitzuteilen und gleich die eine oder andere Sofortmaßnahme zur Kurskorrektur zu empfehlen. Sie haben zu Recht die Befürchtung, dass das Ganze via Folienpräsentation auf der Leinwand in einen Zahlenfriedhof münden könnte, also in endlosen Zahlenreihen, Tabellen etc. – stinklangweilig … Also denken Sie darüber nach, wie Sie das aufpeppen könnten. Sie bauen in Ihre Folien Animationen ein, die Zahlen werden bunt, Spalten wirbeln ins Bild, andere explodieren, vielleicht gibt es auch ein paar Soundfiles – es ist ganz schön was los bei Ihrer Präsentation! Sie selbst reden aber über den Inhalt so wie immer, sachlich, die Zahlen im Visier, nichts als die Zahlen. Ihre Kolleginnen und Kollegen werden vielleicht beginnen, die Stirn zu runzeln: „Was ist mit ihm?"

Ihre Inszenierung hat also stark zugenommen in unserem Beispiel, aber wo sind Sie mit Ihrer Persönlichkeit geblieben? Sie haben sich sicher etwas gedacht dabei, als Sie die Folien bunter und aufregender gestaltet haben. Aber Sie *sprechen* nicht darüber. Da geht eine Schere auf, die das Publikum beunruhigt, weil es keine Antworten auf Fragen bekommt, die sich ihm aufdrängen. Die Lösung wäre, Ihre authentische Kraft zu erhöhen, indem Sie durchschauen, was Ihr Ziel ist, und Sie den Mut aufbringen, diese Gefühle und Überlegungen auch anzusprechen. Im selben Ausmaß wie die Inszenierung. Damit der Gummi nicht reißt oder schlapp macht.

Die beiden Pole in Balance zu halten, ist nicht einfach. Es erfordert Fingerspitzengefühl und Übung. Das Modell mit den Gummibändern finde ich deshalb so passend, weil es schöne Bilder erzeugt, mit denen man gut mental arbeiten kann. In Ihren Visualisierungsübungen können Sie ja auch einmal das „Gummiband" mit einbauen – vielleicht erhalten Sie dabei zusätzliche Inputs, wie Sie Ihre Sprechsituation optimal aufsetzen.

Kurzes Break. Vielleicht ein guter Augenblick, um ein erstes Mal zusammenzufassen, welche Stationen wir für eine professionelle und ganzheitliche Vorbereitung bisher angelaufen haben. Danach wird's – für viele unter Ihnen, vielleicht sogar für mehr als die Hälfte – möglicherweise heftig. Und gleichzeitig erlösend. Wir kratzen an einem Tabu.

Die THOMAS KLOCK Methode – ZWISCHENBILANZ 1

- Um Erfolg in Sprechsituationen zu haben, fangen Ihre Vorbereitungen schon sehr früh an.
- Sie betreffen zunächst Arbeitsschritte, die weit vor dem Inhaltlichen kommen.
- Innere Bilder ermöglichen oder behindern Erfolg. Sie setzen sich aus Reizen der fünf Sinneswahrnehmungskanäle (VAKOG) zusammen. Profis benutzen sie konkret als „Bilder des Gelingens".
- Ihre Einstellung/Haltung zur Sprechsituation beeinflusst grundlegend Ihre Verfassung.
- Nur Positives Denken allein ist zu wenig. „Probleme" haben immer einen Sinn. Der ist oft nicht zu erfassen, dennoch will das Problem gewürdigt sein.
- Die „Entscheidung der Inneren Klärung" gibt den ganzen Weg der Sprechsituation vor. Sie umfasst das Zielpublikum genauso wie das persönliche Ziel.
- Ihre Ziele müssen stark sein, nur solche motivieren.
- Hohe Ziele erfordern viel Mut. Mut ist ein Grundbaustein authentischer Menschen. Authentizität kann jede und jeder lernen.
- Die „3 Felder der Authentizität" lauten: Mut, differenziertes Wahrnehmen und Empathiefähigkeit.
- Authentisch zu sein ist wichtig, nur authentisch zu sein, ist zu wenig. Es braucht auch den Willen zur Gestaltung. Der Begriff dafür lautet: Inszenierung.
- Die „Persönliche Wirkung" in der zwischenmenschlichen Kommunikation findet im Spannungsfeld von Authentizität und Inszenierung statt.
- Es ist ein „Sowohl-als-auch"-Spannungsfeld, in dem beide Pole immer synchron ausgesteuert werden müssen.

Redeangst ade — Mentaltraining fürs Business 1.5

In meinen Seminaren bitte ich die Teilnehmerinnen und Teilnehmer manchmal, sich folgendes Szenario vorzustellen: Sie werden aufgefordert, auf eine Bühne eines Saals mit 500 darin sitzenden Menschen zu gehen, um jemandem Blumen zu überreichen. Sie müssen nichts sagen. Vielleicht sind Sie dabei nervös, aber Sie werden das ganz gut hinbekommen. Ein anderes Mal wird von Ihnen verlangt, dabei ein paar auswendig gelernte Worte zu sagen, die aber nur der Beschenkte selbst hört. Vielleicht sind Sie bei dieser Vorstellung schon nervöser, aber es wird auch irgendwie gut gehen. In einem dritten Fall werden Ihre Worte über ein an Ihrer Kleidung befestigtes Mikrofon und Lautsprecher in den Saal übertragen. Sehr vielen Menschen jagt *diese* Vorstellung einen kalten Schauer über den Rücken …

Redeangst ist ein weitverbreitetes Phänomen. Ungefähr ein Drittel aller Menschen fürchtet öffentliches Reden „mehr als andere" oder berichtet, bei Sprechauftritten „übermäßig nervös" zu werden.[4] Deshalb vermeiden es viele Menschen, vor anderen die Stimme zu erheben, sich selbst zu erheben und zu sprechen oder sich für eine Rede, einen Vortrag oder eine Präsentation zu engagieren. Viele andere wiederum ertragen Sprechsituationen nur unter großer Belastung und erleiden zum Teil sogar erhebliche körperliche Symptome.

Aber geredet wird darüber nicht. Es ist ein Tabu. Im Business mehr als anderswo. Und das ist ja auch klar: Es ist für viele unvorstellbar, einerseits in einem Unternehmen oder einer Institution Verantwortung zu tragen und andererseits dabei Angst zu verspüren. So wird verborgen und verdrängt, denn als Führungskraft Angst vor dem Sprechen (= Führen) oder als Projektmanager Angst vor Präsentationen zu haben, das passe ja wohl nicht zusammen.

Deshalb ging ich dem Ganzen in der 2016 von mir durchgeführten Studie „Redeangst unter Führungskräften" wissenschaftlich nach und fand erstaunliche Antworten. Dafür wurden im Zeitraum Februar bis März 2016 österreichische Führungskräfte mittels Online-Fragebogen per E-Mail eingeladen, an der Umfrage teilzunehmen. Daraus ergaben sich 198 auswertbare Fälle. (Für die Statistiker unter Ihnen: Die Untersuchungsmethode war quantitativ empirisch und explorativ, das Sampling bestand aus einer theoretischen Stichprobe, nicht probabilistisch.) In Buchform erleben die Ergebnisse hier ihre Premiere.

Zuvor jedoch ein paar allgemeine Betrachtungen zum Faktum Angst. Das Wort „Angst" stammt aus dem Althochdeutschen und bedeutet „Enge".

Angst macht also „eng", man spürt körperliche Enge-Zustände, die von vielen Betroffenen als Druckgefühl in der Brust oder als verspannte Bauch-, Schultergürtel- oder Rückenmuskulatur beschrieben werden. Die Angst als biologische Alarmanlage, die uns schützen will und deren Programme seit Jahrmillionen in uns gespeichert sind, bewirkt chemische und physikalische Reaktionen zur Vorbereitung auf einen Kampf (Verteidigung) oder zur Flucht. Dabei werden Durchblutung und Anspannung der großen Muskeln verstärkt, die kleinen Muskeln und die Körperrandgebiete werden weniger versorgt, und es entstehen zum Beispiel kalte Hände. Die Bronchien in der Lunge erweitern sich, die Atmung wird beschleunigt, der Mund trocknet dadurch aus. Der gesamte Muskeltonus erhöht sich, durch Zittern wird zusätzliche Wärme erzeugt. Schweißsekretion zwecks Kühlung der zur Höchstleistung vorbereiteten Muskeln setzt ein. Die Pupillen weiten sich, um die Gefahr gut sehen zu können. Die Verdauung wird zunächst einmal angekurbelt, dann aber plötzlich ganz abgeschaltet, was zu vorzeitigem Harn- und Stuhldrang führt. Die Bauchmuskulatur verspannt sich, damit auch der Rumpf unterhalb der abschirmenden Rippen geschützt bleibt, was einen weiteren Druck auf den Darm ausübt und den Stuhldrang verstärkt – der Volksmund spricht vom „Angstscheißer". Neben Kampf und Flucht kennt der Organismus aber auch „Programme" wie Ohnmacht oder „Einfrieren" (Totstell-Effekt), zum Beispiel in Situationen, in denen Flucht nicht zielführend ist, etwa bei einem Angriff von Raubtieren.

All diese „Schutz"-Funktionen führen jedoch in einer heutigen, modernen Welt genau zum Gegenteil dessen, was die Angst erreichen möchte: Unwillkürliche Vorgänge in uns bringen uns erst in das Problemfeld, das wir gerne zurücklassen wollten. Die unangenehmen Gefühle einer Redeangst äußern sich in (übersteigerter) Angst, in Gereiztheit, in Gefühlen der Hilflosigkeit und des Ausgeliefertseins sowie des Kontrollverlusts.[5]

Die Angst als biologische Alarmanlage schielt zudem in die Zukunft, sie berichtet von Dingen, die eintreten *könnten*. Und „zur Sicherheit" übertreibt sie dabei: „Du wirst dich blamieren!", „Du wirst ein Blackout haben und nicht mehr weiterwissen!", „Du wirst Schwachsinn reden und den Job verlieren!" usw. Diese Voraussagen treten jedoch fast nie so dramatisch ein, wie die Angst es uns erzählt. Angst will einfach davor warnen, aus Leichtsinn oder Über- und Fehleinschätzung gefährliche bis lebensbedrohende Schritte zu setzen. Dass eine Sprechsituation lebensbedrohend ist, das wird wohl niemand behaupten – dennoch fühlt es sich für viele so an. Warum meldet sich trotzdem die Angst?

Die Erklärung: Sie ist angelernt. Als Kinder haben wir überhaupt keine Hemmungen, zu sprechen. Mit dem Heranwachsen erhalten wir aber mehr und mehr Rückmeldungen, und die sind nicht immer liebevoll und ermutigend. Ob und wann eine Sprechsituation für unser Selbst als bedrohlich und nicht kontrollierbar empfunden wird, ist höchst unterschiedlich und individuell. Entscheidend ist nicht die objektive Situation, sondern unsere subjektive Bewertung, und wie diese Bewertung ausfällt, das hängt von unseren Vorerfahrungen ab.[6] Und die summieren sich. In Sprechsituationen setzen sich Menschen – wenn auch oft nur unbewusst – jeder Äußerung der Kritik ihrer Rezipienten aus. Aus der Erfahrung, Sprechsituationen können eine negative Bewertung oder ein Ausbleiben von positiver Bewertung zur Folge haben, entstehen dann Konditionierungen, also unkontrollierte Reiz-Reaktions-Muster.

Und so kommt es, dass Redeangst die gefühlsmäßige oder körperliche Reaktion auf vorgestellte oder tatsächlich zu vollziehende Leistungen vor einem imaginären oder realen Publikum sind.[7] Der Lösungsansatz steht demnach auf zwei Säulen: Wenn Sprechängste „erlernt" sind, dann kann man sie auch wieder „verlernen"; und es macht keinen Unterschied, ob man sich ein Publikum bloß vorstellt oder ob man es tatsächlich vor sich sitzen hat. Das bedeutet, dass unser Vorstellungsvermögen eine entscheidende Rolle bei der Entstehung und beim Abbau von Angst in Sprechsituationen spielt. Wie wichtig Visualisierungen sind, haben wir deshalb schon besprochen.

Nun zur Studie. Wenn ich von Redeangst spreche, meine ich übrigens auch Lampenfieber, Aufregung oder Nervosität, sofern es stärkere negative Auswirkungen im Rahmen der Sprechsituation gibt. Da viele Menschen sich diese Beeinträchtigungen nicht vollständig eingestehen,[8] habe ich einen Algorithmus entworfen, der sowohl die körperlichen und emotionalen Symptome als auch die Selbstbewertung des Grades der Beeinträchtigung berücksichtigt. Unter „Redeangst" habe ich sodann Symptome, die die Sicherheit und das Kontrollvermögen massiv negativ beeinflussen, definiert: Schwindelgefühl, Zittern am ganzen Körper, Zittern der Beine, Zittern der Gesichtsmuskulatur, Sehstörungen, erhöhte Atemfrequenz, Atemnot, Herzstolpern, starkes Schwitzen, taube Beine, Versagen der Stimme, zittrige Stimme, völliges Blackout, danach keine Erinnerung mehr an die Sprechsituation haben und Ohnmachtsangst. Dagegen habe ich Symptome wie Herzklopfen, Erröten, Hitzegefühl, trockener Mund, schweißnasse Hände, zu leises Sprechen, verspannte Muskulatur und Ähnliches nicht unter „Redeangst" eingerechnet, was zeigt, dass die Ergebnisse tatsächlich eine *untere* Grenze der Bemessung darstellen.

Die dramatischen Ergebnisse der Studie:

Ergebnisse der Studie „REDEANGST UNTER FÜHRUNGSKRÄFTEN"

- 58 Prozent aller befragten Führungskräfte leiden unter Redeangst in Form von körperlichen und emotionalen Symptomen, die die Sicherheit und das Kontrollvermögen massiv negativ beeinflussen.
- Mehr als die Hälfte aller von Redeangst betroffenen Führungskräfte befinden sich in den beiden obersten Führungsebenen, nimmt man die Projekt- und Stabstellenleiter (mit Führungsaufgaben) hinzu, sind es sogar mehr als zwei Drittel.
- Bei 79 Prozent aller von Redeangst betroffenen Führungskräfte haben Anspannung oder Angst im Laufe der Karriere abgenommen.
- Bei jeder fünften Führungskraft jedoch, die unumwunden zugibt, sich unsicher bzw. unkontrolliert zu fühlen und dabei sogar teilweise panische Angst zu haben, nimmt das Phänomen noch weiter zu.
- Bei den unter Redeangst leidenden Führungskräften sind die Jüngeren stärker betroffen als die Älteren.
- Redeangst befindet sich unter allen Stressfaktoren einer Führungskraft an sechster Stelle, bei den darunter stark leidenden Führungskräften an erster Stelle.
- Mehr als zwei Drittel aller befragten Führungskräfte sagen klar: „Lieber Coach als Couch!"
- 71 Prozent der unter Redeangst stark leidenden Führungskräfte sind an der Konsultation eines ausgewiesenen „Experten für angstfreies Sprechen" interessiert.

Aus diesen Ergebnissen konnten folgende Schlüsse gezogen werden:
- Eine Psychotherapie wegen Redeangst wollen nur wenige machen, einen dafür spezialisierten Coach konsultieren jedoch schon („Lieber Coach als Couch!"). Man sei ja auch nicht „krank"! Dem schließe ich mich selbst entschieden an: Redeangst ist keine Krankheit, es ist ein ganz *normaler Zustand* in einer außergewöhnlichen Situation. Sie zu meistern, muss jedoch erlernt werden, wie zum Beispiel Autofahren!
- Redeangst ist einer der zentralen Stressfaktoren einer Führungskraft. Zwischen der Hälfte und zwei Drittel aller Führungskräfte sind davon betroffen, und zwar überwiegend jene der oberen Führungsetagen.
- In jungen Jahren ist es bei den meisten ärger, der Grad der Angst nimmt zwar im Laufe der Zeit ab, ganz ab nimmt sie aber nur bei wenigen. Das heißt, dass die gewonnenen Erfahrungen mehr wiegen als die Zunahme der Komplexität von Aufgaben in höheren Führungsebenen. Am schwersten haben es also junge Talente, die „High Potentials": Sehr früh in hohe Positionen zu kommen, ist auch aus Sicht der Redeangst eine übergroße Herausforderung.

– Erfahrung und Routine sind demnach extrem wichtig. Sowohl jene aus dem Berufsleben als auch die aus häufigen Sprechsituationen – Abbildung 5 zeigt, in welchem Ausmaß:

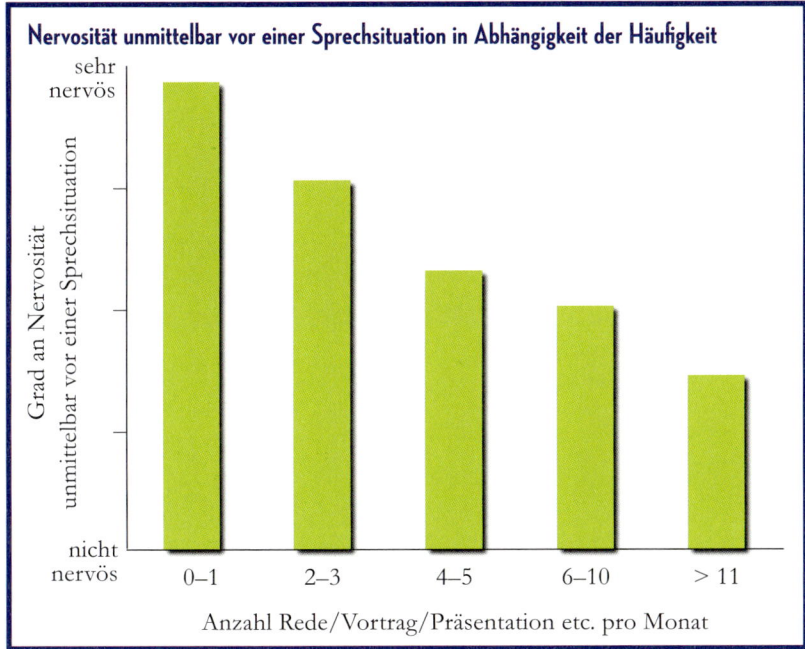

Nervosität unmittelbar vor einer Sprechsituation in Abhängigkeit der Häufigkeit

Abb. 5: Der Grad an Nervosität vor einer Sprechsituation nimmt kontinuierlich mit der Häufigkeit erlebter Sprechsituationen ab.

– Auch mangelnde Erfahrung ist in der Hitparade der meistgenannten Gründe für Redeangst mit dabei. Sie wirkt in vielen Aspekten, wie zum Beispiel beim Vorfinden einer außergewöhnlichen Situation oder wenn man sich für eine Sprechsituation nicht ausreichend ausgebildet fühlt. „Sieger" ist – wie kann es in einem Buch wie diesem auch anders sein – die Antwort „schlecht vorbereitet zu sein":

Die meistgenannten Gründe laut Selbsteinschätzung für Unwohlsein in Sprechsituationen	
Rang	**Gründe**
1.	Schlecht vorbereitet zu sein
2.	„Hohes" Publikum
3.	Außergewöhnliche Situation
4.	Größe des Publikums
5.	Ich nehme die Situation sehr ernst
6.	Versagensangst
7.	Es ist mir peinlich, dass man meine Nervosität sieht
8.	Sehr wichtiges Thema
9.	Fühle mich nicht ausreichend ausgebildet für Sprechsituationen
10.	Habe zu wenig Erfahrung

Abb. 6: Die meistgenannten Gründe für Redeangst: Spitzenreiter ist „schlecht vorbereitet zu sein", gefolgt von Erwartungsängsten in Bezug auf Situationen, die neu, ungewohnt oder schwerer einzuschätzen sind – ein Resultat aus mangelnder Erfahrung.

– Wie Abbildung 7 zeigt, ist die Nervosität unmittelbar vor einer Sprechsituation am weitaus größten. Bis dahin nimmt sie stetig zu und ist schließlich während der Sprechsituation ungefähr gleich hoch wie einige Tage davor. Dies macht deutlich, wie wichtig es ist, früh mit der Vorbereitung zu beginnen, auch mental. Unmittelbar vor dem „Auftritt" macht man dann nochmals spezielle Übungen, unter anderem das THOMAS KLOCK Warm-up, das ich in Abschnitt 2.2.4 beschreibe.

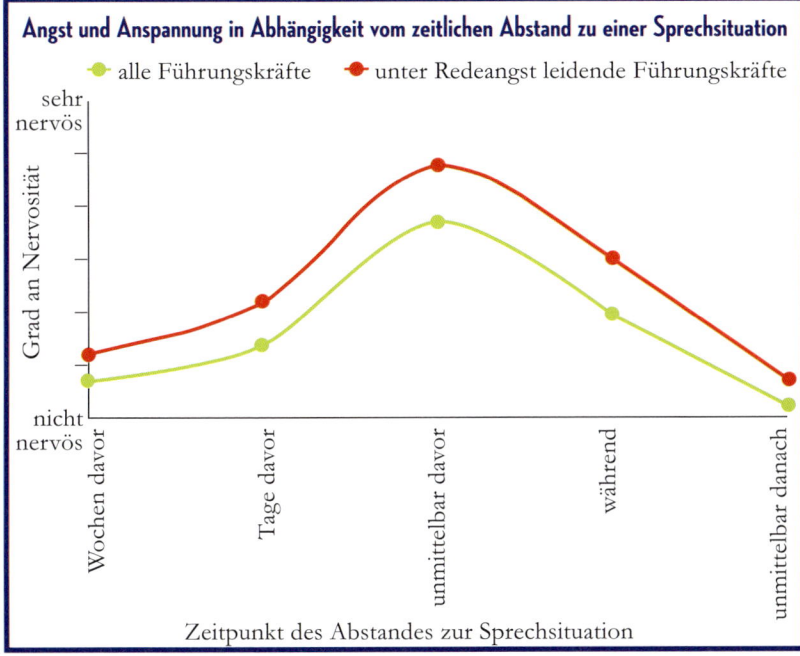

Abb. 7: Unmittelbar vor einer Sprechsituation sind Angst und Anspannung am höchsten.

– Und noch ein Aspekt lässt sich aus der Studie herauslesen: 96 Prozent der unter Redeangst leidenden Führungskräfte haben von sich eine hohe rhetorische Erwartungshaltung. Deswegen sage ich auch oft sarkastisch: Ein perfektes Hindernis, eine gute Sprechsituation hinzubekommen, ist die Erwartung eines fehlerlosen Auftritts. Damit ich nicht missverstanden werde: Das Entwerfen eines hohen Ziels ist – wie wir gesehen haben – sehr notwendig (siehe Kapitel 1.3). Es besteht jedoch ein großer Unterschied zwischen einerseits einem hohen Ziel, das – Ihrem momentanen Entwicklungsstand angepasst – realistisch ist, und andererseits einer absolut fehlerlosen Performance, die auch unter Profis unrealistisch bleibt. Leben ohne Fehler gibt es nicht. Fehler passieren. Allen. Auch Ihnen. Und das darf sein – „Keep your feet on the ground and keep reaching for the stars!"

Wenn Sie also nervös sind, Lampenfieber haben oder sogar unter Redeangst leiden, können Sie Folgendes tun:

Was Sie gegen „LAMPENFIEBER UND REDEANGST" tun können

– Schaffen Sie sich Routine, indem Sie möglichst jede Sprechsituation nützen, die sich Ihnen bietet. Am Anfang erleben Sie noch eine Hochschaubahn der Gefühle, aber nach und nach werden Sie einen Lustgewinn verspüren, weil Sie merken, wie sich Ihre Performance sukzessive verbessert. Stellen Sie sich der Herausforderung, so oft Sie können. Vor Menschen zu sprechen, lernen Sie nur, indem Sie es tun!
– Stecken Sie sich hohe Ziele, aber lassen Sie los vom Bild des fehlerlosen Auftritts! Schauen Sie durchaus kritisch auf Ihre Leistungen, aber beginnen Sie Ihr Eigenfeedback unbedingt immer mit jenen Eigenschaften, die Ihnen gelungen sind. Erst danach schauen Sie darauf, was Sie noch verbessern können.
– Heißen Sie ein Lampenfieber gut! Jeder Profi hat und will es, denn es hilft beim Fokussieren und Konzentrieren. Lampenfieber ist die kontrollierbare Variante der Redeangst.
– Gehen Sie wertschätzend mit Ihrer Redeangst um, sie ist ein Teil von Ihnen. Es gab und gibt auch einen Grund für ihre Existenz, weshalb sie womöglich „Dank" erwartet. Nicht Verdrängen oder Bekämpfen ist die Devise, sondern sie wertschätzend aufzufordern, der Sicherheit Platz zu machen.
– Seien Sie sich sicher: Den Grad an Angst, den Sie verspüren, sieht und hört Ihr Publikum bei Weitem nicht in diesem Ausmaß!
– Heißen Sie den Auftritt oder die Sprechsituation gut! Die inneren Bilder, die Sie davon haben, sind entscheidend für Ihre Haltung, Ihre Gefühle und Ihr Handeln!
– Machen Sie unmittelbar vor dem Auftritt bzw. der Sprechsituation spezielle Übungen und Vorbereitungen, die ich in Teil 5 beschreibe.
– Im folgenden Kapitel finden Sie leicht zu erlernende und schnell wirksame Interventionstechniken, die Sie selbst anwenden können, wenn Sie unter Redeangst leiden.
– First of all: Gehen Sie wertschätzend mit sich selbst um!

Hypnosystemische Interventionen, die Sie selbst anwenden können 1.6

Manchmal können Menschen etwas nicht, obwohl sie es können. Ein „Ich will" wird durch ein „Es geht nicht" aufgehalten. Who the hell is „Es"? Ein Monster aus der Welt des Stephen King? Wenn ja, solange „Es" nicht geht, ist es wohl nicht so schlimm. Im Ernst: Unsere Sprache deutet tatsächlich an, dass hier etwas außerhalb unserer Kontrolle liegt und uns behindert, ein Ziel erreichen zu können. Dieses „Es" ist aber nicht *außerhalb von uns,* es ist mitten in uns. „Es" steht für die unwillkürlichen, aber bewusst erlebten Vorgänge, auf die wir keinen oder nur einen eingeschränkten Zugriff finden. Zum Beispiel ein Zittern, das wir bemerken, für das wir uns sogar schämen, aber „Es" nicht abstellen können.[9]

Und da kommt jetzt die schon öfters erwähnte Hypnosystemik ins Spiel. Sie ist für mich die zurzeit effektivste Methode, Zugang zu seinem Inneren zu erhalten und in die Selbstkontrolle zu gelangen. Wobei sie weniger eine Methode als eine Haltung darstellt. Das sagt jedenfalls ihr Begründer, Gunther Schmidt, ein deutscher Arzt, der zu den Pionieren der systemischen Therapie zählt.[10] Der Begriff „Hypnosystemik" wurde von ihm 1980 vorgeschlagen, weil dieses Modell die kompetenzaktivierende Hypnotherapie des vielleicht genialsten Psychotherapeuten des 20. Jahrhunderts, Milton Erickson (1901–1980), mit den sogenannten ressourcen- und lösungsorientierten systemischen Ansätzen für Psychotherapie und Beratung vereint.

Was ist zunächst einmal „systemisch"? Vereinfacht ausgedrückt bedeutet es, dass man das, was um uns herum und in uns geschieht, erst dann erklären kann, wenn diese Phänomene nicht isoliert, sondern auf die Situation und den Kontext bezogen betrachtet werden. Alles ist mit allem verbunden – ziehe ich an einer Stelle eines Netzwerks, bewegen sich alle anderen Knotenpunkte mehr oder weniger stark mit. Das geht sogar so weit, dass ein Beobachter eines Systems dieses System durch das bloße Beobachten beeinflusst. Was konsequent weitergedacht bedeutet, dass es so etwas wie „Wahrheit" gar nicht geben kann. Jede bzw. jeder sieht es anders, jede und jeder hat und erlebt ihre bzw. seine eigene Wahrheit. Anders ausgedrückt: Die Dinge *sind* nicht so, wie sie sind, sondern *ich erlebe* sie so im *Hier* und *Jetzt* der jeweiligen Situation und des jeweiligen Zusammenhangs. Die systemische Sichtweise vereint sich hier mit der Philosophie des Konstruktivismus. Dessen Hauptgedanke ist, dass es keine absolute Wahrheit gibt – wir alle konstruieren uns unsere eigene. Die lösungsorientierte

Form einer erfolgreichen zwischenmenschlichen Kommunikation beinhaltet somit die Würdigung der Sichtweise der oder des anderen und begegnet ihr oder ihm auf Augen- bzw. Herzhöhe. Das ist keine Sozialromantik, sondern in Zeiten der weltweiten Konflikte eine viel zu wenig verbreitete Haltung. Das ist zumindest *meine* „Wahrheit" dazu …

Und was ist die Hypnotherapie? Nicht das, was Sie vielleicht aus TV-Shows kennen, in denen sich „hypnotisierte" Menschen völlig willenlos zum Gaudium des Publikums auf Zuruf ausziehen und andere Dummheiten vollziehen – das sind Fakes. Milton Erickson, der Begründer der Hypnotherapie, hatte mehrfach Kinderlähmung, auch schon als Kind, und war über längere Zeit vollständig gelähmt, konnte auch nicht sprechen. In dieser Lebensphase entdeckte er, dass er durch feinste Beobachtungen und durch differenzierte Erinnerungen an die eigenen körperlichen Bewegungen seine Aufmerksamkeit dermaßen fokussieren konnte, dass damit das Erleben von Bewegung wieder möglich wurde. Was den Heilungsprozess an sich selbstverständlich förderte. Hypnose mit ihren sogenannten Trancezuständen ist also eine Alltagssituation, jede und jeder von uns kann es. „Energy flows, where the attention goes …", und am besten in Trancezuständen, da das Gehirn während einer Trance in einen besonderen Modus geht und der Zugriff auf die verflixten unwillkürlichen Prozesse leichter möglich wird.

Ein Beispiel. Wenn wir ein *Problem* haben, versetzen wir uns „gern" in eine selbsthypnotische Fokussierung auf dieses Problem: „Ah, nicht schon wieder, jetzt stehe ich da vor den Menschen, und schon wieder fangen meine Beine zu zittern an, ich bekomme keine Luft, der ganze Brustkorb schnürt sich zusammen, und … da ist es schon wieder, eh klar, das musste ja auch noch kommen … mir wird ganz heiß, ich bin sicher wieder rot wie ein Krebs im Gesicht, mah, wie ich mich schäme, und mein Herz schlägt auch so wild, ich habe Angst, dass ich ohnmächtig werde, immer dasselbe, ich kann nicht mehr, ich möchte auf und davon, jedes Mal der gleiche Stress … ich mag nicht mehr …" usw.

Selbstvorwürfe bei einem Nichtgelingen sind tatsächlich Selbsthypnosen, worin viele wirklich „gut" sind. Diese Kompetenz, sich stark in ein Bild hineinzuversetzen, können wir aber auch nützen. So wie wir – meist unwillkürlich – in eine Problemtrance fallen, können wir auch auf der *Lösungsseite* Aufmerksamkeitsfokussierungen, also eine Lösungstrance, herstellen. Erste Gedanken und Übungen dazu habe ich schon in Kapitel 1.1 beschrieben.

Die Verknüpfung der beiden Welten – systemische und hypnotherapeutische – lässt Interventionstechniken zu, die leicht zu erlernen und schnell wirksam sind. Die hypnosystemischen Prinzipien dabei sind:[11]

- Die Kraft des willkürlichen Wollens hat meist keine Chance gegen unwillkürliche Prozesse, die meist schneller und stärker sind. Das bewusste „Ich" erlebt sich als Opfer des unwillkürlichen „Es" („Es ist halt passiert ..."). Das „Unbewusste" ist im Hypnosystemischen jedoch nicht „der Feind", sondern eine Quelle der Kompetenzen, die es gilt, anzuzapfen.

- „Die Ressourcen, die du brauchst, findest du in deiner eigenen Geschichte", sagte Erickson und meinte damit, dass im Unbewussten alle Fähigkeiten und Erfahrungen „gespeichert" werden und dort als Wissen, als Kompetenzen, zur Verfügung stehen.

- Gespeichert werden sie dabei in neuronalen Netzwerken des Gehirns, dies aber nur dann, wenn sie Erlebnissen entstammen, die emotional „aufgeladen" wurden, also mit Emotionen in Verbindung standen und stehen.

- Solche Netzwerke setzen sich aus unterschiedlichsten Elementen zusammen, wie Körperkoordination, Atmung, Empfindungen, Alters-, Größen-, Raum- und Grenzenerleben, Bewertungen, die Sprache usw.

- Werden nun in der Gegenwart Ähnlichkeiten mit Elementen früherer Netzwerke erlebt, so können diese Netzwerke ganz oder teilweise reaktiviert werden. Sind diese Reaktionen ungewollt, sprechen wir von „Symptom", sind sie erwünscht, von „Flow".

- Jede Realität wird durch Prozesse der Aufmerksamkeitsfokussierung konstruiert, die über die fünf Sinne (VAKOG) ablaufen. So gesehen erleben Menschen von sich selbst unterschiedliche „Ichs", je nachdem, worauf fokussiert wird.

- Salopp formuliert könnte man sagen: Man kann kein Problem haben, ohne auch eine Lösung zu haben! Eine problemhafte Situation ist logisch durchdacht nur dann beschreibbar, wenn ich mir gleichzeitig einen Zustand jenseits des Problems vorstellen kann – wäre dem nicht so, wäre das Problem kein Problem, sondern der Normalzustand. Übertragen auf die Redeangst ist eine Sprechsituation nur dann problembehaftet, wenn ich auch eine Vorstellung davon habe, wie es sich anfühlen würde, wäre die Redeangst dabei nicht vorhanden. Diese Ressourcen zu nutzen und für einen Transfer in den Alltag abrufbar zu halten, das macht die Hypnosystemik zu einem Mittel erster Wahl bei Redeangst.

Im Folgenden beschreibe ich sieben verschiedene hypnosystemische Interventionen. Und zwar so, dass Sie sie leicht selbst durchführen können.

1.6.1 „Richtige Atmung"

Bauchatmung, Zwerchfellatmung oder Tiefenatmung – drei Namen für ein und dieselbe physiologisch richtige Art zu atmen. Säuglinge machen es von Geburt an, Erwachsene haben es großteils wieder verlernt. Ein Zwerchfellhochstand ähnelt der Atemsituation bei Angst, ein bewusstes Lockern der Muskulatur, sodass das Zwerchfell tief nach unten gehen kann, erzeugt dagegen ein Gefühl von innerer Weite und Souveränität und lässt die Angst nach und nach verschwinden. So gut wie alle Meditationstechniken basieren auf der Bauchatmung. Wie's funktioniert, zeigt die folgende Abbildung:

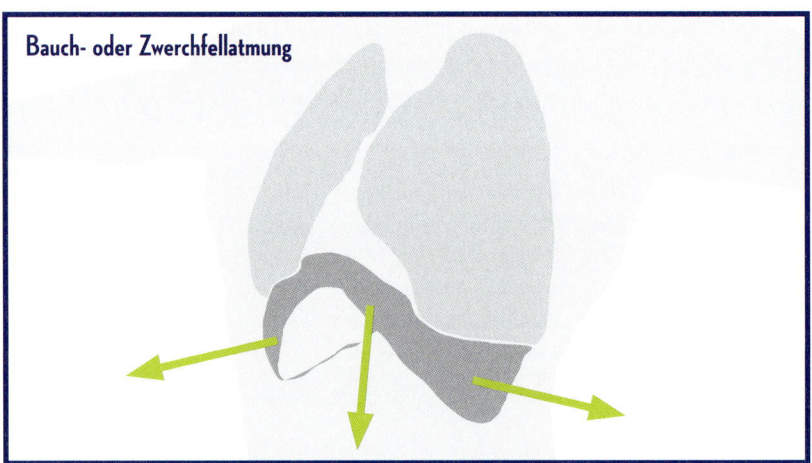

Bauch- oder Zwerchfellatmung

Abb. 8: Bauch-, Zwerchfell- oder Tiefenatmung – drei Namen für ein und dieselbe physiologisch richtige Art zu atmen.

Das Zwerchfell zieht bei freier Beweglichkeit die Lungenflügel nach unten. Dies geschieht durch ein Unterdrucksystem: Im Ruhezustand ist das Zwerchfell leicht nach oben gewölbt, beim Einatmen zieht es sich zusammen, die Wölbung wandert nach unten, und der Brustraum vergrößert sich zulasten des Bauchraums; im Brustraum herrscht jedoch ein Vakuum, während die darin befindlichen Lungenflügel mit dem Außenluftdruck verbunden sind – die Folge ist, dass sich auch die Lungenflügel weiten und Luft einfließen kann (bzw. die Luft wird quasi eingesaugt). Sichtbares Zeichen: Der Bauch weitet sich, indem das nach unten gewölbte Zwerchfell den Darm zusammendrückt und dieser nach vorn quillt. Voraussetzung: eine weiche Bauchdecke. Ist diese hart (meist durch Stress, Angst etc.), kann sich das Zwerchfell nicht oder nur zu wenig bewegen. Die Bauchatmung ist der Grund, warum unser Brustkorb vorn schon so weit oben endet, während er am Rücken und an den Seiten viel tiefer nach unten reicht (und natürlich bei Frauen die Schwangerschaft). Dadurch sind wir zwar im Bereich der wichtigsten Organe vor Angriffen gut geschützt, im Bereich der Eingeweide jedoch nicht. Zu einem Problem wurde das erst, als wir uns aufrichteten, nicht mehr auf allen vieren unterwegs waren. Reden wir in herausfordernden Situationen mit und vor Menschen, dann erleben wir intuitiv den Anblick eines Rudels Säbelzahntiger und schützen uns durch Anspannen der Bauchmuskulatur, verstecken uns hinter Rednerpulten und bleiben hinter Tischen sitzen, die genau dort enden, wo der Brustkorb beginnt.

Interventionstechnik 1 – „BAUCHATMUNG"

1. Machen Sie die folgenden Übungen zunächst in Rückenlage, so erfahren Sie die Vorgänge im Rumpf am leichtesten. Wenn dies gut klappt, dann üben Sie im Sitzen, zuletzt im Stehen. Die richtige Körperhaltung dazu beschreibe ich mit dem Basis-Embodiment in Abschnitt 2.1.1.

2. Legen Sie Ihre führende Hand (bei Rechtshändern die rechte) auf den Bauch (Nabelhöhe), die nichtführende auf das Brustbein. Wenn Sie wollen, schließen Sie die Augen.

3. Atmen Sie aus und warten Sie ein wenig.

4. Atmen Sie durch die Nase genussvoll, langsam und intensiv ein, dabei stellen Sie sich vor, dass Sie an etwas gut Duftendem riechen (Lieblingsblume etc.).

5. Spüren Sie in Ihren Körper und nehmen Sie wahr, wie sich der Bauch hebt. Passiert dies nicht (z. B. wenn er das Gegenteil tut oder sich gar nicht bewegt), helfen Sie bewusst nach und strecken Sie den Bauch ein wenig hinaus. Je besser Sie es können, umso mehr verzichten Sie dann wieder darauf. Wichtig ist: Sie sollen die Bauchbewegungen sehr intensiv wahrnehmen können.

6. Nach dem Einatmen warten Sie ein wenig, dann öffnen Sie den Mund und atmen die Luft gut hörbar entspannt wieder aus. Dabei senkt sich der Bauch. Um diese Bewegung intensiv zu spüren, können Sie ruhig mit der Hand ein wenig Druck auf die Bauchdecke ausüben. Je weiter die Bauchdecke nach innen geht, umso intensiver und genussvoller werden Sie das Einatmen wieder erleben.

7. Nun machen Sie eine doppelt so lange Pause wie nach dem Einatmen.

8. Den Mund schließen und wieder bei Punkt 3 weitermachen.

9. Wenn Sie bereits ein wenig Übung haben, achten Sie auf Folgendes: Sobald Sie beim Einatmen spüren, dass der Brustkorb sich hebt, hören Sie mit dem Einatmen auf. Ziel ist es, zu lernen, diesen Punkt nach hinten zu verschieben, sodass sich die Bauchdecke während zwei Drittel des Einatmens allein bewegt. Im letzten Drittel des Einatmens darf der Brustkorb dazukommen, um *gemeinsam* mit der Bauchdecke die Bewegung zu Ende zu führen.

10. Auch wichtig: Schultern hängen lassen, nicht nach oben ziehen, und die Bauchmuskeln ganz locker lassen.

Lernen Sie durch diese Interventionstechnik, eine generell flache oder falsche Atmung auf Bauchatmung umzustellen. Machen Sie die Übung, so oft Sie können. Dabei ist nicht die Dauer einer Übungssitzung entscheidend, sondern wie oft pro Tag Sie sie anwenden. Viele Impulse über den Tag verteilt helfen mehr, die Ressource Bauchatmung aus dem Unterbewusstsein hervorzuholen, als einmal täglich womöglich eine ganze Stunde zu üben. Meine Empfehlung: einmal pro Stunde mit drei Atemzügen üben. Und wenn Sie sich in einer Situation befinden, in der gerade Angst entsteht, dann machen Sie die Übung sofort und ohne Umschweife!

Die Atmung ist übrigens auch ein wichtiges Thema für die *formale* Vorbereitung auf eine Sprechsituation. Mehr dazu dann in Kapitel 2.2.

1.6.2 „Affentrommeln"

Geschützt unter dem oberen Brustbein liegt ein für unsere Immunabwehr sehr wichtiges Organ: die Thymusdrüse. Sie bildet sich im Laufe des Älterwerdens zurück – darin liegt der Hauptgrund für die erhöhte Infektionsneigung bei älteren Menschen. Bei verschiedenen alternativen Heilmethoden ist es deshalb üblich, die Thymusdrüse zu stimulieren, und zwar durch Beklopfen. Für unser Thema ist die Thymusdrüse noch aus einem anderen Grund wichtig: Eine Stimulierung soll einerseits den Energiefluss anregen, andererseits aber auch antagonistisch zu Adrenalin wirken. Ein Beklopfen kann somit einen angespannten, gestressten oder ängstlichen Menschen in seine Mitte bringen. Das ist wissenschaftlich nicht bewiesen, im Sport aber zum Beispiel weitverbreitet.

Die Übung „Affentrommeln" nutzt diesen Effekt und ergänzt ihn durch einen weiteren Aspekt: Indem Sie nicht nur mit *einer* Hand (Faust oder Fingerspitzen, je nach Intensität) klopfen, sondern mit beiden Händen, nehmen Sie eine Haltung mit „geschwellter Brust" ein – wie ein Gorilla, der damit Stärke, Kampfgeist und Überlegenheit ausdrücken will. Die archetypischen Bilder von Menschenaffen in solchen Posen (Abbildung 9) lassen uns die damit verbundenen emotionalen Prinzipien leichter nachvollziehen, und die Angst weicht dem Mut.

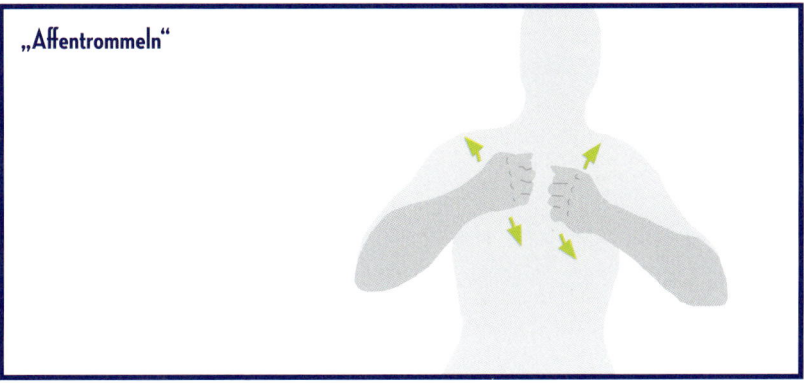

„Affentrommeln"

Abb. 9: Wecken Sie den Gorilla in sich!

Interventionstechnik 2 – „AFFENTROMMELN"

1. Stehen Sie aufrecht. Wenn Sie wollen, schließen Sie die Augen.
2. Lassen Sie ein inneres Bild von einem Gorilla auftauchen, der im Stehen auf seine Brust klopft, und fühlen Sie sich in das Tier hinein.
3. Sagen Sie sich: So fühlt sich Souveränität an. Oder Sie verwenden Wörter wie Stärke, Mut, Erfolg, Überzeugungskraft usw.
4. Dabei klopfen Sie sich mit beiden Fäusten abwechselnd auf die Brust – möglichst nahe der Mitte des oberen Brustbeins.
5. Wenn Sie die Übung schon öfters gemacht haben, probieren Sie sie auch einmal vor einem Spiegel. Dadurch verstärken Sie sie, indem Sie in Ihrer Haltung auch optisch den Gorilla in sich suchen.

Haben Sie schon einmal gesehen, was die seit vielen, vielen Jahren weltbeste Rugby-Mannschaft vor jedem Spiel treibt? Es ist die neuseeländische Nationalmannschaft, die „All Blacks", und sie führt einen „Haka", einen recht aggressiven Ritualtanz der Maori, auf. Einst eingeführt, um die gegnerische Mannschaft einzuschüchtern, ist dessen Hauptfunktion heute, sich selbst zu motivieren. Das ist kein martialischer Humbug, sondern angewandte Hypnosystemik – solange sie zum eigenen Mentaltraining verwendet wird und nicht zum Meucheln des Gegners …

1.6.3 „Dialog mit der Angst"

Grundsätzlich ist es zieldienlicher, die Angst zunächst eher als einen Verbündeten denn als einen Feind zu betrachten. In der wertschätzenden Haltung gegenüber der Angst bekommt das Symptom auch einen Sinn: „Danke, dass du mich schützen willst!" Darauf aufbauend kann der Angst der Wunsch übermittelt werden, dass man es nun gern anders hätte und dass sie sich zurückziehen möge. Im Unterdrücken entsteht Widerstand, aus einem wertschätzenden Ersuchen Kooperation („Problemwürdigung").

Wie schon oben aufgezeigt, berichtet die Angst von der Zukunft, sie berichtet von Dingen, die eintreten könnten. Das ist der Punkt, an dem die Angst auf Augenhöhe gebracht werden kann, sodass sie nicht über das Ziel hinausschießt. Zu viel Angst ist aus Sicht der Angst gut gemeint, aus unserer Sicht jedoch kontraproduktiv. Wenn Sie der Angst – sie ist ein Teil von Ihnen! – klarmachen, dass Ihre Warnungen sich auf *vorgestellte* Erlebnisse der Zukunft und nicht auf das Erleben der Gegenwart bezieht, zieht sie sich zurück.

In der Interventionstechnik „Dialog mit der Angst" erkläre ich, wie man das macht:

Interventionstechnik 3 – „DIALOG MIT DER ANGST"

1. Wenn Sie Angst in sich aufkommen spüren, heißen Sie sie zunächst willkommen. Die Haltung, die dahintersteht, könnte man mit den folgenden vier Stufen beschreiben:
   - Interessant, da meldet sich Angst.
   - Ich bin mir sicher, das macht irgendeinen Sinn.
   - Sie meldet sich und will etwas zur Lösung beitragen.
   - Herzlich willkommen!

2. Nun hören Sie in sich hinein.
   – Wenn Ihnen die Angst schon jetzt von einer Gefahr berichtet, bedanken Sie sich zunächst und stellen danach die Schlüsselfrage.
   – Hören Sie noch keine konkrete Aussage der Angst, ist alles noch recht diffus, stellen Sie die Schlüsselfrage sofort.
3. Die Schlüsselfrage lautet: „Was ist das Schlimmste, was im Hier und Jetzt passieren kann?"
4. Die Angst wird nun in die Zukunft zeigen und den Teufel an die Wand malen, z. B.: „Wenn du dich erhebst und zu sprechen beginnst, wirst du ohnmächtig werden und umfallen!"
5. Darauf antworten Sie stets mit demselben Muster: „Ah, interessant, danke! Ich meinte jedoch, was ist das Schlimmste im *Hier* und *Jetzt*? Ich beginne ja erst in zehn Minuten!"
6. Die Angst wird sich nicht gleich geschlagen geben und einen Zahn zulegen: „Nun ja, eben jetzt vielleicht nicht … Aber merkst du schon, wie die Ohren singen und es dir flau im Magen wird …?"
7. Sie bleiben jedoch standhaft und wiederholen Ihre Frage immer wieder. Solange, bis die Angst sich zurückzieht.

Das muss trainiert werden. Wenn Sie die Übung gut beherrschen, werden Sie nur mehr wenige Fragerunden brauchen, und die Angst wird mehr und mehr kooperieren.

„Raum zum Wachsen" 1.6.4

Dass das Wort Angst von „Enge" kommt, haben wir schon behandelt. Diese Enge kann man *in* seinem eigenen Körper spüren, aber auch außerhalb, im *Raum*. Enge schränkt ein, die Verhältnismäßigkeit zwischen dem umgebenden Raum und einem selbst ist nicht mehr stimmig. Zudem ist es so, dass sich die meisten Menschen in Zuständen des Unwohlseins kleiner und/oder jünger fühlen, als sie es tatsächlich sind (Regression).[12]
Aus hypnosystemischer Sicht stellen diese Phänomene wichtige Messgrößen für die Wechselwirkung in Systemen dar. Auch Menschen mit Redeangst fühlen sich oft jünger und kleiner, als sie es tatsächlich sind, gehen also innerlich auf ein Niveau von geringerer Lebenserfahrung und Routine zurück. Innere Bilder, durch die man sich zum Zeitpunkt der Sprechsituation tatsächlich so alt und so groß wie gegenwärtig fühlt, helfen bei einer Neubewertung einer bislang als Problem erlebten Situation.

Eine entsprechende Übung zum Alters-, Größen- und Raumerleben schaut folgendermaßen aus:

Interventionstechnik 4 – „RAUM ZUM WACHSEN"

1. Gehen Sie in einen größeren Raum, in dem Sie sich gut frei bewegen können und in dem Sie Ruhe haben. Schauen Sie sich um.
2. Denken Sie an eine Sprechsituation, in der Sie sich unwohl gefühlt haben. Das kann weiter zurück liegen oder erst vor Kurzem passiert sein.
3. Gehen Sie in das Erleben dieser Situation hinein und tasten Sie mit dem VAKOG-Schema die fünf Sinneseindrücke davon ab.
4. Nun schauen Sie sich nochmals genau im Raum um und fühlen in sich hinein, welcher Punkt im Raum für Sie dieses Gefühl der damaligen Sprechsituation am besten repräsentiert. An diesem Punkt stellen Sie sich nun hin. Wenn Sie wollen, schließen Sie die Augen.
5. Bleiben Sie über VAKOG emotional stark im Bild der Sprechsituation und spüren Sie nach, wie alt Sie sich gerade *fühlen*.
6. Dasselbe machen Sie anschließend mit Ihrer Körpergröße. Bei beiden Antworten machen Sie eine Zahl fest.
7. Nun öffnen Sie die Augen und holen sich aus Ihrer Erinnerung eine Situation, in der Sie souverän waren, aktiv in Ihrer Gestaltungskraft, voller Mut und Energie. Das kann eine Sprechsituation gewesen sein, muss es aber nicht. Es geht nicht um die Situation, es geht um das gute Gefühl. Das „borgen" wir uns nun aus. Über VAKOG gehen Sie stark emotional in das gute Gefühl hinein.
8. Schauen Sie sich wieder im Raum um und machen Sie einen Punkt aus, der dieses Gefühl repräsentiert, gehen Sie dorthin und spüren Sie nun hier, wie alt und wie groß Sie sich hier fühlen. Vergleichen Sie die Zahlen mit jenen am anderen Punkt im Raum.
9. Beobachten Sie Ihre Körperhaltung. Vielleicht schwillt Ihnen die Brust, vielleicht stehen Sie aufrechter usw.
10. Am Anfang können Sie die Übung an dieser Stelle beenden. Wenn Sie schon einige Übung darin haben, machen Sie Folgendes: Holen Sie sich das Gefühl der problematischen Sprechsituation nochmals her und stellen Sie sich vor, wie Sie sowohl vom Alter als auch von der Körpergröße auf das Maß der guten Situation „wachsen". Sie werden spüren, wie sich das Gefühl bessert.

„Austausch mit Ressourcen" 1.6.5

Aus allem lässt sich eine Ressource machen. Mitten in einem von mir vor ein paar Jahren persönlich gehörten Vortrag von Gunther Schmidt läutete das Mobiltelefon einer Seminarteilnehmerin, der das sichtbar peinlich war. In seiner unnachahmlichen Art nahm Schmidt in ein bis zwei Sätzen die Kurve, um das Geschehen gleich inhaltlich einzubauen, und erklärte schmunzelnd: „Das Handy, das im unpassenden Augenblick läutet und stört, ist ein schönes Beispiel. Denn es ist nicht das Handy, das stört, sondern es ist der Mensch, der in Beziehung dazu geht und somit autopoietisch, also selbstorganisatorisch, entscheidet, ob er sich davon stören lässt. Genauso gut kann das Handyläuten als Impuls eingesetzt werden, sich zum Beispiel daran zu erinnern, sich aufzurichten, tief zu atmen oder zu lächeln."

Das wird Utilisation genannt. Oft werden Träume, Vergangenheit, Reize usw. als der Grund für Empfindungen und Reaktionen angesehen, jedoch ist die Ursache immer, wie ich in Beziehung dazu gehe. Dafür sind Bilder hervorragend geeignet, weil unsere inneren Bilder in Form von neuronalen Netzwerken angelegt sind und die Etablierung eines Ersatzbildes genau die fraglichen Netzwerkmuster verändert. Zudem sind Bilder generell mehrdeutig, womit die Chance auf Veränderung nochmals erhöht wird. Wenn wir die Bilder verändern, verändern wir die Körperreaktionen.

In der vorherigen Übung haben wir schon begonnen, problematische Erlebnisse durch zieldienlichere Erinnerungen auszutauschen – über das Mittel der Alters-, Größen- und Raumempfindungen. Oft ist es aber gar nicht notwendig, Bilder komplett zu wechseln. Denn die systemische Sichtweise macht natürlich nicht vor Neuronen Halt.

Sie erinnern sich wahrscheinlich: Erlebnisse und Erfahrungen sind in unserem Gehirn als neuronale Netzwerke angelegt, ein solches Netzwerk besteht aus mit diesem Erlebnis verbundenen und abgespeicherten Sinneswahrnehmungen. Um ein bestehendes Netzwerk zu verändern, ist es nicht notwendig, alle fünf Sinneswahrnehmungen auf einmal auszutauschen, da sie ja miteinander verbunden sind. Verändert man nur einen Teil davon, verändern sich die anderen mit. Je nach Intensität reichen oft zwei oder drei, vielleicht sogar nur ein Aspekt.

Die Interventionstechnik „Austausch mit Ressourcen" zeigt, wie man Netzwerkteile von problematischen Bildern ersetzt oder durch Utilisation nutzbar macht. Die Würdigung des Problems ist ein starkes Element dieser Übung, bei der es sinnvoll ist, sich eine Tabelle zurechtzulegen:

	Sinneseindruck Problembild „Wie es ist ..."	Stärke (1–10)	Rang (1–5)	Sinneseindruck Lösungsbild „Wie es gut wäre ..."
V				
A				
K				
O				
G				

Abb. 10: Diese Tabelle dient als Behelf für die Interventionstechnik „Austausch mit Ressourcen".

Interventionstechnik 5 – „AUSTAUSCH MIT RESSOURCEN"

1. Versetzen Sie sich in der schon bisher beschriebenen Weise in eine problematische Sprechsituation. Machen Sie sich – jeweils pro Sinneskanal – Notizen in einer wie in Abbildung 10 gezeigten Tabelle:
    – zum jeweiligen Sinneseindruck des Problembildes;
    – punkten Sie dessen empfundene Stärke mit einem Wert zwischen 1 und 10 (1 = schwach, 10 = stark);
    – bestimmen Sie aufgrund der Punkte den Rang unter den jeweiligen Sinneskanälen und tragen Sie ihn in die nächste Spalte ein.
2. Nehmen Sie nun den ranghöchsten (= stärksten) Sinneskanal und stellen Sie sich die Frage: „Wie hätte ich es gern stattdessen?" Eine Ressource wird auftauchen, irgendwo aus Ihrer persönlichen Geschichte. Notieren Sie sie in der vierten Spalte.
3. Vielleicht erhalten Sie so aus allen fünf Sinneskanälen einen Eindruck, es muss aber nicht sein.
4. Gehen Sie nun in das Problembild, gehen Sie das VAKOG-Schema durch und ersetzen Sie den ranghöchsten Sinneskanal mit dem jeweiligen Sinneseindruck des Lösungsbildes. Das machen Sie anschließend mit allen weiteren Sinneskanälen.

Ein Beispiel: Alessandra, 32 Jahre alt, Marketingexpertin und Führungskraft in einem Großunternehmen, hat das Anliegen, in Meetings oder Präsentationen ihre körperlichen Symptome besser in den Griff zu bekommen, vor allem in Meetings will sie sich trauen, die Stimme zu erheben, ohne die Angst zu haben, sich mit der Frage oder der Wortmeldung zu blamieren. Sie holt sich aus ihrer Erinnerung eine erlebte Meeting-Situation und geht den VAKOG-Raster durch:

	Sinneseindruck Problembild „Wie es ist ..."	Stärke (1–10)	Rang (1–5)	Sinneseindruck Lösungsbild „Wie es gut wäre ..."
V	Menschen starren mich mit großen Augen an	8	2	meine Kolleginnen und Kollegen lächeln, machen sich Notizen von dem, was ich sage, einige lächeln mir zu und nicken
A	nur dumpfe Stille	6	3	ich höre mich sprechen, laut und deutlich, langsam und mit fester Stimme
K	Enge in der Brust, angespannte Muskulatur, vor allem die Schultern, starkes Herzklopfen, ein tief brummiges, voluminöses, sehr festes, starkes Klopfen; Hitze kommt hinzu, von der Stelle des Herzklopfens, über den Hals und das Gesicht in den Kopf aufsteigend, dort verdichtet sie sich	10	1	ruhiger Puls, spürbar, aber entspannt, wie das Schaukeln eines Boots auf dem Wasser; lockere Schultern, weicher Bauch; die Atmung bewegt fließend die Bauchdecke; wohlige Wärme im Bauch
O	Kaffeegeruch	2	5	ich rieche nichts
G	bitterer, schaler Geschmack, wie Zunge verbrannt	2	4	ich schmecke nichts

Abb. 11: Fallbeispiel „Alessandra".

Alessandra sieht also Menschen, die sie mit großen Augen anstarren, sie hört nichts, nur eine dumpfe Stille, sie riecht Kaffee und hat einen bitteren, schalen Geschmack im Mund, als hätte sie sich die Zunge verbrannt. Kinästhetisch erlebt sie eine Enge in der Brust, die gesamte Muskulatur ist angespannt, vor allem die Schultermuskeln, sie fühlt ein starkes Herzklopfen, das ein tief brummiges, voluminöses, sehr festes, starkes Klopfen ist. Sie spürt Hitze hinzukommen, ausgehend von der Stelle des Herzklopfens, über den Hals und das Gesicht in den Kopf aufsteigend, wo sie sich verdichtet.

Nun punktet sie die Stärke des Erlebens und reiht danach die Sinneskanäle. Stärksten Eindruck hinterlässt mit dem Maximum von zehn Punkten der kinästhetische Kanal. Also beginnt sie damit und stellt sich die Frage, was sie stattdessen gern am Körper fühlen würde. Sie notiert einen ruhigen Puls, der zwar spürbar, aber entspannt klopft, wie das Schaukeln eines Boots auf dem Wasser; sie spürt in ihrer Vorstellung lockere Schultern und einen weichen Bauch sowie eine Atmung, die fließend die Bauchdecke bewegt und mit einer wohligen Wärme im Bauch einhergeht. Alessandra lässt diese Eindrücke noch ein wenig wirken und wechselt zum Problembild, geht alle Sinneskanäle wieder durch, die Notizen helfen ihr dabei. Sie nimmt nun vom ranghöchsten Sinneseindruck, das ist bei ihr der kinästhetische, den entsprechenden Aspekt des Lösungsbildes: der spürbar entspannte Puls, die lockeren Schultern und der weiche, warme Bauch. Diesen baut sie nun in das Problembild ein und ersetzt damit den Problemaspekt. Alle anderen Aspekte des Problembildes sind noch da. Da sie schon ein wenig Übung hat, gelingt ihr das auch sehr rasch. Diesen Vorgang wiederholt sie nun mit dem visuellen und dem auditiven Kanal, die für sie zweit- und drittrangigen.

Eine andere Möglichkeit bietet die Utilisation, das Nutzbarmachen, von ursprünglich störenden Erlebnissen oder Teilaspekten davon. So ist es Alessandra auch möglich, statt in ein gewünschtes Lösungserlebnis zu gehen, nachzufühlen, woran sie zum Beispiel das starke Herzklopfen erinnert. Und da fällt ihr ein, dass sie gern in Clubs geht, gern zu peitschenden Rhythmen tanzt, und sich das anfühlt, wie wenn ein kräftiger, lauter Bass die Stimmung vorantreibt! Die Hitze passt da auch ganz wunderbar dazu. In solchen Augenblicken fühlt sie sich als Energiebündel mit einem großen Bewegungsdrang. Sie bewertet nun das Symptom aus einem anderen Blickwinkel und will sich immer dann an dieses Energiebündel erinnern, wenn sie das Pochen des Herzens bzw. des Clubbings in sich hört.

1.6.6 „Ankern"

Ein Lösungsbild, das Sie zum Beispiel in einer akuten Sprechsituation sofort und unmittelbar abrufen möchten, kann in Ihnen abgespeichert werden. Das nennt man Ankern. Wenn es in einer Situation nicht möglich ist, das ganze Prozedere durchzugehen, so machen Sie das schon vorher, ankern es und rufen es per Knopfdruck ab, wann immer Sie es benötigen. Ein Anker ist eine Sinneswahrnehmung, die unmittelbar zu einem emotionalen Zustand führt. Zum Beispiel führt das Hören eines lange nicht gehörten Liedes unmittelbar zu den Gefühlen, die in einer bestimmten Situation einst geherrscht haben. Anker können über alle Sinneswahrnehmungen gesetzt werden. Sie funktionieren wie die klassischen Konditionierungen, die Sie vielleicht vom Experiment des Pawlow'schen Hundes[13] kennen.

Ankern ist eine Technik, die in vielen psychologischen Richtungen verwendet wird. In der hypnosystemischen Denkwelt wird zudem auf die Haltung geachtet: Der zum Ankern verwendete Reiz und die dafür getroffene Wahl des Sinneskanals entstammen einzig und allein den *eigenen* Assoziationen, werden also nicht übernommen, weder von Menschen noch von angeblichen Regeln, die einen bestimmten Anker empfehlen oder nahelegen.

Interventionstechnik 6 – „ANKERN"

1. Rufen Sie wie schon beschrieben in Ihrer Vorstellung ein Lösungsbild auf.
2. Ein z. B. kinästhetischer Anker wäre eine Stelle am Körper, auf die Sie einen spürbaren Druck ausüben (z. B. mit zwei Fingern der einen Hand die andere Hand drücken oder eine Handfläche auf eine Stelle des Körpers legen usw.). Sie können auch einen bestimmten Gegenstand zur Hand nehmen und festhalten, vielleicht einen, den Sie zu diesem Zweck bei sich (in der Hosentasche, der Handtasche, eine Halskette etc.) tragen.
3. Ein Ankern über das Hören könnte sein, sich ein bestimmtes Geräusch vorzustellen oder einen Partner zu bitten, ein bestimmtes Wort zu sagen oder einen Ausruf zu machen etc.; letzteres wird im Sport gern verwendet.
4. Nach demselben Prinzip funktioniert das Ankern über den Seh-, Geruchs- oder Geschmackssinn.
5. Wenn Sie nun in einer Sprechsituation das gewünschte Lösungserleben abrufen möchten, betätigen Sie bloß den Anker, und das Erleben stellt sich schneller und eher ein, als wenn Sie alle Sinneskanäle wieder durchlaufen müssten (was während des Sprechens zudem praktisch unmöglich wäre).

„Feuerkreis" 1.6.7

„Die Erkenntnis, dass Gefühle grundsätzlich eine logische Konsequenz der eigenen Weltsicht und der entsprechenden Bewertungen sind, kann helfen, den ‚Dämon Angst' zu entschärfen. Keine Instanz außerhalb von uns überfällt uns mit Angst, sondern wir sind es selbst, die die Angst erst entstehen lassen." Das behaupte ich. Provokant? In der Interventionstechnik „Feuerkreis" wird dies praktisch erlebbar.

Dazu muss ich kurz ausholen. Das Modell der „Persönlichkeits-Zwiebel"[14] der beiden Unternehmensberater und Coaches Frauke Ion und Markus Brand beschreibt, wie Gefühle den Menschen nicht durch eine äußere Instanz förmlich machtlos überfallen, auch wenn viele Betroffene in Akutsituationen dies so empfinden, sondern dass diese Gefühle in uns durch unser eigenes Zutun entstehen. So auch Angst. Wie eine Zwiebel wachsen die Schichten von innen nach außen:

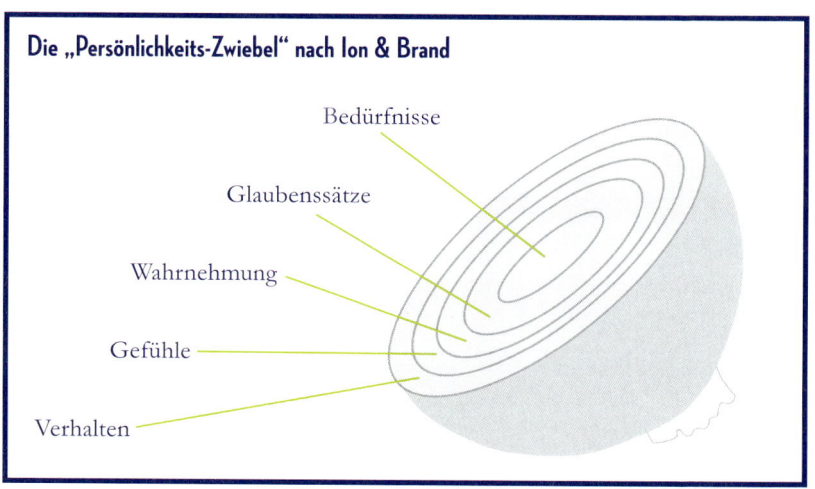

Die „Persönlichkeits-Zwiebel" nach Ion & Brand

Bedürfnisse

Glaubenssätze

Wahrnehmung

Gefühle

Verhalten

Abb. 12: Die Schichten der „Persönlichkeits-Zwiebel" wachsen von innen nach außen.

Glaubenssätze sind Grundüberzeugungen und ein Resultat von befriedigten und unbefriedigten (Grund-)Bedürfnissen, die Wahrnehmung[15] ist nicht die Basis, sondern eine Folge der Glaubenssätze, und die Gefühle sind wiederum eine Folge der Wahrnehmung. Mit anderen Worten: Gefühle sind das Ergebnis von Aufmerksamkeitsfokussierungen, die sich unbewusst auf den Grad der Befriedigung von Grundbedürfnissen stützen und bewusst ändern lassen. Letztendlich bestimmt das alles unser Verhalten.

Beispiel: Wer als Kind in einem Kriegsgebiet aufwächst, wird glauben, dass die Welt ein kriegerischer, bedrohlicher Ort ist, wird alles und jeden zunächst als bedrohlich interpretieren und damit als Konsequenz das Gefühl Angst verspüren. Der springende Punkt dabei ist: Die Wahrnehmung richtet sich nach den Glaubenssätzen, wir sehen, hören etc. nur mehr das, woran wir glauben. Oberflächlich betrachtet scheint es genau das Gegen-

teil zu sein. Das stimmt so aber nicht. Wenn dem Kind in unserem Beispiel die Flucht gelingt und es in eine sichere Stadt kommt und es sieht
dort zum Beispiel eine Frau über die Straße laufen, die noch rechtzeitig
vor einem Auto auf die andere Seite gelangen möchte, wird es annehmen,
die Frau laufe vor den Heckenschützen um ihr Leben – weil es nichts anderes kennt und daran glaubt. Resultat: die gleiche Angst wie ehemals. Das
Erkennen von Glaubenssätzen und das Ändern von Aufmerksamkeitsfokussierungen lassen also die Angst beherrschbar machen.

Was durch dieses Modell aber auch klar wird: Unsere Vorstellung lässt die
Angst quasi ein- und ausschalten. Es sind unsere Überzeugungen, die unsere Gefühle prägen. Auf dieser Erkenntnis fußt die Interventionstechnik
des Feuerkreises:

Interventionstechnik 7 – „FEUERKREIS"

1. Bereiten Sie sich zwei dickere Schnüre zu je ca. drei Meter Länge vor, vielleicht sogar in einer roten Farbe. Sie sollen einen Feuerkreis darstellen.

2. Suchen Sie sich einen guten Platz in einem größeren Raum und legen Sie die beiden Schnüre als einen Kreis am Boden auf. Der Vorteil von zwei Schnüren gegenüber einer mit einer doppelten Länge ist, dass sich der Durchmesser besser verändern lässt, indem man einfach die Enden mehr oder weniger überlappt.

3. Betrachten Sie den Kreis von innen und von außen, schauen Sie, ob er gut für sie passt, sowohl von der Form und vom Durchmesser her als auch von seiner Lage.

4. Dieser Kreis stellt Ihre persönliche Firewall dar, analog zur Computerwelt. Wie beim Computer kommt auch in diesen Feuerkreis nichts hinein, was Sie nicht wollen oder was Ihnen schaden könnte, hinaus dagegen geht alles ohne Widerstand. Er ist auch so etwas wie ein individueller „Wohlfühl-Raum", den Sie überallhin mitnehmen können.

5. Stellen Sie sich nun außerhalb des Kreises hin und betrachten Sie den Kreis intensiv. Sie können sich vorstellen, wie die Flammen aus ihm lodern, die einzig und allein Ihnen nichts ausmachen. Dann können Sie, wenn Sie wollen, die Augen schließen und an eine Sprechsituation denken, in der Sie sich nicht wohlgefühlt haben, vielleicht sogar Angst hatten. Gehen Sie den VAKOG-Raster durch.

6. Öffnen Sie die Augen, gehen Sie in den Kreis hinein, betrachten Sie ihn von innen und stellen Sie sich vor, wie er Sie beschützt, wie Sie sich ganz sicher in ihm fühlen. Dann schließen Sie die Augen und denken an eine Situation – es kann eine Sprechsituation sein oder nicht –, in der Sie sich vollkommen souverän gefühlt haben. Gehen Sie wieder das VAKOG-Schema durch.

7. Wiederholen Sie die Schritte 5 und 6 mehrmals. Sie werden bemerken, dass Sie immer schneller in das gewünschte Gefühl kommen, bis Sie die Angst beim Überschreiten „der Schnur" richtig ein- bzw. ausschalten können.

8. Wenn Sie die Übung als Vorbereitung für eine herausfordernde Sprechsituation machen wollen, hängen Sie noch folgenden Schritt an: Während Sie im Feuerkreis stehen, stellen Sie sich vor, Sie nehmen ihn mit beiden Händen hoch und zum Ort Ihres Einsatzes bzw. Auftritts mit. Lassen Sie die Flammen währenddessen die ganze Zeit um sich herum lodern und Sie werden das Gefühl von Souveränität genießen können.

Falls Sie das Gefühl haben, ein Feuerkreis mit lodernden Flammen sei nicht das Richtige für Sie, und Sie fühlten sich mit einer anderen Metapher wohler (z. B. eine Lichtwand oder Ähnliches), dann ändern Sie ruhig das Bild des beschützenden Kreises. Ein Überqueren der am Boden liegenden Schnüre ist jedoch eine große Hilfe, um sich des Ein- und Ausschaltens der Angst bewusst zu werden, weswegen ich empfehle, gerade am Anfang des Übens mit dieser Technik darauf nicht zu verzichten.

Das Profi-Geheimnis des Erfolgs – Üben! 1.7

Üben! Ja, üben. In Anlehnung an einen Möbelhaus-Werbeslogan: Sprechen Sie schon oder stolpern Sie noch? Wir sind am letzten Punkt des Kapitels zur mentalen Vorbereitung angekommen. Und da müssen wir uns auch über das Üben Gedanken machen – ohne das geht's nicht. Wenn Sie bis hierher alles gelesen haben, dann haben Sie sich an das Wort wahrscheinlich schon gewöhnt, so oft ist es bisher vorgekommen. Man kann üben, um etwas zu sein, und man kann üben, um etwas zu können. Übung macht die Meisterin und den Meister. Denn: Sie werden gemessen. Ob Sie wollen oder nicht. In allen Sprechsituationen, egal ob bei einem Meeting, sitzend bei einem Vier-Augen-Gespräch oder stehend vor einer Zuhörerschar – an den Besten Ihres Faches nämlich! An Ihren Konkurrentinnen und Konkurrenten in Ihrem Wohnzimmer. Wie bitte? In der Tat: Sie werden an den Profis gemessen, die tagtäglich in Ihrem Wohnzimmer ein- und ausgehen. Den Profis des Fernsehens. Und was *die* zu Profis macht, ist: Motivation und – Übung! Jeder Profi übt. Aber weil wir das nicht zu Augen und Ohren bekommen, glauben die meisten, die hätten halt das Talent, die müssten nicht üben. Weit gefehlt. Das Talent *entsteht* erst aus dem Üben! In dem großartigen Buch „The Talent Code – Greatness Isn't Born. It's Grown" (2009) räumt Daniel Coyle ordentlich mit der „Talentlüge" auf: Talent ist nicht gottgegeben, es ist erlernt! Veranlagung, sagt Coyle, spiele natürlich eine Rolle, aber *entscheidend* seien Motivation, Übung und Beharrlichkeit. Überall auf der Welt besuchte er für seine Recherchen sogenannte Talentschmieden, und überall kam er zu demselben Schluss.

Wenn Kinder spielen, dann lernen sie – weil sie dabei üben. Immer und immer wieder bauen sie den Turm neu auf, bis er wieder ein Stück höher wird, erkennen von Versuch zu Versuch, worauf es ankommt, wie die Klötze in welcher Reihenfolge gelegt werden müssen, gelangen so zu erstaunlichen Details der Beobachtung, die sie sofort in den nächsten Anlauf integrieren, bis – ja, bis sie feststellen, es durchschaut, es gelernt zu haben. Im Sport nicht anders. Durch das Trainieren entstehen innere Filme, innere bewegte Bilder, die wie ein Programm wirken und immer feiner aufgelöst und gleichzeitig schneller ablaufen, bis die Abfolge sämtlicher Körperbewegungen zum Beispiel eines Hochsprungs perfekt erfolgen kann. In Situationen des Misserfolgs erleben Sportlerinnen und Sportler geradezu einen Filmriss. Überlegen Sie bitte, aus wie vielen unterschiedlichsten Schritten der Sprung besteht: Wollten Sie das alles bewusst im Augenblick des Durchführens kontrollieren und steuern, es würde ganz sicher schiefgehen. Wir benötigen diese Filme – die wir durch Üben drehen!

Haben Sie schon einmal dem Sandplatz-König des Tennis, Rafael Nadal, zugesehen? Der zelebriert vor jedem Aufschlag ein richtiggehendes Ritual: Dabei berührt er Ohren, Nase, Schultern und Hose in einer bestimmten Reihenfolge. Darüber kann man sich lustig machen, natürlich (und es wirkt auf manche auch wirklich ein bisschen spooky), ihm jedoch ist das egal, er gewinnt ja – vielleicht sogar damit oder dadurch. Das hat alles nichts mit Aberglauben zu tun – das sind Anker! Für die Konzentration – oder für eben diese inneren Bilder und Filme von gelingenden Mustern. Die hat er sich nämlich eingelernt, durch Üben, und mit den Ankern ruft er sie punktgenau ab.

Üben schafft Vertrauen in sich selbst. Die dadurch entstehenden Fertigkeiten geben das Gefühl von Sicherheit, die dadurch frei werdenden Energien können plötzlich für anderes verwendet werden, zum Beispiel für Humor, Spontaneität oder Improvisation.

Üben bedeutet immer auch, an die Grenzen der Gewohnheiten zu gehen. Die sogenannte Komfortzone ist ein ziemlich zäher Leim, der uns festhält und uns nicht so leicht in die Zone des Lernens im Sinne von Erlangen neuer Erfahrungen lässt. Um diesem Leim zu entgehen, müssen wir Grenzen überschreiten, sonst zieht er uns unweigerlich zurück. Abbildung 13 zeigt, wie wir der Komfortzone enteilen können, wenn wir das wollen:

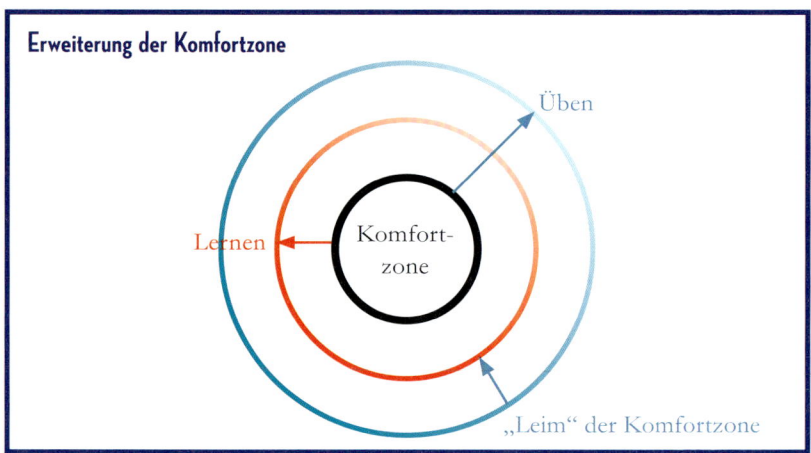

Erweiterung der Komfortzone

Üben

Lernen

Komfort-zone

„Leim" der Komfortzone

Abb. 13: Eine Erweiterung der Komfortzone ist umso besser und nachhaltiger möglich, je weiter wir uns beim Trainieren bzw. Üben hinauslehnen oder übertreiben. Lernen ist dann das, was wir im Augenblick des Einsatzes an Mehr beim Üben investiert haben, als der „Leim" der Gewohnheit uns in Richtung Komfortzone wieder zurückzieht. Haben Sie keine Angst davor, dass Sie dann genauso übertrieben wie bei der Übung auftreten. Das passiert nur manchen von jenen Menschen, die wirklich viel – das heißt täglich stundenlang – üben, unsereinem als Sprecher im Business-Kontext jedoch ganz sicher nicht.

Üben ist also nicht das Tüpfelchen auf dem i, es ist das ABC an sich. Durch das Üben kommen Sie in das Tun, in das Erleben, und nur so bekommen Sie das, was sie wollen, auch ins Gehirn. Wo es letztendlich hin muss. Sie sind ja ein Mensch.

Bevor wir nun das Kapitel über die mentale Vorbereitung verlassen und uns jenem der formalen Vorbereitung widmen, fassen wir zusammen:

Die THOMAS KLOCK Methode – ZWISCHENBILANZ 2

— Gerade bei Lampenfieber und Redeangst zeigt sich, wie wichtig eine mentale Vorbereitung ist, denn herausfordernde Sprechsituationen, vor allem jene, in denen Sie vor Menschen stehen und vortragen, sind keine Alltagssituationen – sie müssen erlernt werden.

— Mehr als die Hälfte aller Führungskräfte leidet unter Redeangst. Der Hauptgrund: schlechte oder fehlende Vorbereitung.

— Je häufiger man mit und vor Menschen spricht, umso geringer ist die Aufregung. Deshalb: Nehmen Sie jede Gelegenheit wahr, die sich Ihnen bietet!

— Unmittelbar vor einer Sprechsituation ist die Aufregung am größten, machen Sie deshalb unbedingt kurz vor einem Auftritt entsprechende Übungen.

— Gehen Sie nochmals die Mentaltools gegen Lampenfieber und Redeangst auf Seite 44 durch.

— In Kapitel 1.6 finden Sie viele Tipps und sieben Interventionstechniken, die Sie selbst anwenden können. Üben Sie sie regelmäßig – und von Mal zu Mal werden Sie größere Erfolge erleben.

— Kontrollieren Sie zuallererst Ihre Atmung und stellen Sie sie – wenn notwendig – wieder auf die natürliche Bauchatmung um.

— Die Angst „überfällt" uns nicht wirklich, wir „rufen" sie unbewusst. Sie lässt sich durch Übung ein- und ausschalten.

— Räumen Sie dem Thema „Übung" einen großen Stellenwert ein. Was das Üben an Zeit kostet, ersparen Sie sich später wieder um ein Mehrfaches – durch geradliniges Erreichen Ihres Ziels ohne Umwege.

BE PREPARED! DIE FORMALE VORBEREITUNG

Bitte stellen Sie sich vor: Ich sitze vor Ihnen, neige meinen Oberkörper nach vorn, die Unterarme stütze ich auf die Oberschenkel, ich lasse den Kopf hängen, mache einen niedergeschlagenen Eindruck, und mit brüchiger, leiser Stimme sage ich: „Heute geht's mir gut." Da würde ich nicht sehr glaubwürdig rüberkommen, oder? Sie haben eben eine der wichtigsten Regeln der zwischenmenschlichen Kommunikation erlebt: *Die Form qualifiziert den Inhalt,* und nicht umgekehrt! Sie können auf der inhaltlichen Ebene sagen, was Sie wollen – erst durch die formale Ebene erfahren Ihre Zuhörerinnen und Zuhörer, was Sie damit meinen.

Albert Mehrabian, ein iranisch-amerikanischer Psychologe, unternahm 1967 ein interessantes Experiment. Er untersuchte, in welchem Ausmaß eine inkongruente Botschaft (also eine nicht stimmige, wie in meinem Beispiel oben) durch die drei Komponenten Inhalt, Stimme und Körpersprache beeinflusst wird, also wie Menschen eine Aussage bei Widersprüchlichkeiten einordnen. Daraus errechnete er die Verhältnisse zueinander, Ergebnis war die sogenannte 7-38-55-Regel:

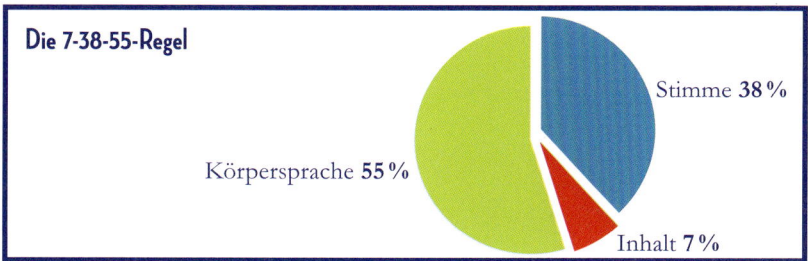

Abb. 14: In der zwischenmenschlichen Kommunikation wird unsere Wirkung – betrachtet im Verhältnis zu Körpersprache und Stimme – nur zu einem ganz geringen Anteil vom Inhalt bestimmt.

Sehr vereinfacht ausgedrückt: Die Wirkung eines Menschen in der zwischenmenschlichen Kommunikation wird zu 55 Prozent von der Körpersprache, zu 36 Prozent durch die Stimme und nur zu sieben Prozent vom Inhalt bestimmt. Weitere Faktoren sind die Kleidung, Schmuck, die Körperpflege, Schminke usw. Sie wurden zwar nicht mit untersucht, ändern aber nichts Entscheidendes an den Verhältnissen. Sofort ins Auge stechend: der sehr geringe Anteil des Inhalts. Worauf aber legen im Business-Kontext die meisten Menschen in der Vorbereitung wert? Auf den Inhalt … Auch schon weit früher war man sich der Macht der Form bewusst. Der römische Sprechlehrer Quintilian (35–100 n. Chr.)

hielt fest, dass „… ein mittelmäßiger Inhalt unter der Gewalt eines vollendeten Vortrags mehr Eindruck macht, als der vollendetste Gedanke, bei dem der Vortrag mangelt".

In diesem Kapitel wollen wir der formalen Wirkungsebene endlich den ihr gebührenden Stellenwert geben. Wir werden untersuchen, über welche Faktoren wir unsere Körpersprache beeinflussen und welche Auswirkungen die Veränderungen der körpersprachlichen Komponenten hervorrufen – sowohl auf unsere Gedankenwelt als auch auf unsere Emotionen. Wir werden uns sehr intensiv mit unserer Stimme beschäftigen – immerhin werden durch sie verbales Sprechen und Sprache erst möglich, und zudem ist sie ein wichtiges Spiegelbild unserer inneren Befindlichkeit. Auch wird uns eine wertschätzende Ausdrucksweise ein Anliegen sein, im Wissen, dass wir damit weit erfolgreicher sind als mit Ellbogentechnik. Und wir werden uns um eine bilderreiche Ausdrucksform bemühen, denn letztendlich übertragen wir nur das von Mensch zu Mensch: Bilder. Aber das wissen Sie ja schon ;) Und was Sie vielleicht schon vermuten: Unsere Gefühle sind immer mit und voll dabei. Emotionen – sie färben die formale Ebene erst so richtig ein. Auch in diesem Kapitel beleuchten wir sie, diesmal aus einer anderen Perspektive.

Bevor wir uns aber an die Arbeit machen, eine ganz wichtige Feststellung. Es ist schwierig bis unmöglich – und das gilt auch für den Profi –, die formale Ebene während einer Sprechsituation zu bearbeiten. Form und Inhalt gleichzeitig im Auge zu behalten, ist zumeist nicht machbar. Während wir sprechen, bündeln wir unsere Energien auf den Inhalt, die Form fließt über das Üben ein. Deshalb können wir beim Üben auch übertreiben, ohne gleich „über-inszeniert" aufzutreten. Die optimale Übungssituation sieht demnach so aus:

Die optimale Übungssituation

1. Laut und deutlich (übertrieben, außerhalb der Komfortzone)
2. Immer allein (Übung ist Intimzone)
3. Haltung einnehmen („Gummiband" + „Silbertablett")

Abb. 15: Weil Sie laut und deutlich üben sollen, achten Sie darauf, allein zu sein, um sich nicht gehemmt zu fühlen oder abwertende Rückmeldungen zu erhalten.

Durch das Üben der formalen Ebene in einer „Laborsituation", also nicht in der realen Sprechsituation, gelangen die entsprechenden Fertigkeiten ins Unterbewusstsein und können während des Auftritts oder des Einsatzes unwillkürlich ihre Wirkung entfalten.

Den Körper als Steuerpult für Kognition und Emotion nutzen 2.1

Fangen wir also beim Körper an. Ist auch praktisch, denn den haben wir immerhin überall dabei. Sehen wir uns nochmals das Beispiel am Beginn dieses Teils an: „Heute geht's mir gut." Die äußere Haltung (Form) qualifiziert den Inhalt. Dazu kommt noch ein weiterer Aspekt: Die äußere Haltung ist auch Ausdruck der inneren Haltung:[16] „Man geht so, wie es einem geht", sagen die Leute. Eine depressive Verstimmung wird sich zum Beispiel in einer gebückten, spannungslosen Haltung ausdrücken usw.

Das Interessante ist, dass es genauso einen Zusammenhang gibt, wenn man den Satz umdreht: „Es geht einem so, wie man geht!" Die Erklärung: Bestimmte Emotionen sind eindeutig definierten Muskeln oder Muskelgruppen zugeordnet, spannt man diese an, stellen sich die damit im Gehirn verbundenen Emotionen ein. Mit diesen Wechselwirkungen von Psyche und Körper beschäftigt sich eine eigene Teilwissenschaft der Psychologie, sie heißt Embodiment. Mit anderen Worten: Körperzustände beeinflussen psychische Zustände, Körperhaltungen, die aus welchem Grund auch immer eingenommen werden, haben Auswirkungen auf Kognition (z.B. Urteile, Einstellungen) und Emotionalität.

Ein bekanntes Experiment dazu stammt aus dem Jahr 1988.[17] Dabei stellte sich heraus, dass man ein und dieselbe Tatsache lustiger findet, wenn man einen Stift, anstatt ihn mit den Lippen zu halten, allein mit den Zähnen fixiert. Der Grund liegt darin, dass bei letzterer Methode Muskeln angespannt werden, die für das Lachen benötigt werden: Die Gesichtsmuskulatur nimmt direkten Einfluss auf die Stimmung.

In einem anderen Experiment, dem sogenannten „Head Movement Paradigm",[18] wurde der Einfluss der Kopfhaltung erforscht: Kopfnicken bringt uns emotional viel eher in die Bereitschaft, zuzustimmen, als dies bei Kopfdrehen der Fall ist. Im ähnlich gelagerten „Palm Paradigm" (Handflächen-Paradigma) wurde mehrfach bewiesen, dass nach oben gerichtete Handflächen eine ganz andere innere Stimmung erzeugen, als wenn sie nach unten zeigen. Das Drücken der Arme nach oben hat den Effekt von „Komm her!", während das Drücken nach unten die innere Wirkung von „Geh weg!" erzeugt. Mit all diesen und vielen weiteren Untersuchungen konnte nachgewiesen werden, dass verhältnismäßig kleine körperliche Interventionen in der Lage sind, menschliche Verhaltenssequenzen zu beeinflussen.

Ein Grundgedanke, der sich aus der Embodiment-Forschung ableiten lässt, ist also: Wenn ein Gefühl nicht die passende Verkörperung erfährt, kann es nicht aufrechterhalten werden. Mit dieser Strategie lassen sich sowohl unerwünschte psychische Verfassungen auflösen als auch erwünschte erzeugen. Für das Entwickeln einer guten persönlichen Wirkung, die nachhaltig und effektiv verankert ist, aber einfach auch von Sprache und deren stimmlicher Ausdrucksform, bedeutet das, dass der Körper nicht nur als „Instrument" zur Stimmerzeugung betrachtet werden muss, sondern darüber hinaus auch als „Bühne" der Gefühle, die Stimme ermöglichen oder nicht. Die innere Einstellung zu den Themen Stimmentfaltung und Sprechtechnik erfordert ein kongruentes Arbeiten am Körper. In der Psychologie wird das Ausmaß, in dem Inhalte des psychischen Systems zueinanderpassen, Konsistenz genannt, wobei das Gehirn generell Inkonsistenzen zu vermeiden sucht. Eine Inkonsistenz besteht zum Beispiel dann, wenn ich den Wunsch verspüre, in einem Meeting überzeugend auftreten und meine Ideen umsetzen zu können, gleichzeitig aber das Gefühl habe, meine Stimme klinge schrecklich. Auf das Thema Embodiment übertragen heißt das: Nur das Arbeiten an der Stimme, also den Körper rein als tongebendes, mechanisches „Gefäß" zu betrachten, wird auf Dauer nicht reichen, vielmehr muss Kongruenz zwischen den inneren Bewertungen, dem Körpergefühl als Projektionsfläche und Steuerpult sowie dem Körper als Musikinstrument hergestellt sein.

Wenn Ihnen der letzte Absatz zu kompliziert war – macht nichts. Das Wichtigste ist: So, wie Sie Ihren Körper ins Spiel bringen, beeinflussen Sie einerseits massiv Ihre persönliche Wirkung auf andere und wie überzeugend Sie Ihre Botschaft absetzen. Andererseits regulieren Sie auch Ihre inneren Zustände, denn je nachdem, wie Sie Ihren Körper „aufstellen", erzeugt dies in Ihrem Inneren entsprechende Ansichten und Gefühlswelten. Deshalb gehen Profis immer von einer neutralen Körperspannung aus, bei der kein Gelenk oder Wirbel durch einen Nachbarknochen behindert wird. So können auch die Muskeln gut ihre Aufgabe verrichten, von dieser Mitte aus kann man schön in alle Richtungen agieren. Dieser Körperzustand wird Eutonus genannt. Er vermittelt nicht nur nach innen ein „rechtes Maß an Körperspannung" (was Eutonus aus dem Griechischen übersetzt heißt), sondern auch nach außen.

Allgemeines zur Körpersprache 2.1.1

Ursprünglich wurde die Körpersprache aus drei Teilaspekten – Haltung, Gestik und Mimik – bestehend erklärt, ich gehe einen Schritt weiter und definiere sie mit vier Bereichen:

1. Körperhaltung: das körperliche Aufgerichtet-Sein
2. Gestik: die Bewegung der oberen Extremitäten (Arme)
3. Mimik: die Bewegung der Gesichtsmuskulatur
4. Schreiten: die Bewegung der Beine

Das Schreiten ist das Feld, das ich den klassischen drei ergänzend zur Seite stelle. Es wird oft als Teil der Gestik betrachtet, damit wird aber meines Erachtens der Wichtigkeit des Gehens in vortragenden oder präsentierenden Sprechsituationen nicht Rechnung getragen. Was heute jedoch ein Muss ist! Das Rednerpult hat ausgedient – Schutzschilder vor dem Bauch, als Ersatz für die fehlenden Rippen, sind so etwas von out. Heute „verteidigen" sich die Profis durch innere, mentale Stärke. Mehr zum Bewegen der Beine beim Sprechen weiter unten.

Körperhaltung

Haltung und Bewegung, das sind also die Variablen der Körpersprache. Dazu braucht es das, was die Profis als „entspannt aufgespannt" bezeichnen, den Eutonus. Wie ich schon erläutert habe, ist dies ein Zustand, der das Fundament für die rechte Haltung und für alle Bewegungen ist. Es ist sozusagen das Basis-Embodiment. Wir haben es zwar in unseren Genen gespeichert, den meisten von uns ist es jedoch im Laufe der Zeit abhandengekommen – durch Training können wir uns aber wieder daran erinnern lassen. Wie Sie das machen, beschreibe ich in der folgenden Übung. Wenn Sie mithilfe dieser Übung nach einiger Zeit ein gutes Gefühl für das Basis-Embodiment aufgebaut haben, verstärken Sie die Übung, indem Sie das Bewegen mit einbauen (Übung 6 – „Äußerungsebene").

Übung 5 – „BASIS-EMBODIMENT"

1. Entwickeln Sie Ihr Basis-Embodiment von unten nach oben. Stellen Sie sich an einen guten Platz in einem ruhigen Raum, am besten vor einen körpergroßen Spiegel. Betrachten Sie sich immer wieder sehr ausgiebig darin und verbinden Sie Ihre Empfindungen mit Ihrem Spiegelbild. Dadurch lernen Sie, Ihre Gefühle neu zu bewerten und ein stabileres Körpergefühl aufzubauen.

2. Die Füße sollen im hüftbreiten Abstand zueinander stehen, die Zehenspitzen leicht nach außen zeigen – so haben Sie auch eine gute Stabilität gegen Schwanken.

3. Überzeugen Sie sich, dass Sie einen guten Kontakt mit dem Boden haben: Sohlen durchgehend am Boden, das Körpergewicht wird zu einem Drittel vom Ballen, zu einem Drittel von der Ferse und zu einem Drittel von den Zehenspitzen getragen. Und das von beiden Beinen! Bei den meisten Menschen schweben die Zehen in der Luft – setzen Sie sie ein, schon allein dadurch entsteht bei vielen ein Gefühl von Souveränität.

4. Die meisten strecken die Knie beim Sprechen durch. Das verspannt, und auch kommt man so nicht ins Schreiten. Deshalb: leicht in die Knie gehen. Das fühlt sich für manche anfänglich eigenartig an, doch Sie können folgenden Trick anwenden: Strecken Sie die Knie zunächst durch und probieren Sie, sie seitlich zu „schlottern"; Sie werden bemerken, dass das nicht geht, da das Knie ein Scharniergelenk ist; also gehen Sie nun so langsam wie möglich aus der durchgestreckten Position in die Knie, bis zu dem Punkt, ab dem Sie die Knie wieder seitlich schlottern können. Das ist genau der Kipppunkt des Gelenks, hier sind Sie im Knie entspannt aufgespannt.

5. Lockern Sie Ihre Hüfte durch Hin- und Herschwenken.

6. Lockern Sie Ihre Bauchmuskulatur, z. B. durch Bauchatmen (Interventionstechnik 1, Seite 49) und ganz bewusstes Hängenlassen der Bauchdecke.

7. Nun richten Sie sich auf. Stellen Sie sich vor, am höchsten Punkt Ihres Schädels, in der Verlängerung der Wirbelsäule, also von der Schädelmitte ein wenig nach hinten versetzt, ist ein Gummiband zwischen Ihnen und der Zimmerdecke angebracht, das Sie sanft, aber bestimmt aufrichtet. Das ist die korrekte, gerade Kronenhaupthaltung (wie ein gekröntes Haupt).

8. Lassen Sie die Schultern locker hängen – in der Kronenhaupthaltung bewegen Sie sich automatisch ein wenig nach hinten, das ist die ideale Position.

9. Nun geben Sie noch die Arme nach vorn, aber nicht ganz ausstrecken, nur so weit, dass der Winkel zwischen Ober- und Unterarm ca. 60 Grad beträgt, die Ellbogen sind leicht nach außen gedreht.

Übung 6 – „ÄUSSERUNGSEBENE"

1. Stellen Sie sich vor einen Spiegel, in dem Sie sich komplett sehen und sich gut beobachten können.
2. Nehmen Sie das Basis-Embodiment ein.
3. Nehmen Sie nun Ihre führende Hand (das ist bei Rechtshändern die rechte), halten Sie sie mit der Innenfläche flach nach oben vor Ihr Brustbein, als wäre sie ein Silbertablett (stellen Sie sich einen Butler vor, der einen Brief oder eine Visitenkarte überbringt).
4. Während Sie Ihre Botschaft (hier: einen Übungssatz) sprechen, schwenken Sie das „Silbertablett" von sich nach vorn weg. Diese Armbewegung durchläuft folgende Schritte:
   - den Arm zunächst ganz auf die Seite, bis er ganz ausgestreckt ist, der Ellbogen ist also durchgestreckt;
   - erst dann den Arm in einem vollständigen Halbkreis führen, dabei den Arm ganz ausgestreckt lassen;
   - die Handinnenfläche bleibt nach oben gerichtet, wird parallel zum Boden geführt;
   - am Ende des Halbkreises die Hand wieder heranziehen und an die Ausgangsposition, das Brustbein, führen;
   - die Armbewegung geht *langsam* vor sich und dauert genauso lange wie der Übungssatz – sie beginnt synchron mit seinem ersten Laut und endet mit dem letzten.
5. Bleiben Sie noch zwei Sekunden in dieser Spannung, erst dann gehen Sie aus der Übung heraus.
6. Ein einfacher Übungssatz könnte lauten: „Heute geht's mir gut!"
7. Nach einiger Zeit des Übens bauen Sie nun das Schreiten ein. Gehen Sie durch den Raum, erzählen Sie sich dabei eine Geschichte mit ganz kurzen Sätzen, und schwenken Sie bei jedem Satz das „Silbertablett".

Noch ein Tipp: Achten Sie darauf, dass Ihr Ellbogen wirklich ganz durchgestreckt ist, wenn Sie den Halbkreis beschreiben. Viele lassen den Ellbogen zu nahe beim Körper, was bei vielen Zusehern unterbewusst ein Gefühl von Schüchternheit, Unsicherheit oder sogar Ungeschicklichkeit der Sprecherin bzw. des Sprechers auslösen kann. Nehmen Sie sich Raum!

Diese beiden Übungen haben natürlich nicht das Ziel, dass Sie sich in der tatsächlichen Sprechsituation wirklich so benehmen. Wenn Sie mit einer Person sprechen und dauernd mit Ihren Armen herumrudern, wird das eher einen bescheuerten Eindruck hinterlassen. Durch dieses Training werden Sie jedoch körperkoordinatorische Muster aufbauen, die Sie dann in Akutsituationen spontan abrufen können. Sie werden Ihre Haltung damit aufrichten, körpersprachlich Ihr Mitteilungsvermögen schärfen und die Körpersprache in Synchronizität zu Ihrer Verbalsprache und Ihrem Inhalt bringen. Und Sie werden sich – dem Embodiment entsprechend – besser fühlen! Einerseits, weil Sie erkennen werden, wie das Üben am Körper Ihre kognitiven Kompetenzen steigert, zum Beispiel Aufmerksamkeit, Beobachtung, Kreativität, Spontanität, Ein- und Vorstellungen, Zielformulierungen usw. Und andererseits, weil Sie spüren werden, dass Sie auch emotional leichter in der Mitte bleiben und die emotionale Ebene für Ihre Gesprächspartner und Zuhörer transparenter gestalten können. Nur durch Ihren Körper.

In Sprechsituationen, in denen Sie sitzen bleiben müssen, ist das Basis-Embodiment dem des Stehens prinzipiell gleich, mit folgenden Unterschieden: Sie sitzen am vorderen Sitzflächenrand, ruhend auf den Sitzknochen, und in Knie und Hüfte zeichnen sich jeweils exakt 90 Grad ab. So erhalten Sie vier rechte Winkel an Ihrem Körper: Sprunggelenk, Knie, Hüfte und Hals-Unterkiefer.

In einem Meeting an einem Tisch sitzend ist es generell kein Problem, wenn Sie lässig in einem Stuhl hängen – solange Sie nicht sprechen! Sobald Sie jedoch das Wort ergreifen, gehen Sie in die korrekte Haltung, sozusagen in das Basis-Embodiment für das Sitzen, über. Wie weit Sie beim Sprechen auf der Sitzfläche nach vorn rutschen, muss an die Situation angepasst werden – es soll jedenfalls nicht so aussehen, als wollten Sie fliehen. Ihre Hände sollten gesehen werden können. Am besten wirkt es auf Ihre Gesprächspartner, wenn Sie sie vor sich auf die Tischplatte legen, die führende mit der Innenfläche auf dem Rücken der nichtführenden Hand. Betrachten Sie das Sprechen im Sitzen jedoch immer nur als Ausnahme.

Gestik und Mimik

Oft höre ich in meiner Praxis von Klientinnen und Klienten, sie bekämen nach Sprecheinsätzen negative Rückmeldungen betreffend ihre Gestik. Sie sei zu übertrieben, sie sollten sich weniger bewegen. Solche Feedbacks betrachte ich mit großer Skepsis. Ich behaupte nämlich: Man kann sich gar nicht *genug* bewegen! In all meinen Beobachtungen von Sprechsituationen – und ich sehe eine Menge – liegt der Anteil an Sprechern, die sich tatsächlich zu viel bewegen, bei geschätzten zehn Prozent! Alle anderen bewegen sich zu wenig! Was aber viele unter ihnen leider machen: *Wenn* sie sich einmal bewegen, dann ist es nicht stimmig mit dem Inhalt, oder sie wiederholen stereotyp die immer gleichen Gesten. Das ist das, was negativ auffällt. Die zuvor beschriebenen Übungen helfen auch dagegen.

Bei der Mimik ist es noch ärger. Pokerfaces, wohin man schaut. Die Wirtschaft könnte dieses Ausdrucksmittel geradezu erfunden haben. Aus der Gewohnheit heraus schreit eine innere Alarmanlage schon bei der kleinsten Grenzverletzung der Komfortzone brüllend auf, sodass man erschrocken wieder in die übliche versteinerte Miene zurückfällt. Im nächsten Kapitel, wenn es um die Stimme geht, lernen Sie Übungen kennen, die auch auf die Mimik zielen, während Sie gleichzeitig damit Ihre Aussprache verbessern.

Was ich aber schon an dieser Stelle erwähnen möchte, ist nochmals die Wichtigkeit des Übungsgeräts „Spiegel". Wenn Sie an Ihrer Gestik und Mimik arbeiten, machen Sie das immer vor einem Spiegel. Weil eben die innere Alarmanlage sofort anschlägt, wenn die Komfortzonengrenze überschritten wird, ist es wichtig, sich über die visuelle Kontrolle die Sicherheit zu holen, dass alles nach wie vor ganz okay ist. Zunächst *fühlt* sich die Arbeit an einer verbesserten Mimik nämlich an, als würden Sie Grimassen schneiden, und die Arbeit an einer ausholenderen Gestik wirkt wie der eigene Verzweiflungskampf vor dem Ertrinken. Das Spiegelbild zeigt jedoch, dass von all dem herzlich wenig zu sehen ist, und so wird die Alarmanlage nach und nach in Richtung einer geringeren Reizschwelle bewegt.

Nun aber zur Gestik. Die optimale Ausgangslage der Arme für eine wirkungsvolle Gestik ist die, dass Sie die Hände locker in der Körpermitte ineinander ruhen lassen. Mit anderen Worten: in Höhe des Nabels bis maximal eine Handbreit darüber die führende Hand mit der Innenfläche nach oben in die gleich gehaltene nichtführende legen.

Die optimale Ausgangslage der Arm- und Handhaltung

Abb. 16: Die führende Hand liegt in Höhe des Nabels bis maximal eine Handbreit darüber mit der Innenfläche nach oben in der nichtführenden.

Aus dieser Position heraus gestikulieren Sie mit der rechten Hand nach rechts und mit der linken Hand nach links. Über Kreuz hingegen schaut manchmal ungeschickt aus. Vermeiden Sie ein gegenseitiges Festhalten der Hände oder das Figurenzeichnen mit den Fingern, wie zum Beispiel das mittlerweile berühmt gewordene Dreieck einer deutschen Bundeskanzlerin … Und verschränken Sie die Arme nicht vor der Brust – viele verstehen das als ein „Ich will nicht handeln". Und an die Männer: Raus mit den Händen aus der Hosentasche!

Schreiten

Gehen Sie beim Sprechen, wo immer es „geht". Wenn Sie auf einer Bühne vortragen und es ist ein Rednerpult vorhanden, klären Sie vorab, ob man es nicht ganz einfach wegstellen kann. Wenn nicht, dann können Sie es als Ablage für Ihre Unterlagen und den Laptop verwenden. Bleiben Sie während des Sprechens aber keinesfalls dahinter stehen. Sind Sie das Pult sehr gewohnt, dann verlassen Sie es zunächst einmal nur für einen Augenblick, das nächste Mal dann länger usw. In einer Übergangsphase können Sie auch seitlich davon stehen und sich mit einer Hand anhalten, bis Sie sich allmählich völlig davon lösen.

Ein ständiges sinnloses Hin- und Herlaufen ist jedoch kontraproduktiv. Das Gehen braucht eine *Absicht* und eine *Bedeutung*. Da Bewegungen Ihre Zuhörer und Zuseher bewegen, *sollen* Sie sich bewegen, aber es muss *sinnvoll* bleiben. Bestimmte Inhalte von einem anderen Standpunkt aus zu verdeutlichen, kann so ein Sinn sein. Oder zum Beispiel, dass Sie bei einer Frage auf das Publikum zugehen. Der einfachste Grund ist aber, auf etwas zu zeigen oder den Computer zu bedienen. Deshalb lautet meine absolute Empfehlung, auf Laserpointer oder Fernbedienungen zu verzichten! Bauen Sie sich stattdessen Wege ein. Ganz bewusst. Und so könnte das aussehen:

2.1.2 Settings

Abbildung 17 zeigt eine mögliche Anordnung für *Rechtshänder*, wenn Sie einen Platz vor Ihrem Publikum zur Verfügung haben, zum Beispiel auf einer Bühne oder in einem Vortragsraum. Die führende Hand (bei Rechtshändern die rechte) ist immer auch die Zeigehand. Deshalb steht ein eventuell vorhandener Flipchart links von Ihnen, so können Sie mit der rechten Hand schreiben und zeigen, ohne nach außen gehen zu müssen oder die Tafel mit Ihrem Körper zu verdecken.

Die meisten Räume, die fix einen Beamer installiert haben, besitzen eine Leinwand, die sich in der Raumachse befindet, also in der Mitte der Wand hinter Ihnen montiert ist. Das ist in den meisten Situationen unvorteilhaft (außer bei einer speziell dafür geeigneten Inszenierung), weil die Raumachse für Sie reserviert ist. *Sie* sind die Hauptattraktion, nicht die Folie. Die Bilder, die Sie zeigen, sind nur Illustrationen, die Ihr Sprechen unterstützen sollen, sie werden von Ihnen gezeigt, und das Publikum schaut dann hin, wenn Sie es wollen. Bilder und wechselnde Bilder üben einen großen Reiz aus. Es ist jedoch wichtig, dass Sie im Mittelpunkt bleiben, dass man Ihnen zuhört und nicht bloß gafft. Deswegen verwende ich selten vorinstallierte Beamer und verlange stattdessen einen großen Bildschirm, den ich rechts von mir aufstelle. Ist das Publikum sehr zahlreich, verlange ich eine Leinwand rechts von mir und drehe den Beamer dorthin. Geht das alles nicht, dann – und erst dann! – verwende auch ich Leinwände in der Raumachse, achte dann aber umso mehr darauf, dass ich Folien so spärlich wie nur möglich einsetze. In einem derartigen Fall rückt die Homebase dann ein wenig auf die Seite, bei Rechtshändern nach links.

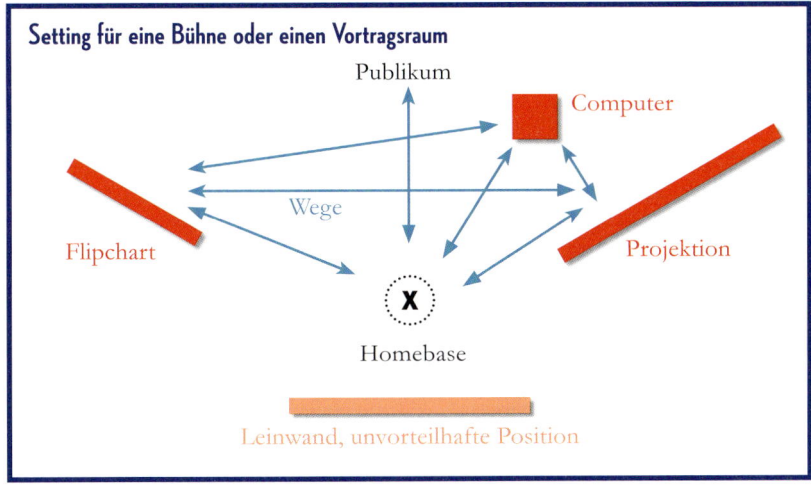

Abb. 17: Beispiel der Raumgestaltung für Rechtshänder auf einer Bühne oder Ähnlichem. Die führende Hand ist die Zeigehand, deshalb steht die Projektionsfläche idealerweise rechts, ein eventuell benutzter Flipchart oder dergleichen links und der Computer zur Präsentation vor dem Sprecher. Die Abstände zueinander sind so groß, dass man mindestens zwei bis drei Schritte machen muss.

Die Homebase ist Ausgangspunkt Ihrer Bewegungen, jene Stelle, von der Sie einen guten Überblick – auch in Richtung des Publikums – haben und an der Sie sich aufhalten, wenn Sie gerade nicht schreiben, nicht zeigen und nicht weiterschalten. Sie ist der Punkt, an dem Sie Ihre „Operationen" starten. Das Hingehen zu bzw. Hinzeigen auf Objekte lässt Sie im

Mittelpunkt bleiben, auch wenn das Publikum dadurch von Ihnen weg und auf das Objekt schaut. Dies deshalb, weil Sie mit Ihren Schritten und Armbewegungen die Blicke der Zuseher dirigieren: Sie bleiben in der *führenden* Position und behalten so die Aufmerksamkeit. Dem Bild Macht zu geben, ist gefährlich, zum Beispiel, wenn Sie das Bild von weit weg kommentieren – es nimmt Ihnen die Führung viel zu rasch aus der Hand. Im Mittelpunkt müssen immer Sie selbst bleiben. Sie führen die Blicke der Zuseherinnen und Zuseher durch Hingehen und Hinzeigen und holen sie am Ende des Hinzeigens – wenn Sie die Zeigehand in die Ausgangslage vor Ihrem Körper bringen – wieder zu sich zurück.

Falls Sie unglücklicherweise eine Projektionsfläche verwenden müssen, zu der Sie nicht gut gehen und zeigen können, ist es immer noch besser, statt eines Laserpointers den guten alten Zeigestab (in fester Ausführung oder als Teleskopstab) zu Hilfe zu nehmen. Zugegeben, diese Lichtspiele schauen auf den ersten Blick ganz cool aus, die Nachteile sind aber:

1. der Lichtpunkt muss gesucht werden, da die optische Hinführung zum Zeigepunkt (der Stab) fehlt;
2. man erspart sich das Hingehen; und
3. wenn man aufgeregt ist, sieht man das Zittern des Lichtpunktes extrem stark.

Also, wie gesagt: Weg mit Laserpointern!

Der Computer für die Folienpräsentation steht idealerweise *vor* Ihnen. Um weiterzuschalten, gehen Sie zum Computer hin und drücken die Taste. Delegieren Sie diese Aufgabe keinesfalls, das machen nur Schauspieler, die ihren Text auswendig gelernt haben – und das tun Sie besser nicht (mehr dazu später).

Es gibt eine einzige Ausnahme, in der auch ich eine Fernbedienung verwende: Wenn eine Folie mehrere Animationsschritte hintereinander hat, wozu ich wenig spreche. Denn dies würde in ein hastiges Hin und Her münden, also gehe ich zum Computer, nehme die dort vorbereitete Fernbedienung in die Hand, gehe zu meiner Homebase oder zur Projektionsfläche, schalte und spreche von dort weiter, gehe wieder zum Computer, lege die Fernbedienung hin und schalte und spreche weiter wie gewohnt. Die Abstände der einzelnen Objekte zueinander sollten mindestens so groß sein, dass zwei bis drei Schritte gemacht werden können. Fordern Sie selbstbewusst Änderungen an vorgefundenen Raumsituationen ein, damit diese zieldienlich erscheinen. Fazit: Sie haben sich Wege gebaut, deren Beschreiten einen Sinn haben!

Nun noch zu einem anderen Setting:

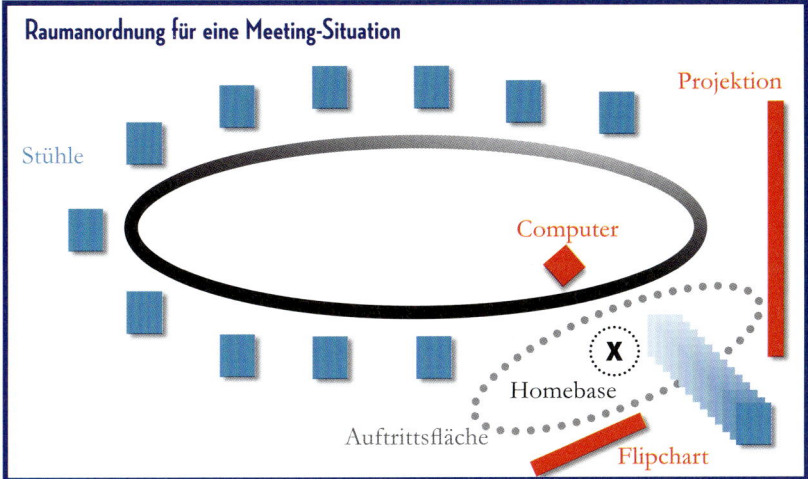

Abb. 18: Setting für Rechtshänder in einer Meeting-Situation an einem Tisch sitzend, wenn Sie eine visuelle Unterstützung für Ihre Präsentation oder Ihr Statement verwenden. Ihre Wirkung ist sehr viel besser, wenn Sie dabei stehen. Rücken Sie Ihren Stuhl nach hinten, damit Sie sich eine Auftrittsfläche schaffen. Nun haben Sie wieder Wege zwischen Computer, Projektionsfläche, einem eventuell vorhandenen Flipchart und Ihrer Homebase zur Verfügung.

Dazu eine kleine Anmerkung: Es ist in Europa zwar noch eher selten der Fall, kommt aber doch gelegentlich vor, nämlich dass man sich auch in Meeting-Situationen erhebt und im Stehen vorträgt. Ich empfehle es dann, wenn Ihr Vortrag eine visuelle Unterstützung beinhaltet. Wenn Sie glauben, dass dies in Ihrem Unternehmen undenkbar sei, weshalb auch immer, dann sollten Sie auch tatsächlich sehr vorsichtig damit umgehen. Aber behalten Sie es im Auge – früher oder später wird die Entwicklung auch bei uns ankommen, und vielleicht wollen doch Sie die oder der Erste damit sein.

Zum Abschluss des Kapitels Körpersprache noch etwas zum Thema Augenkontakt. Im Internet findet man zahllose Tipps dazu – bei den meisten bin ich sehr skeptisch. Eingelernte Bewegungen, die jemand macht, weil *man* das halt so macht, wirken in der Regel einfach nur peinlich. Weil sie einem übergestülpt werden und nicht mit den eigenen natürlichen Bewegungsabläufen verbunden sind. Denn was ist schlimmer, als wenn das Publikum sagt: „Ah, schau, die Bewegung kenne ich, der hat ganz sicher vor Kurzem ein Präsentationstechnik-Seminar besucht …"

Tipps wie „pro Augenblinzeln nur einen Menschen anschauen" usw. machen aus Ihnen einen dressierten Affen. Mit den Augen knüpfen Sie Kontakt zu Ihren Zuhörerinnen und Zuhörern. Wenn Sie die innere Bereitschaft dazu haben, werden Sie automatisch die Person/en vor Ihnen ansehen. Wie Sie diese erhalten, haben wir schon in den ersten Kapiteln des Buches behandelt. Bei einer größeren Gruppe von Menschen ist es dasselbe. Je intensiver Sie sich im Vorfeld mit den Personen beschäftigen, mit umso mehr von ihnen werden Sie Kontakt schließen können – Ihr Blick wandert dann ganz von allein über die Schar.

Ist das Publikum jedoch sehr zahlreich, empfehle auch ich einen Trick, der so funktioniert: „Zeichnen" Sie wiederholt mit Ihren Augen ein „M" und ein „T" in den Saal, während Sie sprechen. Mit diesen beiden Buchstaben erfassen Sie nämlich den ganzen Raum, wie Abbildung 19 zeigt. Üben Sie das oft vor dem Spiegel. Nach einiger Zeit werden Sie sich unterbewusst auch davon lösen – Ihr Blick schweift dann ganz automatisch im ganzen Raum umher, und Sie werden den Kontakt förmlich suchen.

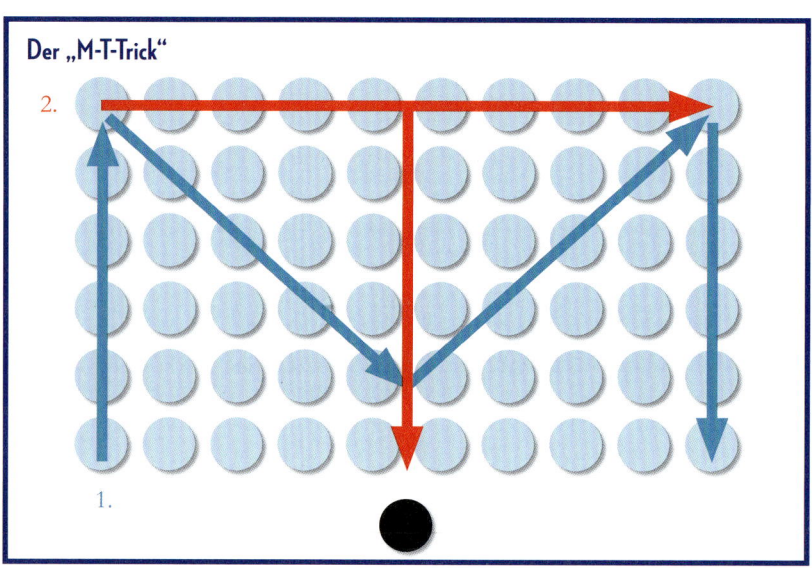

Abb. 19: In einem großen Raum können Sie die Augen nach der Form eines „M" und anschließend eines „T" schweifen lassen.

Durch Stimme Gehör schaffen und präsent sein 2.2

Wann haben Sie das letzte Mal Ihre Stimme abgegeben? Wie jetzt – was meint er da ...? Die deutsche Sprache steckt voller kluger Nuancen. Mit obigem Satz könnte ich gemeint haben, wann Sie das letzte Mal an einer Wahl teilgenommen haben. Aber auch – wenngleich mit einem ironischen Unterton – wann Sie das letzte Mal keine Stimme mehr hatten ... Und das Interessante ist, dass das eine und das andere auch tatsächlich zusammengehören: Wenn wir zur Wahl gehen und unsere Stimme abgeben, dann haben wir sie wirklich nicht mehr, denn wir haben sie Menschen übertragen, die nun für uns im Parlament die Stimme erheben.

Zahlreiche Wörter vermitteln uns im Deutschen, wie die Stimme unsere *Stimmung* deutlich macht. Ob wir gut eingestimmt oder verstimmt sind. Ob wir bestimmen, was um uns und mit uns passiert, oder wie wir uns abstimmen und in Resonanz gehen. Stimme ist unmittelbarer Ausdruck der inneren Befindlichkeit. Geht es uns gut, ist unsere Stimme hell, klar, kräftig, voll, warm, frisch, fest, laut oder betont; geht es uns nicht so gut, dann vielleicht dunkel, dumpf, dünn, flach, kühl, schwammig, unsicher, leise oder monoton. Über die Modelle des Embodiment wissen wir aber auch, dass das genauso gut umgekehrt funktioniert. Arbeiten wir rein an der Stimme und hören wir über den Regelkreis Stimme – Ohren – Gehirn die Veränderungen, erzeugt dies andere Stimmungen in uns, die sich wiederum auf die Haltung auswirken und diese ihrerseits wieder auf die Stimme usw.

Über die Stimme erhalten wir einen gut funktionierenden Zugang zu unserem eigenen Inneren und auch zu jenem unseres Publikums, unserer Zuhörerinnen und Zuhörer, unserer Gesprächspartner. Stimme ist auch höchst persönlich. Jede und jeder hat ihre bzw. seine eigene. Unverwechselbar. Keine zwei gleichen Stimmen gibt es auf der Welt, deswegen finden wir Stimmenimitatoren auch so faszinierend.

Dennoch ist der Gebrauch unserer Stimme angelernt. Lautsprachlich können wir nur das aussprechen, was wir jemals gehört haben. Dies geht so weit, dass der Klang unserer Stimme durch das Abhören unserer ersten Bezugspersonen geprägt wird – pränatal sogar durch unsere Mutter. Und nicht nur den Wortschatz, die Formulierungen usw. übernehmen wir von unseren Bezugspersonen, sondern auch den Stimmklang, die Färbungen, die Betonungen.

Stimme ist eng mit unserem Innersten verbunden. Das wusste man schon im alten Indien, indem man die Silbe „Om", die bei Hindus, Jainas und Buddhisten als heilig gilt, als den transzendenten Ur-Klang betrachtete, woraus das gesamte Universum entstand. Erst später wurde es für mystische Meditationen verwendet, hier als Zusammenführung der drei Laute „a", „u" und „m". Wenn wir diesen Klang anstimmen, verbinden wir uns mit dem Absoluten, so könnte man die Bedeutung dieser so bekannten Silbe umschreiben.

Abb. 20: Das Schriftzeichen der Silbe „Om" in der indischen Schrift Devanagari.

Die Stimme einer Gesprächspartnerin bzw. eines Gesprächspartners „dringt" in uns ein, die Ohren kann man nicht vollständig verschließen, alle anderen Sinnesorgane schon.[19] Und wer kennt es nicht, das Schamgefühl beim Abhören der eigenen Stimme (über eine Aufnahme)? Viele erfasst dabei ein Gefühl von Bloßgestelltsein, fast so wie eine ungewollte Nacktheit. Mit dem Betrachten eines Videos dagegen, zum Beispiel beim Tanzen, haben die meisten weit weniger Probleme.

Stimme drückt Stimmung aus. Es gibt mittlerweile auf Stimme basierende Lügendetektoren, die weitaus genauer arbeiten als ihre alten Kollegen (die das über Hautwiderstand, Puls, Atmung und Blutdruck machen): Über eine sogenannte „Voice Stress Analysis" wird das Stimmbandzittern grafisch sichtbar.

Auch Emotionen spiegeln sich in der Stimme, indem die feinen Stimmlippen jede noch so kleine innere (Ver-)Stimmung ausleben:
– Ärgerlich: Die Stimme wird höher, die Anzahl der Betonungen nimmt erheblich zu, die Aussprache wird deutlicher.
– Traurig: Die Obertöne im höheren Frequenzbereich haben sehr wenig Energie, die Stimme klingt stark gedämpft, die Satzmelodie wenig abwechslungsreich.

– Freudig: Hier herrscht eine größere Variationsbreite in der Satzmelodie mit deutlichen Tonhöhenänderungen bei den betonten Silben.

– Ängstlich: Die Satzmelodie ist monoton, die Tonlage höhere als bei Trauer, die Sprechgeschwindigkeit nimmt zu, die Aussprache wird undeutlicher, ganze Silben werden weggelassen.

Übrigens: Dieses Phänomen tritt global auf, unabhängig von der Sprache oder vom Kulturkreis! Eines der bekanntesten Experimente dazu stammt von dem Psychologen Klaus Scherer von der Universität Genf. Er ließ Schauspieler emotional gefärbte, aber inhaltlich sinnlose Sätze aus Elementen verschiedener Sprachen auf Band sprechen und spielte das Ganze Menschen diverser Nationen vor. Obwohl allesamt kein Wort verstanden, erkannten die Probanden überwiegend, welche Emotionen dargestellt wurden.

Stimme bestimmt die Botschaft – die Form qualifiziert eben den Inhalt. Laut einer Studie der Karmasin Motivforschung im Jahr 2004 im Auftrag von stimme.at, dem europäischen Netzwerk der Stimm-ExpertInnen, sind 80 Prozent der Führungskräfte der Meinung, dass die Stimme wesentlich zur Karriere beitrage.

Mit einer trainierten Stimme erreichen Sie ...

– dass Ihre eigene Stimme einfach besser klingt und Sie damit eine bessere Wirkung auf andere Menschen erzielen (7-38-55-Regel, Abbildung 14);

– dass Sie für herausfordernde Sprechsituationen stimmtechnisch gut gerüstet sind, also Ihre Stimme nicht schnell ermüdet, dass Sie Lautstärke und Tempo anpassen können, Ihre Aussprache gut verständlich ist usw.;

– dass Sie mit anderen Menschen gut zusammenarbeiten können, da Stimme Ausdruck von Mitgefühl und Empathie ist (mehr dazu in Kapitel 2.7); und

– dass Sie über Ihre Stimme Zugang zur eigenen emotionalen Welt finden – Stichwort Embodiment.

In diesem Kapitel beschäftigen wir uns vor allem mit den beiden ersten Punkten. In diesem Sinn: Let's train the voice!

Ich definiere „7 Arbeitsfelder der Stimm- und Sprechfitness", die sich in drei übergeordnete Bereiche einteilen lassen:

– Haltung/Atmung mit den Feldern Eutonus, Stützen und Atemmittellage
– Stimme mit den Feldern Warm-up, Stimmlage und Stimmsitz sowie
– Artikulation (die deutliche und korrekte Aussprache)

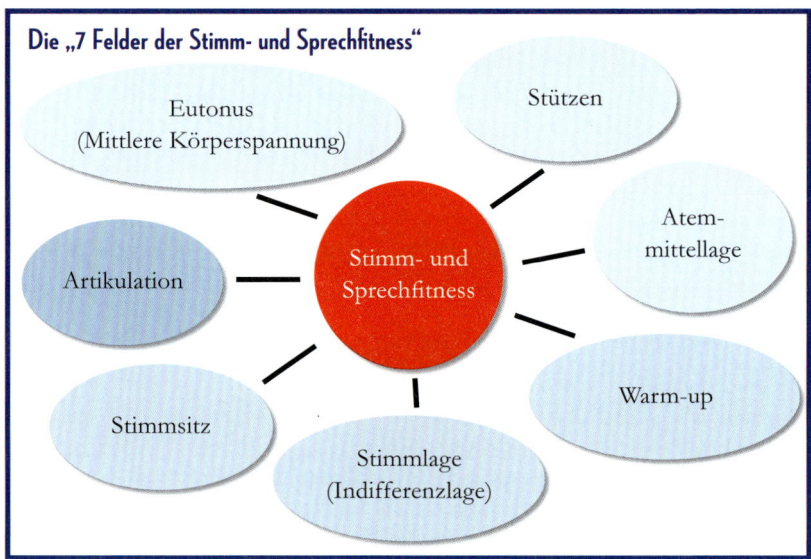

Abb. 21: Die „7 Felder der Stimm- und Sprechfitness" zielen auf eine Verbesserung der gesamten persönlichen Wirkung ab und um in herausfordernden Situationen gut gerüstet zu sein.

Gehen wir die sieben Felder nun der Reihe nach durch:

2.2.1 Eutonus

Mit diesem Thema haben wir uns auch schon im vorigen Kapitel beschäftigt. Das rechte (mittlere) Maß an Körperspannung ist Grundvoraussetzung für Atmung, Stimmerzeugung und Sprechen. Als wir uns die Bauchatmung angesehen haben, haben wir festgestellt, dass diese natürliche Atmung nur dann gut funktioniert, wenn das Zwerchfell frei beweglich ist. Haupthinderungsgrund ist eine angespannte Bauchmuskulatur. Wenn wir Angst haben, spannen wir sie unwillkürlich an, um die Eingeweide gegen die schon erwähnten „Säbelzahntiger" zu schützen, denn vor dem Bauch haben wir keine Rippen – dies, damit die Bauchatmung gut funktioniert … und funktioniert sie nicht gut, dann bekommen wir Angst … ein Teufelskreis!

Diese Zusammenhänge, die das Embodiment-Modell anschaulich erklärt, werden schon lange genutzt. Zum Beispiel beim Militär. Wie muss man oder frau dort strammstehen? Füße ganz eng zusammen, Knie durchgestreckt, Bauch eingezogen, Schultern angespannt, Brustkorb rausgestreckt, Kinn nach oben. Brüllt der Oberst nach dem „Habt Acht!" nun einen Befehl, führt man ihn aus, ohne nachzudenken. Würde der Offizier hingegen sagen: „Stellen Sie sich gut hin, achten Sie auf guten Bodenkontakt, die Knie beweglich halten, die Hüfte locker, die Schultern hängen lassen, ganz locker, das Gummiband einschalten und den Bauch ganz weich hängen lassen …" – Sie würden den nachfolgenden Befehl wahrscheinlich schlicht ignorieren …

Ein weiteres Beispiel: Über Jahrhunderte wurde Frauen ein Korsett verpasst. Okay, sieht vielleicht sexy aus – und so wurde es auch verkauft. Aber es gibt noch eine andere Seite: Wer seine Mitte nicht spürt, wenn die Spannung in der Mitte übergroß ist, sei es durch Druck von außen oder von innen, und wer nicht einmal richtig atmen kann, der macht alles, was ihm angeschafft wird. Es kann unterstellt werden, dass das Korsett ein weiteres Instrument zur Unterdrückung der Frauen war …

Warum ich das hier alles erzähle: Eine eutonische Grundhaltung, das Basis-Embodiment, ist ohne lockere Bauchmuskulatur nicht denkbar. Genauso wenig wie eine volle, wohlklingende Stimme! Falls Sie das bislang in den Übungen noch zu wenig beachtet haben, machen Sie es bitte ab sofort, denn jetzt geht's wirklich ans Sprechen und an die Stimmerzeugung, und da benötigen wir den lockeren Bauch. Ohne den geht nämlich gar nichts – hier gleich die Übung dazu:

Übung 7 – „BAUCHMUSKULATUR LOCKERN"

---

1. Nehmen Sie das Basis-Embodiment ein.
2. Geben Sie die Hände in den Stütz, also stützen Sie sie an den Hüftknochen ab.
3. Lassen Sie den Bauch bewusst ganz locker.
4. Beugen Sie sich nun in der Hüfte 90 Grad nach vorn.
5. Lassen Sie die Hände an den Hüften und tasten Sie mit den Fingern in den Bauch: Ja, das ist ein lockerer Bauch!
   - Er ist durch das Nachvorbeugen also noch lockerer geworden – und wenn wir glauben, der Bauch hängt eh schon so runter, geht meist noch etwas …
   - Funktioniert hat das, weil wir in der gebeugten Haltung die Bauchmuskulatur nicht benötigen – sie ist ganz abgeschaltet; gleichzeitig ist der Bauch vor dem „Säbelzahntiger" geschützt.

6. Nun richten Sie sich in extremer Zeitlupe auf und tasten dabei mit den Fingern immer wieder in den Bauchmuskel.

    – Wenn Sie spüren, dass Sie anfangen, den Bauchmuskel anzuspannen, halten Sie inne und bemühen sich, ihn zu lockern; gelingt es, richten Sie sich weiter auf, gelingt es nicht, gehen Sie wieder ein Stück hinunter und probieren es erneut.

7. So lernen Sie, auch in aufrechter Haltung einen weichen Bauch zu haben.

Und noch etwas, damit keine Missverständnisse aufkommen: Ab einem bestimmten Winkel werden Sie beim Aufrichten das Durchstrecken des Gewebes spüren, das muss natürlich sein, aber Sie werden auch lernen, dieses Durchstrecken von der Anspannung des Bauchs zu unterscheiden. Wir brauchen den Bauchmuskel weit weniger, als uns die Spaßgesellschaft das heutzutage verklickern möchte. Klar, ein supertoller Sixpack, zu Deutsch Waschbrettbauch, ist cool – fürs Auge und für viele Geräte im Fitnessstudio. Aber fürs Sprechen ist er hinderlich. Und im Alltag weitgehend unnötig. Jedenfalls dann, wenn Sie vor lauter Bauchtraining kein Gefühl mehr fürs Loslassen des Muskels entwickeln können.

Jedoch: Bauchmuskel ist nicht gleich Bauchmuskel! Und da kommen wir gleich zum nächsten Feld, dem sogenannten Stützen.

2.2.2 Stützen

Gehen Sie bitte noch einmal in die nach vorn gebeugte Haltung, wie in Übung 7 beschrieben. Bleiben Sie in dieser Position, holen Sie tief Luft, spüren Sie also, wie der Bauch nach vorn quillt, stülpen Sie die Lippen und pfeifen Sie einen Ton. Wenn Sie nicht pfeifen können, dann blasen Sie einfach Luft durch die gestülpten Lippen und stellen Sie sich vor, Sie blasen einen Luftballon auf. Mit den Fingerspitzen werden Sie jetzt doch eine Veränderung spüren – da wird etwas hart! Das ist der Stützmuskel, ein Teil des Bauchmuskels – aber eben nur ein Teil, nicht der ganze. *Der* darf – und muss! – anspannen, sonst können wir keine volle, laute, tragfähige Stimme erzeugen. Aber: Während er anspannt, geht dennoch die gesamte Bauchdecke mit dem Ausströmen der Luft zurück – eben weil er nur ein Teil des ganzen Bauchmuskels ist. Wäre der gesamte Bauchmuskel beim Pfeifen oder beim Sprechen angespannt, würde sich die Bauchdecke als Gesamtes nicht bewegen. Ein gepresster Stimmklang wäre das Ergebnis. Die Bauchdecke muss sich also nach innen bewegen (das Zwerchfell geht ja wieder nach oben) – beim Pfeifen entsteht ein Gefühl, als würde die Bauchdecke förmlich nach innen *gezogen* werden.

Das Stützen wird auch als Atemluft-Zügelung bezeichnet.[20] Zwischen dem Zwerchfell und dem Stützmuskel bildet sich ein Kräfteverhältnis, das das Ausströmen der Atemluft steuert. Gäbe es das nicht, würde die ganze Luft nach dem Einatmen und mit dem Einsetzen des Sprechens, bei dem wir die Zwerchfellspannung loslassen, mit einem Mal verpuffen. So aber könnten wir nicht sprechen. Das Sprechen erfordert, dass wir die entweichende Atemluft bändigen. Und je *weniger* Luft wir dabei verbrauchen, umso kräftiger kann unsere Stimme werden! Und nicht umgekehrt. Probieren Sie es aus!

Atemmittellage 2.2.3

Ausgangspunkt für meine Entwicklung des im Folgenden beschriebenen Modells waren die von Horst Coblenzer und Franz Muchar in Fachkreisen hochgeschätzten Arbeiten über den Zusammenhang von Atem und Stimme, und die Motivation dafür war, dass viele meiner Klientinnen und Klienten wegen „Atemnot" zum Stimm- und Sprechtraining kamen. Das zumindest glaubten und glauben die meisten. Vielmehr aber ist es so, dass geschätzte 90 Prozent von ihnen in Wahrheit *zu viel* Luft in sich haben – was sich allerdings tatsächlich gleich oder ähnlich wie *zu wenig* Luft anfühlt.

Wenn wir für das Sprechen zu viel Luft in uns haben, *klingt* es genauso gepresst, wie wenn wir zu wenig Luft haben. Die richtige Menge an Luft zum Sprechen, damit alles frei fließen kann, nennt man die Atemmittellage. Abbildung 22 zeigt, dass der „Arbeitsbereich" der Lunge bei einer idealen Sprechweise der mittlere Bereich des gesamten Lungenvolumens ist. Diese Atemmittellage ist bei jedem Menschen unterschiedlich groß, bei den Profis jedoch, so auch den Sängerinnen und Sängern, generell schmäler als bei Nichtgeübten. Damit Sie lernen, hauptsächlich in der Atemmittellage zu sprechen, bauen Sie am besten bei allen Übungen – bevor Sie zu sprechen beginnen – das Suchen und Einnehmen der Atemmittellage ein. Sie werden sich jetzt wahrscheinlich fragen, wo die bei Ihnen ist ...

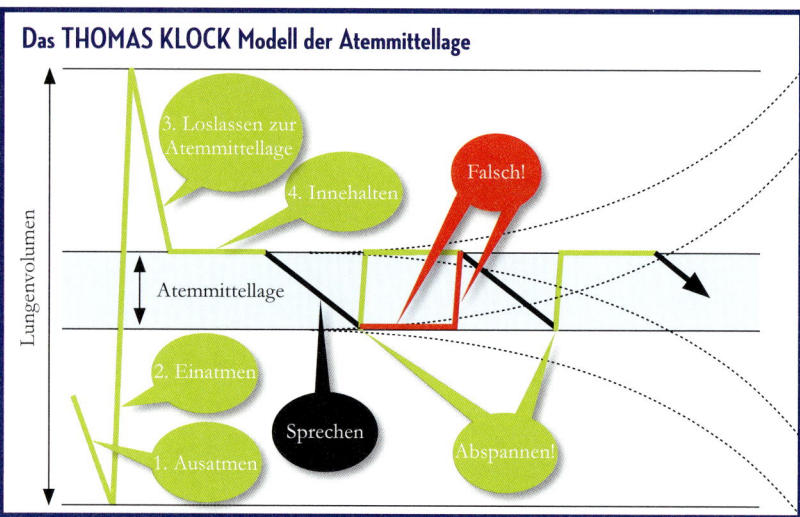

Abb. 22: Die Atemmittellage ist der „Arbeitsbereich" beim Sprechen innerhalb des ganzen zur Verfügung stehenden Lungenvolumens. Um sie kennenzulernen bzw. zu trainieren, gehen Sie vier aufeinanderfolgende Schritte durch: Ausatmen, Einatmen, Loslassen, Innehalten. Damit Sie auch während des Sprechens in der Atemmittellage bleiben, holen Sie nicht mit Anstrengung und unter Einsatz einer bewusst einsetzenden Muskelkraft Luft, sondern lassen dies den Körper selbst machen, indem Sie „abspannen", das heißt die Zwerchfellspannung loslassen.

Machen Sie dazu bitte auch das Experiment „Finden der Atemmittellage": Holen Sie tief Luft, warten Sie zwei Sekunden, öffnen Sie den Mund und lassen Sie die Luft hinaus – nicht mit Druck, es soll nur wie ein „Herausfallen" sein, wie ein Stoßseufzer, den Sie nicht anschieben, sondern von allein kommen lassen; warten Sie wieder zwei Sekunden und atmen Sie dann die restliche Luft mit Druck aus. Ich denke, Sie werden erstaunt sein, wie viel Luft da noch fließt. Denn das erste Gefühl wird Ihnen wahrscheinlich sagen, dass Ihre Lunge nach dem „Herausfallen" der Luft leer ist, dass Sie am unteren Ende des Lungenvolumens angekommen sind (Abbildung 22). Das ist aber nicht der Fall, denn Sie sind dabei „nur" in der Atemmittellage angekommen.

Der Grund dafür ist einfach: Die Ruhelage des Zwerchfells befindet sich in der Mitte seines Bewegungsspielraums (Abbildung 8, Seite 48). Wenn wir uns in der Grafik der Abbildung 22 nach oben bewegen, also einatmen, dann geht das Zwerchfell aus seiner Mittellage nach unten, und umgekehrt. Das heißt, wenn wir sprechen und dabei atmen, bewegen wir das Zwerchfell um diese Atemmittellage herum – es ist ein ständiges Auf und Ab. Wie durch eine Art Federwirkung in beide Richtungen.

Um die Bauchatmung auf das Sprechen vorzubereiten, bauen wir also von nun an immer die Atemmittellage ein. Übung 8 beschreibt, wie das geht und zusätzlich, wie Sie in der Atemmittellage *bleiben*, also weder nach oben noch nach unten ausbrechen (in Abbildung 22 durch die dünn strichlierten Kurvenlinien dargestellt):

Übung 8 – „ATEMMITTELLAGE"

---

1. Nehmen Sie das Basis-Embodiment ein.
2. Nehmen Sie die Atemmittellage ein:
   - Ausatmen (wie in der Interventionstechnik 1 – „Bauchatmung");
   - Einatmen (wie in der Interventionstechnik 1 – „Bauchatmung");
   - Loslassen zur Atemmittellage (mit offenem Mund, gut hörbar; wie oben im Experiment „Finden der Atemmittellage");
   - Innehalten (zwei Sekunden vor dem Sprechen warten; dieser Übungsschritt bewirkt auch ein Drosseln einer eventuell zu hohen Sprechgeschwindigkeit);
3. Sprechen Sie nun im Sekundentakt ein kräftiges „sch", wie eine Dampflokomotive; das „sch" selbst dauert eine halbe Sekunde, das Einatmen auch wieder eine halbe Sekunde.
4. Für das Einatmen haben Sie zwei Möglichkeiten:
   - Verweilen Sie am Ende des Lautes „sch", und kurz vor dem erneuten „sch" atmen Sie ein – in Abbildung 22 mit „FALSCH!" beschriftet.
   - Am Ende des Lautes lassen Sie sofort die Spannung des Zwerchfell/Stützmuskel-Zusammenspiels los, worauf das Zwerchfell in die Ruhelage geht und der Körper automatisch „sich selbst einatmet" – dieser Vorgang wird „Abspannen" genannt.
5. Damit bleiben Sie in der Atemmittellage und schießen nicht durch ein zu intensives Einatmen (falsches Gefühl von „Atemnot") über das Ziel hinaus.

Resümee: Bei allen Übungen, bei denen Sie sprechen, verbinden Sie bitte ab sofort die Übung 5 – „Basis-Embodiment" (Seite 72) mit der Interventionstechnik 1 – „Bauchatmung" (Seite 49), der Übung 6 – „Äußerungsebene" (Seite 73) und der Übung 8 – „Atemmittellage". Natürlich hätte ich Ihnen das auch alles auf einmal zeigen können, aber – bitte glauben Sie mir – das wäre zu viel gewesen. So haben wir das aufbauend gestaltet, und wenn Sie fleißig mitgemacht haben, wird das hier an dieser Stelle wahrscheinlich schon recht gut klappen.

Damit es für Sie noch übersichtlicher wird: Die „Generelle Sprechübungshaltung" in zehn Schritten sieht demnach so aus:

Checkliste 3 – „DIE GENERELLE SPRECHÜBUNGSHALTUNG"

1. Stehen vor dem Spiegel.
2. Basis-Embodiment: „Drittel/Drittel/Drittel" (Füße) – lockere Knie – lockere Hüfte – weicher Bauch – Schultern nach hinten und hängen lassen – „Gummiband".
3. Äußerungshaltung: führende Hand vor Brustbein („Silbertablett").
4. Ausatmen.
5. Einatmen.
6. Loslassen zur Atemmittellage.
7. Innehalten.
8. Nun – ohne wieder einzuatmen – aus der Atemmittellage heraus sprechen und „Silbertablett" schwenken.
9. Zwei Sekunden in der Endhaltung bleiben.
10. Erst dann aus der Übung herausgehen.

Noch ein Nachtrag: Schon in der Übung 6 – „Äußerungsebene" (Seite 73) lautete einer der Schritte „zwei Sekunden in der Spannung bleiben". Was hat es damit auf sich? Erstens gelingt es Ihnen dadurch, das Ende der Übung intensiver zu erleben. Und zweitens steuern Sie damit die Aufmerksamkeit Ihres Publikums oder Ihrer Gesprächspartner. Das ist so wie bei einem klassischen Sänger auf der Bühne: Liederabend mit Klavierbegleitung, letztes Lied, gefühlvoller Schluss, die Pianistin schlägt sanft den Schlussakkord an, der Sänger lässt den Ton lange ausklingen, hält sich dabei mit einer Hand am Flügel fest, legt den Kopf leicht in den Nacken, schließt die Augen; der Ton verklingt, der Sänger bleibt in der Haltung, erst nach mehreren Sekunden geht er aus dieser heraus, indem er die Augen öffnet, sich gerade hinstellt, die Hand vom Klavier nimmt und sein Publikum anlächelt. Erst dann – und nur dann – wird das Publikum zum Applaudieren beginnen. Nie vorher! Erst wenn der Sänger die Spannung verlässt, gut sichtbar über die Körpersprache, legt das Publikum los. Er hat bestimmt, wann applaudiert wird.

Das THOMAS KLOCK Warm-up 2.2.4

Jede Sportlerin und jeder Sportler weiß heute um die Wichtigkeit, nur aufgewärmt ans Gerät zu schreiten oder aufs Spielfeld zu laufen. Diesen Satz konnten Sie schon am Beginn von Teil 1 lesen, in dem es um die mentale Vorbereitung geht. Hier meine ich nun allerdings wirklich das ganzheitliche, auch das körperlich muskuläre Aufwärmen. Auch Sängerinnen und Sänger wissen darum Bescheid. Hatten Sie schon einmal Gelegenheit, vor einer Aufführung hinter die Bühne eines Musiktheaters oder Konzerthauses zu gelangen? Da geht's zu wie in einem Ameisenhaufen. Aber nicht so lautlos – Backstage ist es verdammt laut: Man hört Singen. Aus allen Garderoben, hinter dem Vorhang, in den Gängen, einfach überall. Spezielle Gesangsübungen genauso wie Tonleitern und Teile aus der Partitur. In einer Wagner-Oper mehrere Stunden zu singen, erfordert eine intensive Vorbereitung, sonst ist das nicht zu schaffen.

Das ist bei uns Sprechern nicht viel anders. Wenn Sie acht Stunden am Stück einen Seminartag geleitet haben, wird Ihre Stimme wahrscheinlich sagen, dass das ziemlich anstrengend war, und Sie werden es spüren und hören. Und das ist normal: Es ist eine außerordentliche Situation, auf die man sich vorbereiten muss. Wenn Sie nach dem Besuch einer Sportveranstaltung, bei der Sie Ihre Lieblingsmannschaft ordentlich angefeuert haben, oder nach einem fröhlichen Abend in einem Lokal mit hohem Geräuschpegel am nächsten Morgen eine heisere Stimme haben, dann nicht ausschließlich deshalb, weil Sie *laut* gesprochen haben, sondern weil Sie vor allem zu *schnell* laut Ihre Stimme beansprucht haben. Kernstück des THOMAS KLOCK Warm-ups ist deshalb die Übung „Bienenkorb" – Sie werden sehen ...

Rund 60 Muskeln sind dafür verantwortlich, dass wir eine Stimme entwickeln und sprechen können. Die muss man trainieren. Wie im Sport. Deshalb sind im Warm-up auch Übungen zum Lockern, Dehnen und Stärken dieser Muskulatur enthalten. Klar, dass Sie da Grimassen schneiden werden – erinnern Sie sich deshalb an die „optimale Übungssituation" auf Seite 68: Machen Sie das Warm-up immer *allein*!

Neben der Lunge und dem Zwerchfell benötigen wir für das Sprechen vor allem den Kehlkopf. Er sitzt am oberen Ende der Luftröhre und besteht aus mehreren Knorpeln, verbunden durch Bänder und die schon angesprochenen Muskeln. Im Kehlkopf entsteht ein Ton wie zum Beispiel in einer Flöte: Aus den Lungen fließt die Luft durch den Spalt der beiden Stimmlippen (populär auch Stimmbänder genannt), der dadurch in Schwingung gerät. Das Zusammenwirken von Stimmlippen und ausgestoßener Luft bestimmt die Intensität und die Höhe des erzeugten Tons.

Die vibrierende Luft steigt durch die Resonanzkammern des Mundes, des Rachens, der Nase und der Nebenhöhlen auf und bekommt durch Zunge, Gaumen, Lippen und Zähne eine Klangform: Ein Laut entsteht.

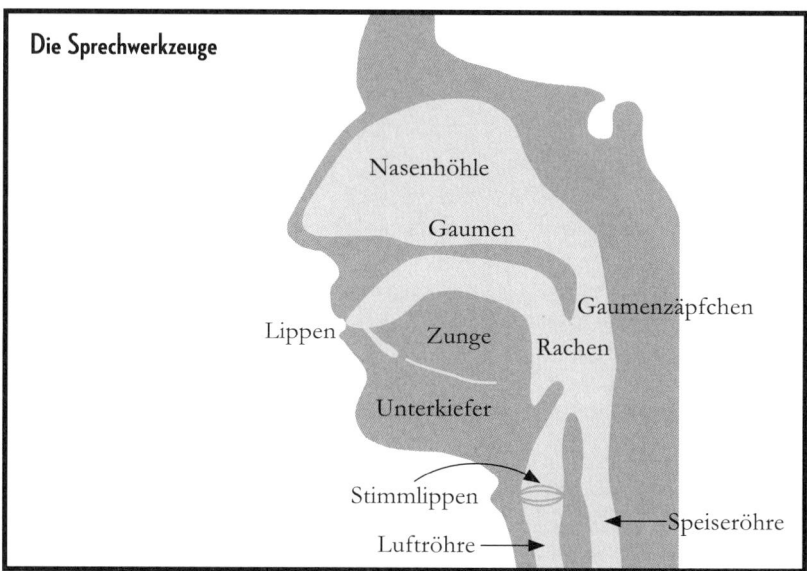

Die Sprechwerkzeuge

Nasenhöhle

Gaumen

Gaumenzäpfchen

Lippen — Zunge — Rachen

Unterkiefer

Stimmlippen

Luftröhre — → Speiseröhre

Abb. 23: Die zum Sprechen benötigten Werkzeuge im Bereich von Hals und Kopf. Nicht extra erwähnt ist das Gehirn ;)

Dass wir überhaupt sprechen können, grenzt fast an ein Wunder, so viele Variable mischen da mit. Würden wir uns darüber während des Sprechens Gedanken machen, wir würden nur stammeln. Stattdessen laufen eingelernte Muster in uns ab. Diese zu verändern, ist freilich möglich, jedoch nur durch ständiges Trainieren. Zu diesem Training gehört auch das Aufwärmen. Vor jedem Einsatz. Das *machen* die Profis!

Dieses Aufwärmen umfasst die Körpermuskulatur, die Atmung, die Sprechmuskulatur und die Stimmbänder. Artikulationsübungen kommen auch noch dazu. Natürlich können Sie jedes Mal vor einem Auftritt oder Sprecheinsatz das ganze Buch durcharbeiten, aber ich nehme an, dass Ihnen die Zeit dafür fehlt – machen Sie stattdessen einfach das THOMAS KLOCK Warm-up. Es ersetzt nicht die restlichen Übungen in diesem Buch, es baut darauf auf: Beim Warm-up aktivieren Sie alle bisher erlangten Grundkompetenzen und Sie werden sukzessive eine Steigerung Ihrer formalen Ausdrucksfähigkeit bemerken.

Machen Sie das Warm-up auf alle Fälle vor jedem Sprecheinsatz. Idealerweise zusätzlich am Beginn des Tages, indem Sie es zum Beispiel in die Morgentoilette einbauen. Ich weiß: die Zeit … Wenn Sie jedoch zum Beispiel die Atemübungen gleich nach dem Aufwachen noch im Bett in der Rückenlage machen, gewinnen Sie Zeit, da Sie durch das Tiefatmen schneller munter werden. Meine Klienten erzählen mir immer wieder, dass Sie durch geschicktes Einbauen der Übungen in den Morgenablauf kaum Zeit investieren müssen, sie also weitgehend integriert werden können.

Das THOMAS KLOCK Warm-up

1. Körperbewusstsein aufbauen:
   - **Bauchatmung** (wenn möglich im Liegen beginnen, dann im Sitzen, im Stehen)
   - „Eutonus-Übung"
     o Überspannen: auf den Zehenspitzen stehend die Hände abwechselnd an die Decke strecken, dazu den Atem mit einem starken „fffff" laut ausströmen lassen.
     o Unterspannen: Oberkörper nach vorn fallen und hängen lassen, alle Muskeln fest ausschütteln.
     o Sehr langsam in den Eutonus (Basis-Embodiment) aufrichten.
     o Handflächen nach unten, Arme strecken und in einem Halbkreis von einer Seite zur anderen gleiten lassen, so als würden Sie über hohes Gras streichen, dazu den Atem mit einem sanften „fffff" hörbar ausströmen lassen.
2. Lockern des Sprechapparats:
   - Zwerchfell lockern und mit der Übung **„Kerzen ausblasen"** stärken: Das funktioniert wie die Übung 8 – „Atemmittellage" (S. 89), nur statt mit einem „sch" blasen Sie nun eine vorgestellte Kerze nach der anderen auf Ihrer Geburtstagstorte aus. Halten Sie dazu die „Torte" in Ihrer nichtführenden Hand, die führende legen Sie aufs Zwerchfell (unterhalb des Brustbeins). Pusten Sie mit kräftigen, kurzen Stößen und achten Sie aufs Abspannen!
   - Sprechmuskulatur lockern:
     o Wangen, Hals (sanft um den Kehlkopf), Lippen ausstreichen.
     o Wangen lockern: tätscheln, ausschütteln, auseinanderziehen.
     o Zunge lockern: mehrmals weit herausstrecken, bei weit geöffnetem Mund zwischen den Mundwinkeln pendeln lassen und danach kreisförmig über die Lippen streichen, Innenlippen abtasten, Zunge ausschütteln.
     o Lippen lockern: Pferdeschnauben (Lippenflattern): „bl-bl-bl-bl-bl …", Lippen zu Kussmund stülpen und Küsse aussenden.
     o Dehnen durch Gähnen.

○ Dehnen durch Übung **„Tiger"**: Sie sollen dabei einen Tiger darstellen, gerade im Sprung auf sein Opfer, wie eingefroren: Stellen Sie sich auf die Zehenspitzen und gehen Sie in die Knie, so als wollten Sie sich abstoßen – die Vorderpfoten mit ausgefahrenen Krallen nach vor strecken, den Mund und die Augen weit aufreißen, die Zunge heraushängen lassen. Geräuschlos! Abrupt die Haltung einnehmen, drei bis vier Sekunden verweilen, abrupt wieder verlassen. Auch hervorragend zur Mobilisierung und Energetisierung geeignet.

3. Stimme aufwärmen:

– Übung **„Bienenkorb"**

○ Stimmen Sie in fünf ansteigenden Lautstärkestufen ein „m" an und bringen Sie damit den Kopf zum Vibrieren – wie wenn er ein Bienenkorb wäre.

○ Nehmen Sie dazu das Basis-Embodiment ein, öffnen Sie den Kiefer ein wenig und legen Sie die Lippen locker aufeinander. Nehmen Sie die Atemmittellage ein und stimmen Sie ein leises „m" mit einem gleichbleibenden Ton an, halten Sie ihn einige Sekunden lang und dann blenden Sie kontrolliert wieder aus.

○ Ab der Lautstärkestufe 2 sollten Sie ein Vibrieren, ein Kitzeln um die Lippen herum verspüren – ein gutes Zeichen dafür, dass alles schwingt und tönt: Resonanz entsteht. Tut es das nicht, ist entweder die Lautstärke generell zu leise oder Sie stimmen eine Tonhöhe an, die nicht Ihrer Tonlage entspricht. Experimentieren Sie, seien Sie beharrlich. Wenn Sie die richtige Tonlage gefunden haben, können Sie das spüren und hören. Es kann auch sein, dass Ihre Resonanzräume, vor allem der Nasen-Rachen-Raum, verschlossen sind, versuchen Sie durch Raumvergrößerung mittels Zunge und Gaumensegel eine Veränderung herbeizuführen. Wenn's längere Zeit nicht klappt, suchen Sie einen Stimmtrainer auf, mit wenig Aufwand kann hier schnell geholfen werden.

○ Dann folgen die Stufen 3 und 4, mit Stufe 5 erreichen Sie die Maximallautstärke. Von Stufe zu Stufe nimmt das Vibrieren/Kitzeln zu, es weitet sich aus, vielleicht auf die Wangen, die Nasenflügel, die Nasennebenhöhlen, die Stirnhöhlen und irgendwann einmal auf den ganzen Kopf. Weitet es sich für Ihren Geschmack nicht schnell genug aus, helfen Sie nach: Stellen Sie es sich ganz einfach vor! Das fördert die geeigneten Muskel(ent)spannungen, damit es besser gelingt.

○ Zum Abschluss der Übung folgt noch eine Stufe 6, diesmal mit dem „Silbertablett", also in der „Generellen Sprechübungshaltung:" Das „m" in der Maximallautstärke kurz anstimmen, gerade so lang, um das Lippenkitzeln zu spüren, dann den Mund weit öffnen und das „m" in ein „a" überführen, wodurch die Silbe „ma" entsteht. Das resonante „m" geht also in ein resonantes „a" über, die ganze Silbe schwingt. Das ist das Prinzip einer stimmhaften Sprechweise.

— Sprechen Sie in der „Generellen Sprechübungshaltung" (also mit „Silbertablett") auf Basis des „Bienenkorbs" die Silbenfolge „ma͜me͜mi͜mo͜mu", gebunden (also ohne Pause zwischen den Silben), mit einem Atemzug, so langsam wie möglich. Ziehen Sie die Stimmhaftigkeit über alle Silben. Danach in „double time", also das Ganze zweimal – mit *einem* Atemzug und *einem* Schwenk des „Silbertabletts".

— Machen Sie dasselbe mit der Silbenfolge „nang͜neng͜ning͜nong͜nung". Die Silben bestehen aus einem „n", den jeweiligen Vokalen und dem Laut „ng". Dieser Laut ist das „hintere n" – der hintere Teil der Zunge drückt dabei gegen das Gaumensegel, der vordere berührt die unteren Schneidezähne. Während das „n" genau umgekehrt gesprochen wird. Da es für den Laut „ng" in der deutschen Sprache keinen eigenen Buchstaben gibt, wird diese Buchstabenkombination verwendet. Weder wird dabei ein „n" noch ein „g" gesprochen (Beispiel: Gesang).

— Nun sprechen Sie eine Geläufigkeitsübung (populär Zungenbrecher genannt), und zwar mit dem **„Korkentrick"**: Nehmen Sie einen Flaschenkorken *locker* zwischen die Schneidezähne und sprechen Sie die Geläufigkeitsübung so langsam und deutlich, wie es mit diesem Hindernis nur möglich ist. Das machen Sie dreimal. Dann nehmen Sie den Korken aus dem Mund und sprechen sofort denselben Zungenbrecher ein viertes Mal. Sie werden erstaunt hören, wie fließend und fehlerfrei er plötzlich klingt. Der Trick funktioniert auch besonders gut bei schwer auszusprechenden Wörtern! Achtung: den Kiefer ganz locker lassen! Eine Auswahl meiner beliebtesten Geläufigkeitsübungen finden Sie unter Übung 9 – „Geläufigkeitsübungen" (S. 97).

— Bauen Sie an dieser Stelle die Interventionstechnik 2 – **„Affentrommeln"** (S. 51) ein. Sie stärkt Ihren Mut für den Auftritt und bildet Ihre Bruststimme aus. Erweitern Sie sie jedoch um das Aussprechen der Silbenfolge „nang͜neng͜ning͜nong͜nung", möglichst tief und mit einer Bärenschnute (gestülpte Lippen) gesprochen. Damit trainieren Sie die Bruststimme, während Sie mit dem „Bienenkorb" die Kopfstimme trainiert haben. Die Resonanz der Bruststimme können Sie auch spüren, wenn Sie die flache Hand auf die Brust legen und dazu brummen – Sie werden das deutliche Vibrieren des Brustkorbs spüren.

— „Glocken-Übung"

   ○ Nehmen Sie das Basis-Embodiment ein. Legen Sie die Handrücken aufeinander und die Handkanten ans Brustbein, die Fingerspitzen zeigen zum Kehlkopf, berühren ihn jedoch nicht. Nehmen Sie die Atemmittellage ein.

   ○ Stimmen Sie ein „m" an, wie bei der Übung „Bienenkorb", diesmal jedoch mit einem sehr hohen Ton, und lassen Sie den Ton langsam nach unten gleiten (er wird tiefer), gleichzeitig führen Sie auch die Hände geschlossen nach unten.

○ Am unteren Ende des Brustbeins angekommen, geben Sie die Hände auseinander und führen sie entlang des letzten Rippenbogens wie entlang der Kontur einer Glocke. Dann öffnen Sie die Arme wie die Schwingen eines Vogels, öffnen auch gleichzeitig den Mund und lassen das „m" in ein „a" übergehen.

○ Den Ton weiterhin nach unten gleiten lassen, das Nach-unten-Gleiten (das Tieferwerden) wird nicht unterbrochen! Stülpen Sie gegen Ende die Lippen.

○ Tief unten angekommen und mit weit ausgebreiteten Armen stellen Sie sich nun vor, Sie selbst wären diese Glocke, und tönen nach unten aus.

○ Für „Fortge-*schritt*-ene": Variation mit Schreiten: Dazu machen Sie pro Silbe einen großen, kräftigen Schritt, atmen beim Anheben des Beins ein und setzen beim Sprechen den Schritt.

– Machen Sie vor der Sprechsituation noch eine **Konzentrationsübung**.

○ Meine Empfehlung ist eine Mentalübung, mit der die rechte und die linke Gehirnhälfte synchronisiert werden kann, das fördert die Fokussierung:

○ Strecken Sie dazu einen Arm aus und zeichnen Sie eine liegende Acht in die Luft. Am Kreuzungspunkt in der Mitte sollte die Bewegung nach oben führen, an den Rändern nach unten.

○ Folgen Sie den Fingerspitzen mit Ihren Augen. Die Augen sind das Wichtige bei dieser Übung, sie sollen die Bewegung der liegenden Acht vollziehen, da sie neurologisch betrachtet ein Teil des Gehirns sind. Machen Sie die Acht sehr breit, Ihre Augen sollen dabei an den Rand des Bewegungsraums gebracht werden. Der Kopf bleibt ruhig – nur Ihre Augen bewegen sich.

○ Im Rhythmus dazu passend können Sie nun nochmal z. B. „nang_neng_ning_nong_nung" sprechen.

Die nächste Übung bietet Ihnen eine Auswahl aus meinen beliebtesten Geläufigkeitsübungen, auch Zungenbrecher genannt. Was die „|"-Zeichen bedeuten, erkläre ich Ihnen dann im nächsten Kapitel.

Übung 9 – „GELÄUFIGKEITSÜBUNGEN" (Zungenbrecher)

1. Jäh |aus Schlingen |und Schleifen schlüpfen geschmeidig, schnell verschwindend, schreckende Schlangen.
2. Schlaue Schlemmer schlemmen Schlankschlemmersuppen.
3. Er kommt, |ob |er |aber |über |Ober- |oder |ob |er |aber |über |Unter |ammergau kommt, das weiß man nicht.
4. Wenn mancher Mann wüsste, wer mancher Mann wär´, tät´ mancher Mann manchem Mann manchmal mehr |Ehr´.
5. Hierher Hofhund, horch, hurtig huscht Hassan zur Hütte.
6. Helfe, Held, dem, der |elend lebte, |eh´ |er |erkennend gelernt, fremder Herren Geld zu verwerfen.
7. In |Ulm, |um |Ulm, |und rund |um |Ulm herum.
8. Specht, Spatz, Storch |und Sperber sprangen spornstreichs, schrillen Schreis den steilen Steg hinunter.
9. Wir Wiener Waschweiber würden weiße Wäsche waschen, wenn wir wüssten, wo wirklich weiches, warmes Waschwasser wäre.
10. Mähen |Äbte Klee? Äbte mähen nie Klee, |Äbte beten.
11. Der Kutscher putzt den Cottbuser Postkutschkasten.
12. Wenn die Hockeyhölzer hackeln |und die Schlittschuhschnörkel schnackeln.
13. Die Katze tritt die Treppe krumm.
14. Fischers Fritz fischt frische Fische, frische Fische fischt Fischers Fritz.
15. Im dichten Fichtendickicht nicken dicke Finken tüchtig.
16. Blaukraut bleibt Blaukraut, Brautkleid bleibt Brautkleid.
17. Kein kleines Kind kann keinem kleinen Kinde kein Kindskoch kochen.
18. Konstantinopolitanischer Dudelsackpfeifer.
19. Zwischen zwei Zwetschkenzweigen zwitschern zwei Zeisige.
20. Dies |ist |ein Scheit. Dies |ist |ein Schleißenscheit. Das schickt Frau Weiße |aus Meißen |und lässt sagen frei, dass |ihr Mann der geschickteste Scheitschleißer sei. Er sitzt hinterm |Ofen |und schleißt Scheite.

Wie gesagt: Das Warm-up ist ein zentrales Tool der THOMAS KLOCK Methode. Und seien Sie versichert: Es wirkt. Ihre Investition beträgt pro Durchlauf zehn bis zwölf Minuten, wenn Sie geübt sind. Falls Sie einmal vor einem Einsatz weniger Zeit haben, dann machen Sie nur jene Übungen, die Ihnen in der jeweiligen Situation am wichtigsten erscheinen. Einen Punkt nach dem anderen abzuarbeiten, hat jedoch den großen Vorteil, dass die Übungen aufeinander abgestimmt sind.

Und noch eine kurze Nachbemerkung zur „Glocken-Übung": Allgemein werden tiefere Stimmen bevorzugt. Hohen Stimmen wird eher unterstellt, weniger kompetent und vertrauenswürdig zu sein.[21] Führungskräfte mit Bassstimme verdienen mehr als jene mit einem Tenor.[22] Und wenn wir flirten, senken wir sogar unbewusst die Stimme.[23] Um einen überzeugenden Stimmklang entwickeln zu können (denken Sie an den „Brustton der Überzeugung"), müssen wir unseren ganzen Körper als stimmgebendes Instrument verstehen. Dieser Körper muss gut geerdet sein, wie zum Beispiel ein Cello, das auch nur fest am Boden stehend seinen ganzen Klang ausspielen kann. Wir öffnen zwar – oben – den Mund, und unsere Laute sind auch von dort zu hören, das Volumen bekommen wir aber nur, wenn wir nach unten tönen und dabei eine feste Bodenhaftung einnehmen – genau diesen Effekt soll die „Glocken-Übung" erzielen.

2.2.5 Stimmlage

Wir befinden uns noch immer im Kapitel „Durch Stimme Gehör schaffen und präsent sein" – innerhalb der „7 Felder der Stimm- und Sprechfitness" kommen wir nun zur Stimmlage. Jeder Mensch besitzt eine ganz individuelle Stimmlage beim Sprechen, in der er mit einem Minimum an Aufwand ein Maximum an Ausdruck erreicht. Dies wird unter Fachleuten die Indifferenzlage genannt und umfasst in der Regel das untere Drittel des gesamten persönlichen Tonumfangs. Diese „richtige" Stimmlage ist oft eine andere als beim Singen – beim selben Menschen. In der Übung „Bienenkorb" habe ich schon eine Möglichkeit beschrieben, wie Sie herausfinden können, wo sie bei Ihnen liegt. In der „Glocken-Übung" trainieren Sie, dass Ihre Stimmlage in angespannten Situationen, zum Beispiel bei Nervosität oder wenn Sie laut werden, unten bleibt, also nicht nach oben rutscht und Sie womöglich ins Kreischen geraten. Wenn Sie derartige Probleme mit der „Glocken-Übung" nicht in den Griff bekommen, vertrauen Sie sich am besten einer Stimmtrainerin oder einem Stimmtrainer an, die bzw. der mit Ihnen gemeinsam Ihre optimale Stimmlage bestimmt.

Übrigens: Mit hypnosystemischen Methoden ist es sehr gut möglich, auch jenen Menschen zu helfen, die von sich behaupten, unmusikalisch zu sein, und deshalb glauben, das alles gar nicht hören zu können. In meiner Praxis wende ich immer wieder solche Interventionen an. Ein Stimmtraining zu beschreiben, das auf hypnosystemischen Grundsätzen beruht, würde den Rahmen dieses Buches jedoch sprengen. Kernüberlegung ist jedoch auch hier – wie schon so oft in diesem Buch – das Zusammenspiel von Emotion, Kognition und Körper. Indem die daran beteiligten neuronalen

Netzwerke bearbeitet werden, ist eine Überführung von Problem- in Lösungsmuster möglich. Auch – und besonders – in Feldern, in denen bereits eine sehr tiefgehende Verkörperung des Problembildes stattgefunden hat. So wie jenem der menschlichen Stimme.

Was jedenfalls hilft, um die persönliche Stimmlage bei Anspannung – so auch beim *laut* Sprechen – beizubehalten, ist, aus dem Bauch heraus zu sprechen, also das Basis-Embodiment, die Bauchatmung und die Atemmittellage zu benutzen. Das beugt einem Zwerchfellhochstand, der Hauptursache für eine nach oben ausbrechende Stimme, schon einmal vor.

Stimmsitz 2.2.6

Den Stimmsitz zu trainieren geht hingegen leichter. Die Stimme muss so klingen, als würde sie nicht im Kehlkopf vibrieren, sondern das virtuelle Stimmzentrum soll sich ca. 30 Zentimeter vor dem Mund befinden. Durch die Vorstellung, wie die Stimme „wandert", sowie über die Kontrolle durch die Ohren verändert sich die Muskulatur derart, dass sich der gewünschte Stimmsitz einstellen kann. Bleibt die Stimme zu sehr im Hals stecken, löst dies oft Beschwerden wie Halsschmerzen, ein Stechen im Kehlkopf oder Heiserkeit aus. Die einfache Übung 10 mit dem heiteren Titel „Vom Schaf zur Kuh" ist eine gute Methode, um zu verhindern, dass Ihre Stimme zu stark im Kehlkopf oder im Hals sitzt, also kehlig oder halsig klingt.

Übung 10 – „VOM SCHAF ZUR KUH"

---

1. Nehmen Sie das Basis-Embodiment ein und gehen Sie in die Atemmittellage.

2. Imitieren Sie das Geräusch einer Ziege oder eines Schafs – es wird ganz stark im Hals gebildet, steckt dort förmlich fest.

3. Mit der führenden Hand nehmen Sie nun auf Höhe des Kehlkopfs die Stimme symbolhaft in die Hand und ziehen Sie langsam über das Kinn rund 30 Zentimeter vor Ihren Mund.

4. Gleichzeitig verändern Sie das Geräusch langsam in jenes einer Kuh. Das wird in der Regel außerhalb des Halses gesprochen, was man deutlich hören und auch selbst spüren kann.

5. Ein Öffnen der Resonanzräume unterstützt Sie dabei: Mund- und Rachenraum durch gelockerte Muskulatur, Nasenraum durch flachen Zungengrund (Zunge locker in der Mundhöhle liegen lassen).

2.2.7 Artikulation (Aussprache)

Die richtige Lautung der hochdeutschen Sprache wurde zum ersten Mal 1898 von Theodor Siebs (1862–1941), einem norddeutschen Sprachwissenschaftler, in seinem Werk „Deutsche Bühnenaussprache" (später: „Deutsche Aussprache") zusammengefasst. Der „Siebs", wie das Buch zumeist bloß genannt wird, ist ein Aussprachewörterbuch, das in den 60er-Jahren des letzten Jahrhunderts de facto vom Duden Nr. 6 abgelöst wurde. Der Duden nimmt manche Ausspracheregelungen nicht so streng und passt sich damit auch besser der österreichischen Ausspracherealität an. Das Anliegen, eine einheitliche, über alle Grenzen hinweg wirksame deutsche Hochlautung zu haben, ist in der Fachwelt allgemein anerkannt. Die Ursprünge der gesamtdeutschen Hochlautung gehen übrigens ins Wien des 18. Jahrhunderts zurück, als das „Kaiserliche Hofburgtheater" damit begann, Sprachregeln aufzustellen, damit die Schauspieler im gesamten deutschsprachigen Raum verstanden werden konnten.

Das Standard-Übungsbuch zur deutschen Artikulation ist das „Sprechtechnische Übungsbuch" der österreichischen Schauspielerin Vera Balser-Eberle (1897–1982). Darin enthalten sind nicht nur geeignete Übungstexte, sondern auch alle Ausspracheregeln. Und auch einige meiner Lieblingszungenbrecher finden sich in diesem Buch. (Daneben gibt es noch das Werk „Der kleine Hey – Die Kunst des Sprechens" von Julius Hey (1832–1909), das vor allem in Deutschland gern verwendet wird.)

Und dennoch: Der Umstand, dass es zwar eine gesetzliche „Recht-Schreibung" gibt, aber keine gesetzliche „Recht-Sprechung", also der Schrift (mittlerweile) offensichtlich mehr Bedeutung als der Sprache beigemessen wird, macht nachdenklich. Denn immerhin ist es die Schrift, die die Sprache abbilden soll – die Sprache kommt demnach vor der Schrift. Und schon in einem der ältesten Bücher der Menschheitsgeschichte steht zu Beginn: „Am Anfang war das Wort ..."

Sehen wir uns nun die in meinen Augen – oder besser: hören wir uns die in meinen Ohren wichtigste Artikulationsregel an. Warum Profis so eine glasklare Aussprache haben, gut verständlich sind und dadurch eine starke persönliche Wirkung erzielen, liegt vornehmlich an der Fertigkeit, die *Vokale* perfekt zu sprechen. Das Geheimnis dabei: Jeder Vokal hat zwei verschiedene Ausspracheformen, mit Ausnahme des „e", das hat sogar fünf! „Wer die richtige Aussprache der Vokale beherrscht, kann schon 80 Prozent der perfekten deutschen Artikulation", behaupte ich gern. Denn Vokale kommen eben oft vor, das „e" am öftesten.

Die zwei unterschiedlichen Ausspracheformen aller Vokale sind: *lang* gesprochen und *kurz* gesprochen. Das „a" in „Made" wird viel länger gehalten als das in „Matte". Warum? Weil es so ist – sorry … In der Tat: Wie im Deutschen ausgesprochen wird, unterliegt nicht irgendwelchen Regeln, nein, es hat sich so ergeben, so wie die Sprache sich im Laufe der Zeit entwickelt hat. Im Französischen genauso: Wie ein Wort ausgesprochen wird, das muss man auswendig lernen. Alle, die eine Fremdsprache sprechen, sind das gewohnt, oder? Den Muttersprachlern aber – egal ob im Französischen oder im Deutschen – ist das vielfach nicht bewusst, denn man spricht die Wörter so, wie man es eben immer schon gemacht hat … Da sich die Schrift – wie erwähnt – nach der Sprache entwickelt hat, könnte man nun annehmen, dass es verbindliche Regeln zwischen Rechtschreibung und Aussprache geben sollte. Damit immer gleich auf den ersten Blick erkennbar ist, wie eine Silbe, ein Wort richtig artikuliert werden. Weit gefehlt: Solche gibt es nämlich kaum mehr. Sie zeugen davon, dass die Kluft zwischen Schrift und Sprache immer größer wird, und das schon seit langer Zeit. Deshalb benötigt man Rechtschreibreformen, bei denen aber oft nur mehr faule Kompromisse herauskommen. Weil neben dem Druck, intensiv zu reformieren und damit die Kluft wieder zu schließen, die Befürchtung besteht, dadurch würde sich das Schriftbild so stark verändern, dass die – vor allem älteren – Leute es nicht mehr lesen könnten …

„Löse die Zähne beim Sprechen!" Dieser Satz, mit deutlich ausgesprochenen Vokalen, klingt nicht nur wie eine Sprechübung aus „My Fair Lady", er beinhaltet auch das Rezept gegen undeutliches Sprechen und für eine wohlklingende Stimme. Denn der unverwechselbare Klang jedes einzelnen Menschen entsteht nicht nur durch den Kehlkopf, sondern vielmehr dadurch, wie die Sprecherin bzw. der Sprecher eigenverantwortlich die Resonanzräume formt: Es geht dabei um das Zusammenspiel von Hals-, Rachen-, Nasen- und Mundraum mit den Ingredienzien Zunge, Zähne, Lippen, Wangen usw. Und gerade die Hauptbestandteile unserer Sprache erfordern eine saubere und klare Artikulation: die Vokale.

Übung 11 – „DIE KORREKTE AUSSPRACHE DER VOKALE"

1. Stellen Sie sich so vor einen Spiegel, dass Sie Ihren Mund gut beobachten können. Formen Sie die Vokale (a, e, i, o, u) nach der folgenden Anleitung zunächst lautlos, aber sehr bewusst und mit überdeutlicher Mimik.

2. Danach sprechen Sie die Vokale der Reihe nach mit lauter und fester Stimme sehr deutlich und in einem Atemzug, gleichzeitig aber auch so langsam wie möglich:
   – „a": Öffnen Sie den Kiefer weit, so als wollten Sie in einen Apfel beißen, die Zunge liegt entspannt und flach im Mund. Übrigens: Bei allen Vokalen stößt die Zunge sanft an den unteren Schneidezähnen an!
   – „e": Die Mundwinkel gehen auf die Seite, der Kiefer ist halb geschlossen, der hintere Teil der Zunge wölbt sich leicht.
   – „i": Vom „e" ausgehend die Nase rümpfen, der hintere Teil der Zunge wölbt sich noch mehr.
   – „o": Stülpen Sie die Lippen ganz weit nach vorn, die Zunge liegt wieder flach und entspannt im Mund.
   – „u": Vom „o" ausgehend den Unterkiefer nach vorn schieben. Vor allem beim „u" ist es wichtig, dass die Zungenspitze unten bleibt, ein Hochstellen würde den an sich schon dunklen Laut noch dunkler färben.

Üben Sie die Aussprache der Vokale stark übertrieben und deshalb unbedingt vor einem Spiegel! Sie werden anfangs wahrscheinlich wieder das Gefühl haben, Grimassen zu schneiden – im Spiegelbild allerdings werden Sie sehen, dass das alles halb so schlimm ist. Ihre Beobachtungen führen stetig zu einem Neujustieren Ihrer „Alarmanlage".

Mit Übung 12 – „Vokalbildung" können Sie das Training der Vokale intensivieren. Gleichzeitig üben Sie damit das „Einschwingverhalten" Ihrer Stimmbänder. Der Übergang vom stimmlosen „h" zum stimmhaften Vokal soll so weich wie möglich geschehen, der Vokal soll also richtiggehend eingeblendet werden.

Übung 12 – „VOKALBILDUNG"

1. Nehmen Sie das Basis-Embodiment ein und gehen Sie in die Atemmittellage.
2. Sprechen Sie „hhhaaa" – „h" und Vokal jeweils ein, zwei Sekunden aushalten.
3. Dasselbe machen Sie nun mit allen anderen Vokalen. Wenn Sie bereits Übung haben, können Sie das „h" durch ein „f", ein „w" und ein „s" ersetzen.
4. Für Fortgeschrittene: Sprechen Sie „ha_he_hi_ho_hu_hö_hü_hei_heu_hau" – in einem Atemzug und mit dem „Silbertablett".
5. Spielform zu Punkt 4: Sprechen Sie „aaahaaa_eeeheee_iiihiii_..." usw.

Zwei unterschiedliche Ausspracheformen der Vokale gibt es also: lang (Mut) und kurz (Mutter). Wenn ein Wort lang ausgesprochen werden soll, dehnen die Profis das auch wirklich lang. Und wenn kurz, dann sprechen sie es extrem kurz. Der Unterschied zwischen lang und kurz ist bei den Könnern also wirklich groß. Wenn Sie sich nicht sicher sind, ob ein Vokal in einem Wort so oder so ausgesprochen wird, machen Sie die von mir so genannte „Übertreibungsprobe": Dehnen Sie den fraglichen Vokal einmal extrem in die Länge, unmittelbar darauf sprechen Sie ihn ganz kurz aus – Ihr Gefühl kann Ihnen in den meisten Fällen sofort sagen, was richtig ist (weil das Wort in Ihrem Wortschatz abgespeichert ist). Beispiel: „Maaade – Madde"; richtig ist: lang.

Vielleicht ist es Ihnen aufgefallen: Da habe ich doch glatt „Madde" geschrieben, um zu verdeutlichen, dass das „a" in diesem Fall sehr kurz zu sprechen ist. Ja, weil das ist weit und breit die einzige Regel, die immer funktioniert: Ein Vokal vor einem Doppelkonsonanten wird *immer* kurz gesprochen. Ohne Ausnahme. Ansonsten gibt es keine Regeln, sondern nur Hinweise in der Schrift, ob ein Vokal *lang* zu sprechen ist: Doppelvokale (Moor), beim „i" die Sonderform als „ie" (Liebe) und das stumme „h" (Lehrer) zum Beispiel.

Und jetzt wird's noch interessanter: Lang und kurz, das ist noch nicht alles. Wenn ein Vokal lang gesprochen wird, wird er mit geschlossenem Kiefer gesprochen, wenn kurz, dann mit offenem. Die Regel dahinter lautet also: „lang + geschlossen", „kurz + offen".

Auch hier lautet der Profi-Ansatz: Der Unterschied zwischen geschlossen und offen muss sehr deutlich ausfallen, so wie jener zwischen lang und kurz. Wenn Sie einen offenen Vokal richtig sprechen wollen, machen Sie folgenden Test: Halten Sie zwei Finger zwei Zentimeter unter dem Kinn. Beim offenen Vokal muss das Kinn dann die Finger berühren! Probieren Sie es doch gleich aus!

Die folgende Tabelle (Abbildung 24) zeigt eine Übersicht über die Ausspracheregeln der Vokale samt Beispielen. Da das „a" generell offen gesprochen wird (wie das Beißen in einen Aaapfel), geht der Kiefer auch beim *geschlossenen* „a" auf, lediglich der hintere Teil der Zunge geht zu. Letzteres ist jedoch Schauspielern und Berufssprechern vorbehalten, die müssen das lernen und üben, für Sie heißt es nur: Bei *jedem* „a" ist die Scheunentür weit offen!

Die Tabelle zeigt aber auch, dass es zu „lang + geschlossen" und „kurz + offen" eine weitere Kombination gibt, die aber *nur* beim Vokal „e" zu finden ist: „lang + offen" (Räder). Wenn Sie in einer Region zu Hause sind, in der dieser Laut keine Tradition besitzt (zum Beispiel in der ost- und südösterreichischen Umgangssprache), dann müssen Sie ihn für die

Hochsprache nicht unbedingt mühsam erlernen. Wenn Sie ihn aber beherrschen, dann ist er sicher das Sahnehäubchen Ihrer Aussprache und sollte weiter Teil Ihrer Artikulationskompetenz bleiben.

Worauf Sie aber auf alle Fälle achten sollten: Das „e" kennt noch zwei weitere Ausspracheformen, den sogenannten Schwa-Laut und dessen Spielform, den offenen Schwa-Laut. Der muss sitzen – und wer ihn nicht beherrscht, der wirkt auf viele womöglich sogar peinlich … Sehen wir uns an, warum.

Der Schwa-Laut kommt in vielen Sprachen vor. Im Deutschen besitzt er keinen eigenen Buchstaben, wird deshalb mit einem „e" geschrieben und befindet sich in den End- und Nebensilben -e, -en, -em, -el, -es, -et usw. Der Begriff „Schwa" stammt aus dem Jiddischen und bedeutet so viel wie unbetont, schwach, kaum vorhanden. Und genau so muss er auch gesprochen werden. Menschen, die einen Schwa-Laut zu deutlich, also als ein „e" aussprechen, wirken auf die meisten Zuhörer steif, überkorrekt, unsicher, sprachlich wenig versiert, affektiert usw. Und jeder Profi hört sofort: Hier *will* jemand schön sprechen, *kann* es aber nicht …

Achten Sie also darauf: Blase – Blasen – Blasenden – Basel – Blaues … das „e" am Ende ist kein „e", es muss „schlampig" gesprochen werden. Das ist deutsche Hochsprache! Schlampig ist hier richtig. Bei den Vorsilben empfehle ich das Gleiche: erleben – verloren – zertreten – entwischt … auch mit Schwa-Laut! Die offizielle Sprachregelung schreibt hier ein kurzes, offenes „e" vor, ich finde das aber zu streng und nicht mehr zeitgemäß. Besser mit Schwa-Laut, zumindest jedoch „schlampig".

Die Endsilbe -er klingt eine Spur anders: Hier wird zwar auch ein Schwa-Laut gesprochen, jedoch ein offener, also mit *offenem* Kiefer. Beispiele: Körper – Marder – flackernd. Es ist übrigens wie im Englischen. Beispielsweise: (hat) gegeben – (has) given; Geber – giver.

Und noch ein Perfektionstipp: Ein „r" nach einem kurz gesprochenen Vokal sollte gerollt (egal, ob vorn mit der Zungenspitze oder hinten mit dem Gaumenzäpfchen – wobei ich das Zungenspitzen-„r" allgemein für nicht mehr zeitgemäß halte) werden (Herrr, merrrken); ein „r" nach einem langen Vokal dagegen nicht, für letzteren Fall empfehle ich, stattdessen den Vokal noch länger zu dehnen (Pfeeerd).

VOKALE – die wichtigsten Artikulationsregeln		Phonetische Erläuterungen
1. lang + geschlossen:	2. kurz + offen:	
a: Made	Matte	Vokal vor Doppelkonsonant immer kurz
Wahl	Wald	
i: Miene	Minne	
Bier	Birne	
o: Mode	Motte	
Ostern	Osten	
Möbel	Mörder	
u: Mut	Mutter	
Tube	Tulpe	
Mühle	Müller	
e: Steg	stecken	
Seele	Säcke	kurzes ä ist phonetisch identisch mit kurzem e; z. B.: fällt – Feld
Pferde	pferchte	r nach langem Vokal → auf gerolltes r verzichten
Herd	herb	r nach kurzem Vokal → r muss gerollt werden
3. lange + offen, nur bei e vorkommend:		
Mädchen – Räder – Säle		
4. Schwa-Laut (flüchtiges e):		
Blase – Blasen – Blasenden – Basel – Blaues		in End- und Nebensilben das e unterdrückt sprechen
erleben – verloren – zertreten – entwischt		Vorsilben er-, ver-, zer-, ent-: besser mit Schwa-Laut sprechen
5. Offener Schwa-Laut:		
Körper – Marder – flackernd		nur bei Endsilbe -er; kein r sprechen
Sonderfall Zwielaute:		mittellang aussprechen
meiden – Meute – Maut		ei = ai, eu = oi, au = au

Abb. 24: Die wichtigsten Artikulationsregeln für Vokale.

Nun noch zu den Konsonanten. Ich habe es vorhin schon erwähnt: Wer die richtige Aussprache der Vokale beherrscht, kann bereits 80 Prozent der perfekten deutschen Artikulation. Die restlichen 20 Prozent sind schnell erklärt: Achten Sie auf eine starke Unterscheidung der Verschluss-laute „b – p", „d – t" und „g – k"! Sprechen Sie die stimmhaften (b, d, g) sehr weich aus und die stimmlosen (p, t, k) sehr hart. Im Normalfall reicht das. Wer's noch genauer wissen will – weitere Regeln zur richtigen Aussprache der Konsonanten zeigt die folgende Tabelle.

KONSONANTEN – die wichtigsten Artikulationsregeln	Phonetische Erläuterungen
Dame – Tanne Bass – Pass Gabel – Kabel	Verschlusslaute d – t, b – p, g – k gut unterscheiden: stimmhaft (weich) – stimmlos (hart)
Hund – Lob – Tag	stimmhafte Verschlusslaute am Silbenende = stimmlos
Lust – Klang – Glas – alle	l vorn sprechen
Krach – Loch – Flucht	ch nach a, o, u: hinten sprechen (ach-Laut)
Pech – Licht – durch	ch nach e, i, r: vorn sprechen (ich-Laut)
Charakter – Chor – cholerisch – Chaos	ch am Silbenanfang = k (nur in Deutschland: bei Chemie, Chirurg, Charisma und einigen Eigennamen wie China = ich-Laut)
König – Könige – königlich	-ig am Silbenende = ich; Ausnahme: wenn ein Vokal oder eine weitere Silbe -ig oder -ich folgt
Luchs – sechs	chs wie x = ks sprechen; Ausnahme: höchst, nächst
Gang – Ring – ging – singen	ng = eigener Laut: Zunge zu Gaumensegel, kein g sprechen
flammt – träumt – fünf – Senf	kein p zwischen m-t und n-f
Wunsch – Mensch	kein t zwischen n-sch
ch, er, ng, sch	Laute, für die es keine eigenen Buchstaben gibt
x = ks, y = ü, z = ts, qu = kw, v = f/w, c = k/s/ts/tsch	Buchstaben, die keine eigenen Laute (mehr) darstellen

Abb. 25: Die wichtigsten Artikulationsregeln der Konsonanten.

Üben können Sie das Aussprechen der Laute der deutschen Sprache, indem Sie sich einen Text zur Hand nehmen, zum Beispiel einen Artikel einer Tageszeitung. Markieren Sie bei jedem Vokal, ob er lang, kurz oder bei einem „e" als Schwa-Laut gesprochen wird. Meine Empfehlung ist: Ein Punkt unter einem kurzen, ein Strich unter einem langen Vokal, bei einem Schwa-Laut streichen Sie frech das „e" durch. Dann suchen Sie die Verschlusslaute und ringeln die stimmlosen/harten ein. Mit dieser „Notenschrift" können sie gut üben. Zur Übungsverstärkung greifen Sie hin und wieder zum Flaschenkorken (siehe THOMAS KLOCK Warm-up, Seite 95).

So weit das Kapitel zur Stimme. Zeit für eine Zwischenbilanz, einverstanden?

Die THOMAS KLOCK Methode – ZWISCHENBILANZ 3

— Die Form qualifiziert den Inhalt – nicht umgekehrt!

— Unsere persönliche Wirkung wird nur zu einem geringen Anteil vom Inhalt des Gesagten bestimmt, jedoch in einem hohen Maß von Körpersprache und Stimme.

— Das Üben der formalen Ebene soll laut und deutlich, immer allein und mit besonderem Augenmerk auf Haltung („Gummiband" usw.) und Äußerung (bei Sprechübungen mit einem vorgestellten „Silbertablett") erfolgen.

— Embodiment – von „Wie es einem geht, so geht man!" zu „Wie man geht, so geht es einem!".

— Üben Sie unablässig das Basis-Embodiment und wenden Sie es stets an – so bauen Sie sich emotionale und kognitive Stärke auf und wirken auf andere auch so.

— Achten Sie darauf, Ihren Körper gut ins Spiel zu bringen. Die führende Hand ist die Zeigehand, die Raummitte gehört Ihnen und nicht der Projektionsfläche.

— Bauen Sie beim Sprechen bewusst Wege ein, die einen Sinn haben!

— Ihre Stimme „be-stimmt" Ihre Wirkung! Mittels Ihrer Stimme „be-stimmen" Sie auch Ihre Emotionen (Embodiment!).

— Ihre Stimme zu trainieren, bedeutet auch, eine bessere Wirkung zu erzielen, sie auf herausfordernde Situationen vorzubereiten und besser mit anderen Menschen zusammenarbeiten zu können.

— Stimm- und Sprechfitness umfasst die Bereiche Haltung und Atmung mit den Feldern Eutonus, Stützen und Atemmittellage, Stimmbildung mit den Feldern Warm-up, Stimmlage und Stimmsitz sowie die Artikulation.

— Nicht der Sixpack, sondern die lockere Bauchdecke ist für das Sprechen wichtig.

— Beim Stützen wird ein kleiner Teil des Bauchmuskels gezielt angespannt.

— Sprechen Sie immer aus der Atemmittellage heraus. Üben Sie sie regelmäßig, sodass Sie sie während Ihres Einsatzes automatisch und unterbewusst „treffen".

— Kein Auftritt oder Einsatz ohne das THOMAS KLOCK Warm-up!

— Trainieren Sie regelmäßig die richtige Aussprache der Vokale: lange sehr lang aussprechen, kurze extrem kurz; lange Vokale sind geschlossen, kurze offen.

— Sprechen Sie in den End-, Neben- und Vorsilben das „e" als Schwa-Laut aus!

2.3 Mit Sprechtechnik Aufmerksamkeit erzeugen

Heute Abend gehen wir ins Kino. Oh, wie schön! Auf den ersten Blick schaut dieser Satz ganz vernünftig aus, nicht wahr? Stellen Sie sich nun bitte vor, Sie würden diesen Satz nicht lesen, sondern *hören*. Wie würden Sie ihn interpretieren? Dass Sie darauf drängen, es nicht erst morgen zu machen? Oder dass Sie es nicht schon am Nachmittag machen wollen? Dass Sie festlegen möchten, nicht mit dem Auto fahren zu wollen? Oder dass Sie darauf bestehen, in Begleitung zu gehen? Oder dass Sie sich vielleicht vorgenommen haben, heute sehr mutig zu sein und nicht am Eingang des Kinos kehrtzumachen wie ein paar Tage zuvor? Oder dass Sie womöglich entschieden haben, den angedachten Theaterbesuch bleiben zu lassen? Was jetzt??

Sie haben es erkannt: Es kommt darauf an, welches Wort Sie in diesem Beispielsatz betonen. Je nach Ihrer Wahl bekommt die Aussage einen anderen Sinn. Wenn Sie das „richtige" Wort betonen, kommen Sie auf den Punkt. Die Betonung ist Bestandteil der sprechmelodischen Gestaltung, die im Fachjargon Prosodie genannt wird. Betont kann auf vielerlei Arten werden, in den meisten Fällen heißt es vereinfacht: mit der Stimme nach oben gehen (mehr dazu weiter unten). Die folgende Abbildung zeigt, mit welchen sprechmelodischen Gestaltungsmitteln Sie arbeiten können:

Sprechmelodische Gestaltungsmittel

1. Betonung	(Intonation)	hoch – tief
2. Geschwindigkeit	(Tempo)	schnell – langsam
3. Lautstärke	(Dynamik)	laut – leise
4. Pause und Rhythmus		
5. Stimmlage		

Abb. 26: Es gibt weit mehr Gestaltungsmittel in der Sprache als die hier genannten fünf, im Business-Kontext reichen sie jedoch völlig aus.

Weitere Merkmale können Intensität (Druck), Dauer und Melodiewechsel sein, die jedoch normalerweise nur mehr von Berufssprechern beherrscht werden.

Die Faustregel fürs Business lautet: Variieren Sie Betonung, Geschwindigkeit und Lautstärke so oft wie möglich. Um einer wie auch immer gearteten Monotonie entgegenzuwirken, achten Sie darauf, dass in Ihrem Vortrag die Unterschiede zwischen hoch und tief, schnell und langsam sowie laut und leise möglichst groß sind. Wechseln Sie auch den Rhythmus immer wieder und machen Sie vor allem am Satzende lange Pausen. Viele Sprecher im Wirtschafts- und Wissenschaftsbereich klingen eher leblos und eintönig – da fällt ein konzentriertes Zuhören in den meisten Fällen richtiggehend schwer. Freilich, wenn Sie wollen, dass Ihr Publikum einschlafen soll, dann können Sie die Prosodie abflachen. Aber wer will das schon? Je öfter Sie hingegen die einzelnen Gestaltungselemente abwechseln und je größer die Bandbreite pro Element ist, umso lebhafter wird Ihr Sprechen. Grafisch dargestellt sieht das zum Beispiel so aus:

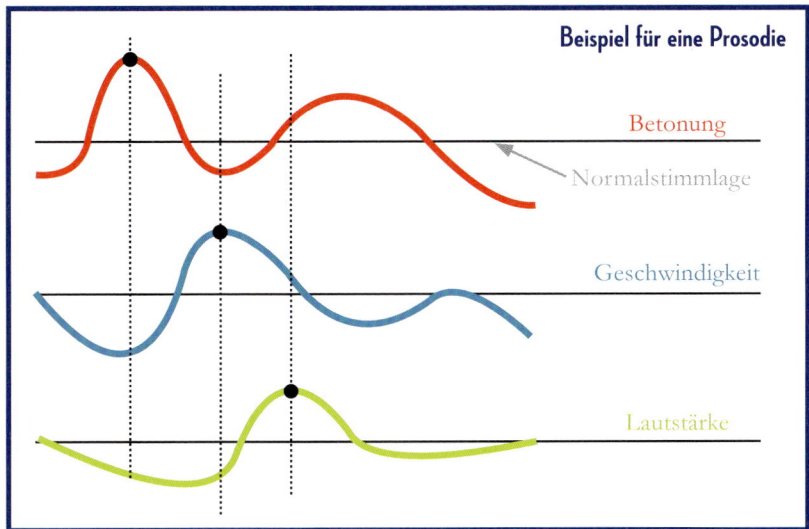

Abb. 27: Die drei Gestaltungselemente Betonung, Geschwindigkeit und Lautstärke sollten möglichst variieren, wobei die einzelnen Spitzen idealerweise nicht zusammenfallen. Das heißt, dort wo Sie betonen, sollten Sie nicht auch noch schneller und lauter sein.

Variantenreich Akzente zu setzen, ist das eine, das andere ist, dass Sie sie nicht *irgendwo* setzen können – dies unterliegt Regeln. Und die gilt es unbedingt zu beachten. Denn das Teuflische ist: Wenn Sie zum Beispiel die Betonung intensiv einsetzen und sie ist dann an der *falschen* Stelle, geht der Schuss leider nach hinten los, und Ihre Botschaft kommt noch weniger punktgenau an …

2.3.1 Betonung und Pausen

Betont werden Silben in Wörtern und Wörter in Sätzen. Welche Silbe in einem Wort betont wird, ist festgelegt (im Duden z. B. findet man an dieser Stelle unterhalb der Silbe eine Markierung mit einem Punkt). Welches Wort in einem Satz betont wird, das entscheiden Sie: Es kommt auf die Aussage des Satzes an.

Aus all den vielen Regeln, aber auch aus den Ergebnissen der in den letzten Jahren sehr intensiv erfolgten Erforschung der Sprachmelodieführung habe ich für den Business-Kontext die wichtigsten zusammengefasst (ein Beispiel dazu sehen Sie in Abbildung 28 auf Seite 112):

– Das sinngebende Wort eines Satz ist zu *betonen*. Es trägt die *Hauptbetonung*.

– Es gibt viele Möglichkeiten, zu betonen. In den meisten Fällen wird die Tonhöhe dazu verwendet, und zwar derart, dass die Stimme nach oben geht. Es ist jedoch auch möglich, eine Betonung durch ein Hinuntergehen der Stimme zu erreichen oder das sinngebende Wort durch einen anderen Akzent zu verstärken, abzuschwächen oder sogar zu ersetzen. Zum Beispiel durch Geschwindigkeit (indem es schneller oder langsamer als die anderen Wörter desselben Satzes gesprochen wird) oder durch Lautstärke (das Wort wird lauter oder leiser gesprochen). Für die Ausdrucksstärke von Sprechern im Business ist das Betonen mittels Tonhöhe völlig ausreichend. Und vor allem am wenigsten missverständlich! Deswegen empfehle ich für das Erlernen einer facettenreichen Sprechmelodie: Gehen Sie an der zu betonenden Stelle mit der Stimme nach oben. *Hauptbetonung* heißt demnach: Hier ist die Stimme am *höchsten*. (Ich rate Ihnen das mit gutem Gewissen, gerade weil ich seit Jahrzehnten mit Führungskräften arbeite und weiß, dass diese einfache Regel im Business-Kontext mehr bringt als das Verstehen der gesamten sprechmelodischen Wissenschaft.)

– Pro Satz gibt es immer nur eine *Hauptbetonung*, egal wie lange er ist. Dagegen kann es keine einzige oder aber auch sehr viele *Nebenbetonungen* geben. Ist der Satz sehr kurz, wird man wahrscheinlich darauf verzichten, ist er sehr lang, kann man mit mehreren Nebenbetonungen die Verständlichkeit erhöhen. Nebenbetonungen sind von der Tonlage her nicht so hoch wie die Hauptbetonung.

– Die Hauptbetonung ist nur selten am Satzende zu finden. Vor allem beim Lesen passiert aber genau *das* sehr vielen Menschen, zum Beispiel Kindern, wenn sie ein Gedicht lesen oder aufsagen. Das ist so gut wie immer ein Zeichen dafür, dass der Inhalt nicht verstanden wurde.

– An der Hauptbetonung entscheidet sich auch, ob Sie *problem-* oder *lösungsorientiert* sprechen. Sprechen Sie bitte das Beispiel in den folgenden zwei Betonungsvarianten nach: „Wir gehen heute Abend ins <u>Kino</u> und nicht ins Theater." – „Wir gehen heute Abend ins Kino und nicht ins <u>Theater</u>." Hören Sie den Unterschied? Wenn die Hauptbetonung auf der Lösungsseite (Kino) liegt, klingt es kooperativer, wenn sie sich auf der Problemseite befindet (Theater), kommt es einem Vorwurf nahe.

– Am *Satzende* gehen Sie mit der Stimme *runter* und machen eine lange *Pause*. Beim Üben mindestens zwei Sekunden! Nehmen Sie das so wörtlich wie im Englischen, da heißt der Punkt „full stop". Auch ich nehme die Definition des Wortes „Pause" sehr ernst: In einer Pause geschieht – *nichts*. Aber bitte nur am Satzende, *nicht innerhalb* eines Satzes.

– Um Teilsätze verständlich zu machen, empfehle ich deshalb nicht das Setzen von Pausen, sondern von *Dehnungsfugen*, so nenne ich dieses Stilmittel. Eine Dehnungsfuge bindet und hält die Stimmhaftigkeit aufrecht, durch das Dehnen entsteht jedoch eine klare Abgrenzung zum nächsten Teilsatz, was für die Verständlichkeit natürlich sehr wichtig ist.

– Deshalb mein Rat: Halten Sie innerhalb eines Satzes am Ende von *Teilsätzen* (dort, wo im Text Beistriche stehen könnten) entweder die Tonlage oder gehen Sie mit der Stimme nach oben, machen Sie *keine* Pause, sondern bauen Sie stattdessen eine Dehnungsfuge ein, indem Sie den letzten stimmhaften Anteil vor dem Ende des Teilsatzes *strecken*. So ergibt sich eine Trennung, ohne zu trennen. Im Beispiel der Abbildung 28: „Wir gehen heute Abend ins Kinoooooo, weil wir keine Theaterkarten bekommen haben." Bei „ooooo" gehen Sie mit der Stimme hinauf oder halten die Tonhöhe, strecken also das „o" (das muss auch gar nicht laut, sondern kann sogar sehr leise sein), bei „weil" sind Sie wieder in der Normallage. Ich halte die Dehnungsfuge für sehr wichtig, da die Stimmhaftigkeit und die Spannung innerhalb eines Satzes möglichst lange aufrechterhalten bleiben sollen – das schafft Präsenz. Die Pause ist – wie gesagt – dem Satzende vorbehalten. Apropos: Sie können es sich auch viel einfacher machen. Bilden Sie aus Teilsätzen ganze Sätze, so kurz wie möglich, und trennen Sie sie durch Punkte. Dann können Sie diese ganze Regel getrost vergessen und erhöhen gleichzeitig massiv die Verständlichkeit.

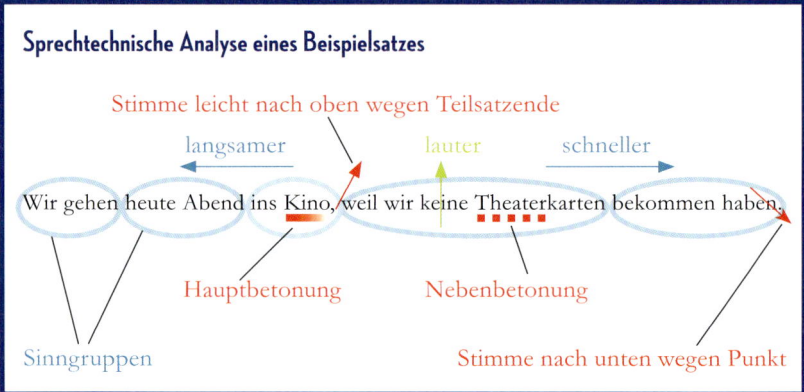

Sprechtechnische Analyse eines Beispielsatzes

Abb. 28: Die hier verwendete Zeichensprache hat sich in der Praxis bewährt.

– Nur der Vollständigkeit halber – wenn Sie etwas vorlesen müssen: Machen Sie bei *allen* Satzzeichen, die einen Punkt beinhalten, eine Pause. Bei einem Rufzeichen und einem Doppelpunkt bleiben Sie bei einer mittleren Tonlage, bei einem Fragezeichen können Sie – je nach Absicht Ihrer Botschaft – mit der Stimme nach oben oder auch nach unten gehen (z. B. ist bei „Wie geht es Ihnen?" beides möglich). Einen Strichpunkt behandeln Sie wie einen Punkt.

– Die in Abbildung 28 eingezeichneten Ellipsen sind die sogenannten *Sinngruppen*. Profis galoppieren nicht durch die Sätze, sondern bilden durch Geschwindigkeitsvariationen Wortgruppen, die sinngemäß zusammengehören. Immer wieder hört man, dass es gut sei, zwischen diesen Sinngruppen richtige kleine Pausen zu machen: „Wir gehen – heute Abend – ins Kino – da wir keine Theaterkarten – bekommen haben." Ich finde das nicht gut … Das klingt in vielen Ohren so, als hielte mich der Sprecher für dumm: „Ich mache es jetzt so klar, damit auch du das verstehst …" Deshalb empfehle ich, auch an dieser Stelle Dehnungsfugen einzubauen, aber ohne mit der Stimme nach oben zu gehen, das darf nur dort sein, wo auch gleichzeitig eine Teilsatzgrenze (ein Beistrich) besteht. Dehnungsfugen statt Geholpere: Klingt nicht dumm, und Stimmhaftigkeit und Präsenz bleiben erhalten.

– Und letzter Punkt: *Atempausen* gehören ans Satzende oder ans Ende eines Teilsatzes: Vermeiden Sie es unbedingt, knapp davor oder knapp danach zu atmen, es zerstört den Fluss und die Stimmhaftigkeit, und gleichzeitig nimmt das zuhörende Ohr das Luftholen als störendes Geräusch war. Es heißt also nicht: „Wir gehen heute Abend ins – *einatmen* – Kino, weil wir keine Theaterkarten bekommen – *einatmen* – haben."

Sondern: „Wir gehen heute Abend ins Kino – *einatmen* – weil wir keine Theaterkarten bekommen haben." Wenn Sie an dieser Stelle überhaupt *einatmen* müssen … denn aus der Atemmittellage heraus können Sie es mit ein bisschen Übung bald locker schaffen, den Satz in einem Atemholen durchzusprechen!

Lautstärke und Geschwindigkeit 2.3.2

Im Beispiel der Abbildung 28 sind auch die Akzentsetzungen mittels Lautstärke und Geschwindigkeit zu sehen. Sie spielen ebenfalls eine Rolle, wenn auch nicht jene, die die Betonung hat. Was jedoch sehr wichtig ist: Passen Sie Ihre Lautstärke immer an die von Ihnen am weitesten entfernt sitzende und zuhörende Person an. Das macht im Falle eines sehr großen Auditoriums auch bei den Menschen in der ersten Reihe den Eindruck, dass Sie professionell agieren, um gut verstanden zu werden. Freilich ist es auch möglich, dass Sie dabei zu laut sind, dass Sie vielleicht sogar klingen, als würden Sie schreien. Doch erlebe ich eine derartige Situation nur äußerst selten – die meisten Menschen sprechen eher generell zu leise. An die am weitesten entfernte Person die Lautstärke anpassen heißt: sie dabei *ansehen*! Wenn Ihr Blick anschließend über das ganze Publikum kreist, behalten Sie diese Lautstärke als Ihren Normalpegel bei. Werden Sie nicht leiser, wenn Ihr Blick gerade über Menschen gleitet, die näher zu Ihnen sitzen, das würde so aussehen, als wären diese leiser gesprochenen Inhalte nur für sie bestimmt! Um Ihre mittlere Lautstärke, also das, was ich vorhin den Normalpegel genannt habe, gestalten Sie dann im Sinne der Prosodie die Dynamik mit einzelnen lauteren und leiseren Passagen.

Der Problempol bei der Sprechgeschwindigkeit ist die Schnelligkeit, vor allem bei Aufregung oder Anspannung. Vielleicht haben Sie schon selbst die Erfahrung gemacht: Auch wenn Sie sich Hunderte Male vorsagen, sie wollen langsamer, langsamer, langsamer … es wird wahrscheinlich nicht klappen. Die alten Muster, Sie wissen schon … Deshalb wirken zwei Techniken ganz gut, wenn Sie am Tempobolzen leiden: erstens eine hypnosystemische Intervention (Interventionstechnik 5 – „Austausch mit Ressourcen", Seite 56); und zweitens über den Umweg einer klaren Artikulation – indem Sie Ihren Text mit dem Flaschenkorken zwischen den Zähnen üben (THOMAS KLOCK Warm-up, Seite 95). Wenn Sie mit einem derartigen Hindernis deutlich klingen möchten, dann müssen Sie „seeehr" langsam sprechen, sonst funktioniert das nicht. So erhalten Sie einen Spielraum zwischen schnell und langsam und damit die Fähigkeit, Ihre Geschwindigkeit variieren zu können.

2.3.3 Stimmlagevariationen

Kennen Sie das? Wenn Sie Kindern eine Geschichte vorlesen, neigen Sie dazu, dem Kinderohr durch unterschiedliche Stimmlagen zu helfen, ob nun gerade ein großes oder ein kleines, ein altes oder ein junges Lebewesen am Wort ist. Stimmt, oder? Das heißt, Sie entfernen sich aus dramaturgischen Gründen temporär von Ihrer persönlichen Stimmlage und verschieben die Nulllinie nach oben oder nach unten. Hörbuchsprecherinnen und -sprecher müssen das perfekt beherrschen. Einer der besten dieses Faches, Rufus Beck, musste beim Lesen der Gesamtausgabe aller „Harry Potter"-Bände mit einer Gesamtlänge von 137 Stunden rund 100 Charaktere in Augenblicken der direkten Rede mehr oder weniger voneinander unterscheidbar machen! Im Business-Kontext werden Sie das nicht brauchen. Aber ein bisschen Beweglichkeit schadet auch da nicht.

2.3.4 Zäsur

Erinnern Sie sich an das Zeichen „|" bei den „Geläufigkeitsübungen" (Übung 9, Seite 97)? Hier nun die Erklärung: Der Strich markiert jene Stellen, an denen eine Zäsur zu erfolgen hat. Eine Zäsur ist eine kurze Atemstromunterbrechung, viel kürzer als eine Pause. Während in der Regel ein sogenannter weicher Stimmeinsatz angestrebt werden soll, also ein feiner, fließender Übergang vom nichtschwingenden in den schwingenden Zustand, ohne Lücke, nicht abrupt, ist im Deutschen an manchen Stellen ein harter Übergang erwünscht.. Das heißt, dass hier der Stimmeinsatz klar und exakt erfolgen muss. Diese Stellen betreffen die Vokale am Wort- bzw. Silbenanfang. Aber alles mit Maß und Ziel: Ein zu weicher Stimmeinsatz macht die Stimme dünn, ein zu harter klingt gepresst und kann auf Dauer sogar die Stimmlippen schädigen.

Wissen Sie, wo der Alpeno-Strand ist? Am Alpen-Ostrand natürlich! Oder kennen Sie die Blumento-Pferde? Ich auch nicht, ich kenne allerdings Blumentopf-Erde. Bei diesen zwei Beispielen deutet der Bindestrich die Zäsur an. In phonetisch analysierten Texten kennzeichnen die Profis die Stellen mit einem „|". Also: „Alpen|ostrand" und „Blumentopf|erde". Der Hintergrund ist sehr interessant. Im Deutschen werden die Wörter im Satzganzen konsequent miteinander verbunden, wir sprechen also so: „WirgehenheuteAbendinsKinodawirkeineTheaterkartenbekommenhaben."

Wir setzen zwischen den einzelnen Wörtern nicht ab, wir binden alle aneinander. Hätten Sie jetzt vielleicht nicht so gewusst, aber getan haben Sie das immer schon ... Wenn wir so schrieben, wie wir sprechen, wir würden uns beim Lesen ordentlich schwertun – siehe Beispielsatz. Warum versteht dann unser Gehirn trotzdem, was jemand sagt? Weil unser Gehirn zuallererst nicht die Wörter hört, sondern die Silben. Und diese Silbenkombinationen gleicht es nun mit dem gespeicherten Wortschatz ab und bildet daraus Wörter, die dann ihrerseits in Kombinationen einen Sinn im Satzganzen ergeben. Ein Trial-and-Error-Verfahren sozusagen.

Im Deutschen hat das Gehirn beim Silbenhören jedoch ein kleines Problem. Fängt eine Silbe mit einem Vokal an, weiß es auf die Schnelle nicht, ob das tatsächlich der Beginn einer neuen Silbe ist, oder doch nur das Ende der vorhergehenden. Deshalb müssen wir an dieser Stelle ein bisschen nachhelfen. Mit einer Zäsur. Auch Wörter beginnen mit einer Silbe, deshalb betrifft die Regel, „an Silben, die mit einem Vokal beginnen" auch alle Wörter mit einem Vokal am Anfang: „Es |ist |un|erhört, wie gut |er hört."

Ein weiteres Beispiel für das Setzen von Zäsuren:
- „Vielleicht erscheinen vor Ihrem inneren Auge Zuschauer in der Halle und erheben sich."

Sprechen Sie diesen Satz schlampig, setzen also keine Zäsuren, hört der Rezipient womöglich Folgendes:
- „Viel leichter scheinen vorieremineeerenauge Zuschauerin der Halle unter heben sich."

Richtig gesprochen sind hier Zäsuren einzubauen:
- „Vielleicht |erscheinen vor |Ihrem |inneren |Auge Zuschauer |in der Halle |und |erheben sich."

Das stimmtechnische Ausbilden einer Zäsur können Sie durch folgende einfache Übung trainieren: Sagen Sie flüsternd „a — a — a — a". Vor jedem neu angesetzten „a" sprengt die angestaute Luft mit einem leisen Knacken den Verschluss der Stimmlippen auf. Das klingt wie das leise Platzen einer Seifenblase. Dieses Geräusch wird Ventiltönchen genannt. Es ist nur zu hören, wenn zwischen den „a"s die Stimmlippen vollständig schließen. Das soll in der Zäsur passieren. Wenn das gut klappt, dann sprechen Sie die „a"s stimmhaft. Mit Zäsur. Viel Spaß beim Üben!

2.3.5 Rhythmus

Alles Leben ist Rhythmus. Sprechen ist Rhythmus. Rhythmische Stimuli sind enger mit der Motorik verknüpft, wenn sie akustisch erklingen. Deshalb gab es auf den Galeeren Vortrommler, oder denken Sie an die Schlagfrauen und Schlagmänner im Rudersport. In der Musik werden laut tickende Metronome eingesetzt, und erst wenn das Stück gut einstudiert ist, genügen lautlose Dirigenten.

Grundsätzlich gilt:
– gleicher Rhythmus = Ruhe, Trancezustand
– wechselnder Rhythmus = Erregtheit, Zustand des Hier und Jetzt

Der Rhythmus ergibt sich vor allem aus der Variationsbreite der Prosodie. Je mehr davon, umso lebhafter wird Ihre Sprechsituation ankommen, je weniger, desto beruhigender wird sie werden. Wenn Sie schon gut mit der Prosodie vertraut sind, probieren Sie es einmal aus: Sie können sehr interessante Reaktionen Ihrer Zuhörerschaft erwarten.

2.3.6 Das Üben der Sprechtechnik

Immer wieder werde ich gefragt, warum diese Übungen mittels Lesen von Texten gemacht werden sollen, wo doch im Business kaum vorgelesen wird. Die Antwort ist, dass Sie dadurch überhaupt erst mit der formalen Ebene arbeiten können.

Zum Beispiel das Betonen. Die meisten betonen zu wenig stark, ihr Sprechen ist monoton. Wenn auch Sie dazugehören, müssen Sie üben, die Betonungen stärker zu setzen – das heißt, an der passenden Stelle mit der Stimme höher hinauf und am Satzende hinunter. Während Sie frei sprechen, beschäftigen Sie sich hauptsächlich mit dem Inhalt und können sich nicht gleichzeitig um die Ausprägung der Form kümmern – dieses Problem haben wir uns schon angeschaut. Dasselbe gilt für jede Übungssituation. Um sich intensiv mit der formalen Ebene beschäftigen zu können, müssen Sie die Aufmerksamkeit vom Inhalt abziehen. Das geschieht durch das Lesen. Nur taucht da nun in der Tat ein Problem auf: Wenn Sie frei sprechen, sitzen die Betonungen meist an der vollkommen richtigen Stelle (weil ja zuerst der Sinn da war und dann erst die Sprache), wenn Sie aber lesen, tut es das nicht. Weil Sie beim Lesen das, was Sie sehen, auch *interpretieren* müssen (also zuerst die Sprache, dann der Sinn). Und damit verlieren Sie immer wieder relativ leicht den Faden zu Text und Inhalt.

Deshalb brauchen Sie die Markierungen, damit Sie sich sicher sein können, dass Sie das stärkere Betonen auch tatsächlich an der richtigen Stelle üben und sich nichts Falsches einlernen.

Und so üben Sie die Sprechtechnik am besten:

Übung 13 – „So üben Sie die SPRECHTECHNIK"

---

1. Nehmen Sie sich (am besten einmal täglich) einen Text zur Hand. Anfangs greifen Sie zu Texten aus Kinderbüchern im Vorschulalter, denn die bestehen aus kurzen, leicht verständlichen Sätzen. In weiterer Folge können Sie irgendwelche nehmen, z. B. einen Artikel aus einer Tageszeitung.

2. Markieren Sie (wie in Abb. 28, Seite 112 gezeigt) in jedem Satz die Hauptbetonung (rot unterstreichen) und etwaige Nebenbetonungen (rot strichlieren), danach die Stellen, an denen Sie schneller (blauer Pfeil nach rechts) und wo Sie langsamer (blauer Pfeil nach links) sowie lauter (grüner Pfeil an dieser Stelle nach oben) oder leiser (grüner Pfeil nach unten) werden wollen.

3. Markieren Sie bei Beistrichen oder Teilsatzgrenzen mit einem roten Pfeil, dass Sie dort mit Ihrer Stimme nach oben gehen. Falls Sie es brauchen, setzen Sie an Punkten (Satzenden) einen roten Pfeil nach unten.

4. Kennzeichnen Sie die wichtigsten Sinngruppen.

5. An für Sie wichtigen Stellen tragen Sie die Zeichen für die kurzen (mittels Punkt) und langen Vokale (mittels Strich unter dem Vokal) ein und kennzeichnen Schwa-Laute mittels Durchstreichen.

6. Mit dieser „Notenschrift" üben Sie nun die Artikulation und die sprechmelodische Gestaltung durch lautes Lesen. Übertreiben Sie dabei – raus aus der Komfortzone!

Weil in diesem Kapitel doch recht viele, detailreiche Regeln vorgekommen sind, gleich an dieser Stelle wieder eine Zwischenbilanz:

Die THOMAS KLOCK Methode – ZWISCHENBILANZ 4

- Sie kommen auf den Punkt Ihrer Botschaft, indem Sie das sinngebende Wort in einem Satz stark betonen.
- Um Ihre Zuhörer zu bewegen und damit Sie eine gute Wirkung haben, sprechen Sie die Akzente so variantenreich wie möglich.
- Arbeiten Sie dabei mit Betonung, Geschwindigkeit, Lautstärke, Pause und Rhythmus.
- Lassen Sie deren Spitzen wenn möglich nicht zusammenfallen.
- Pro Satz muss es immer eine Hauptbetonung geben, die Anzahl der Nebenbetonungen bleibt Ihnen überlassen.
- Gehen Sie mit der Stimme an der Stelle der Hauptbetonung stark nach oben, angepasst an die Situation und den Kontext, aber in der Regel mehr, als Sie es bisher gewohnt sind.
- Eine Pause ist eine Pause – da geschieht nichts.
- Am Satzende: Stimme runter + Pause (beim Üben mindestens zwei Sekunden).
- An Teilsatzgrenzen (bei Beistrichen): Stimmlage halten oder hinauf + Dehnungsfuge.
- Bei einer Dehnungsfuge strecken Sie den letzten stimmhaften Anteil vor dem Ende des Teilsatzes. So ergibt sich „eine Trennung, ohne zu trennen".
- Auch Sinngruppen nicht durch Pausen, sondern mit Dehnungsfugen trennen.
- Atempausen nur an Satz- oder Teilsatzenden, nicht vorher oder nachher.
- Passen Sie Ihre Lautstärke immer an die von Ihnen am weitesten entfernt sitzende und zuhörende Person an.
- Zu schnelles Sprechen bekommen Sie auch über den Umweg einer klaren Artikulation in den Griff. Deutliche Aussprache benötigt Zeit!
- Machen Sie vor Silben, die mit einem Vokal beginnen, eine Zäsur.
- Wenn Sie beruhigen wollen, halten Sie den Rhythmus Ihres Sprechens konstant, wenn Sie erregen wollen, verändern Sie ihn laufend.
- Je größer die Variationsbreite der Prosodie, umso lebhafter wird Ihr Sprechen ankommen, je weniger, desto beruhigender wird es werden.

Bildlich sprechen heißt gehirngerecht sprechen 2.4

Wir befinden uns mitten in den Überlegungen zur formalen Vorbereitung auf eine Sprechsituation. Auf Seite 34 haben wir uns Gedanken über die Inszenierung gemacht und dafür „4 Eckpfeiler" definiert. Zur Erinnerung: Sie sollen ...

1. die Persönlichkeit über die formale Äußerungsebene des Sprechens sichtbar machen (Körpersprache, Stimme);
2. die emotionale Ebene sichtbar, bewusst und transparent gestalten;
3. die Sprechsituation und die Sprache bilderreich ausformen;
4. eine inhaltliche Dramaturgie wählen, die das Verstehen leicht macht.

Mit verbaler und nonverbaler Sprache (Punkt 1) haben wir uns in den vorigen Kapiteln ausgiebig beschäftigt, mit der Emotion (Punkt 2) schon mehrfach, wobei im übernächsten Kapitel 2.6 noch mehr dazu folgt. Dem Thema „Inhalt" wiederum ist der ganze Teil 3 gewidmet. Bleibt also Punkt 3, der ein ganz wichtiger ist: mit Bildern sprechen. Keine Sorge: Ich spinne nicht! Sie sollen natürlich mit Menschen sprechen und nicht mit Bildern. Jedoch verstehen Menschen Sie nur, wenn Sie *in* Bildern sprechen. Und dazu müssen Sie sich nicht in einen Rahmen legen oder setzen. Auch wenn viele aus einem solchen fallen – vor allem, wenn sie unvorbereitet mit oder vor Menschen sprechen ...

Genug der Wortspiele. Hintergrund: Wir werden beim Sprechen besser verstanden, wenn wir Bilder übertragen. Im Gehirn kommt es immer auf Verknüpfungen an, auf die neuronalen Verschaltungen. Der schon eingangs zitierte Gehirnforscher Gerald Hüther beschreibt in seinen Arbeiten stets, es sei ein Trugschluss, dass wir etwas völlig Neues lernen oder begreifen könnten. Tatsächlich verstehen wir Neues nur, indem wir es an etwas anhängen, was schon da ist,[24] also wenn wir das Gehörte an bereits Vorhandenes an- bzw. mit bereits Bestehendem verknüpfen können. Und das geht am einfachsten mit Bildern.

Die sprachliche Entsprechung eines Bildes ist die Erzählung oder die Geschichte. Das ist das, was wir im Teil 3 besprechen. Als Vorstufe dazu sehen wir uns nun an, wie wir unsere Sprache an sich bilderreicher machen können. Testen Sie einmal Ihre Kompetenz in „bilderreich Sprechen"! Bildhaft oder nicht: „Eine Teilnahme an der Abstimmung würde helfen." Richtig: Gar nicht bildhaft. Warum? Weil die Wörter „Teilnahme", „Abstimmung" und „helfen" nicht bildhaft sind – sie sind abstrakt. Der Profi wandelt einen solchen Satz in eine bildhafte Sprache um. Zum Beispiel könnte das dann so aussehen: „Geh mit uns zur Urne, mach dein Kreuz, so greifst du uns unter die Arme."

Und so können Sie das Kreieren einer bildhaften Sprache trainieren (Beispiele folgen dann in Abbildung 29):

Übung 14 – „BILDHAFTE SPRACHE"

---

1. Analysieren Sie Ihre Sprache und identifizieren Sie darin abstrakte Elemente:
   - Ersetzen Sie abstrakte durch bildhafte Begriffe oder Umschreibungen; dies gelingt einfach durch das Bilden eines
   - Vergleichs (... wie ...) oder einer
   - Analogie (selbsterklärende, reale Begriffe) oder durch das Verwenden einer
   - Metapher (selbsterklärende, nicht reale Begriffe).
2. Für das Umwandeln eines konkreten Satzes können Sie folgende Faustregel anwenden:
   - Hören Sie den Satz und lassen Sie ihn auf sich wirken,
   - lassen Sie innerlich ein Bild dazu auftauchen
   - und beschreiben Sie es danach.

Das Identifizieren von abstrakten Begriffen und Formulierungen ist gar nicht so leicht, wie es auf den ersten Blick aussieht. Gleich das erste Beispiel der Abbildung 29 zeigt dies: „Die Abende am Meer waren der Höhepunkt des Urlaubs." Wir werden uns schnell darauf einigen können, dass der Begriff „Höhepunkt" vollkommen abstrakt ist. Vielleicht auch noch „Urlaub" … Wobei Sie nun einwenden könnten, dass Sie sehr wohl beim Begriff „Urlaub" Bilder im Kopf entstehen sehen. Nun, da würde ich Ihnen absolut zustimmen, die Frage ist jedoch, welche Bilder? Der eine sieht bei „Urlaub" eine Hängematte zwischen zwei Palmen am menschenleeren, weißen Strand, die andere hat eine schroffe, silbrig glänzende Felswand vor sich. Sie sehen, die letzten beiden Formulierungen waren nun tatsächlich bildhafte Beschreibungen! Diese Bilder kommen ohne große „Streuverluste" bei den Zuhörerinnen und Zuhörern an.

Ein an sich bildhafter Begriff bleibt also so lange abstrakt, als er nicht exakt das gleiche Bild zwischen Sender und Empfänger zu transportieren vermag. Zurück zum Beispielsatz: Die „Abende am Meer" sind also wie ein abstrakter Begriff zu behandeln, den jede und jeder hat dazu ihre bzw. seine ganz persönlichen Assoziationen. Es bleibt nichts anderes übrig: Eine bildhafte Beschreibung benötigt in der Regel mehr Worte.

Bildhafte Beschreibungen beschränken sich übrigens nicht bloß aufs Sehen. Es gibt auch akustische Bilder, haptische bzw. taktile, Riech- und Geschmacksbilder. Je mehr Sinneswahrnehmungskanäle beteiligt sind, desto dichter verwoben wird das Bild. Im Beispielsatz tauchen deshalb in der Beschreibung des Abends am Meer auch ein Grillenzirpen, der kühle, leichte Abendwind, das Glas Wein und die untergehende Sonne im Meer auf. Und aus dem abstrakten „Höhepunkt" wird dadurch ein emotionales Erlebnis, das am stärksten zu berühren vermag.

Bildhafte Sprache		
Bilder statt Abstraktes	Die Abende am Meer waren der Höhepunkt des Urlaubs.	Grillenzirpen, ein kühler, leichter Abendwind, ein Glas Wein, die untergehende Sonne im Meer – das hat mich an meinem Urlaub am meisten berührt.
	Dieses Gitarrenkonzert war ein einzigartiges Erlebnis.	So flinke Finger an Gitarrensaiten habe ich noch nie gesehen.
	Diese Software bringt Ihnen einen genauen Überblick aller wichtigen Informationen.	Diese Software liefert Ihnen auf Knopfdruck den Durchblick.
Vergleiche	Der Glanz in ihrem Haar war gut sichtbar.	Ihr Haar glitzerte wie der Morgentau.
	Die Beschleunigung des Autos ist enorm.	Das Auto schießt los wie eine Rakete.
	Der Zug erreichte 300 km/h.	Ein Zug so schnell wie ein Ferrari.
Analogien	Der führende Luxusmöbel-Hersteller.	Der Rolls Royce unter den Möbelherstellern.
	Der Junge ist ein Ass in Physik.	Der Junge ist ein kleiner Einstein.
	Er überblickte die Lage und errang den Sieg.	Er kam, sah und siegte.
	Das Buch ist intellektuell sehr anstrengend.	Das Buch ist eine harte Nuss.
Metaphern	Kaum ein Weiterkommen hier durch diesen endlosen Stau.	Eine Blechschlange kriecht hier über das Asphaltband.
	Er hat viel verloren.	Er ist auf den Hund gekommen.
	Niemand gab ihm eine Auskunft.	Er stieß auf eine Mauer des Schweigens.
	Ihre neue Haustür entspricht allen Sicherheitsvorschriften.	An ihrer neuen Haustür beißt sich jeder Einbrecher seine Zähne aus.

Abb. 29: Beispiele zur Übung 14 für das Umwandeln von abstrakter Sprache in eine bildhafte.

Eine weitere Übung, um sich eine bildhafte Sprache anzueignen, nenne ich „Ganzheitliches Sprechen":

Übung 15 – „GANZHEITLICHES SPRECHEN"

1. So wie „Körper – Geist – Seele" eine Einheit bilden, so wird das „Ganzheitliche Sprechen" ebenfalls durch eine Triade gebildet:
   - Körper = Basis-Embodiment
   - Geist = ein Bild der Botschaft herstellen
   - Seele = Beziehung mit Gesprächspartnern aufnehmen
     (z. B. durch Augenkontakt, Lächeln etc.)
2. Erst wenn diese drei Anforderungen gleichzeitig erfüllt sind, sprechen Sie Ihre Botschaft (den Satz) aus.
3. Verwenden Sie dazu die Übung 6 – „Äußerungsebene" (S. 73). Erzählen Sie eine kurze Geschichte (z. B. wie Ihr Morgen heute abgelaufen ist) und betrachten Sie Ihr Spiegelbild als Ihren Gesprächspartner.

Diese Übung ist ein Modell, wie das Übertragen einer Botschaft unter dem „Vergrößerungsglas" aussieht. Alle drei Ebenen müssen gleichzeitig ausgebildet sein, nicht hintereinander. Zunächst überlegen Sie sich, was Sie sagen wollen. Als ersten Umsetzungsschritt aktivieren Sie dann Ihr Basis-Embodiment, danach entwerfen Sie ein Bild zu dem Satz, den Sie sagen möchten. Dabei werden Sie vermutlich den Fokus auf Ihren Körper verlieren – sobald Ihnen dies bewusst ist, kontrollieren Sie Ihr Basis-Embodiment und betrachten gleichzeitig das innere Bild zu Ihrem Satz. Nachdem Ihnen die Gleichzeitigkeit gelungen ist, nehmen Sie Kontakt mit Ihrem Gesprächspartner auf, wenn Sie die Übung allein machen, dann ist das Ihr Spiegelbild. Hier wird – vor allem zu Beginn Ihres Übens – womöglich ein zweites Mal der Fokus auf den Körper und vielleicht auch jener auf das innere Bild verloren gehen, man kann sich ja nicht um alles gleichzeitig kümmern … Schon richtig: Ohne Übung geht das nicht. Mit Übung jedoch sehr wohl. Wenn Sie also die Beziehungsebene aufgebaut haben – Sie werden es spüren, ob Sie es tun – lächeln Sie Ihr Gegenüber an, kontrollieren gleichzeitig Basis-Embodiment und inneres Bild, und erst dann sprechen Sie den Satz aus. Mit „Gummiband" und „Silbertablett" (Übung 6 – „Äußerungsebene", Seite 73).
Machen Sie die Übung so langsam wie möglich. Sie werden dadurch leichter erkennen, wo Ihre Stärken und Ihre Schwächen beim Kommunizieren mit anderen Menschen liegen.

Power Point & Co – weniger ist mehr! 2.5

Eine bildhafte Sprache unterstützt eine erfolgreiche Kommunikation, da wir von Gehirn zu Gehirn generell Bilder übertragen. Es existiert eine ganze Industrie, die das perfekt beherrscht: die Werbung! Dabei kommt es darauf an, die Bilder, die der Werber von seinem Produkt hat, unmissverständlich im Kopf der Rezipienten auftauchen zu lassen. Stellen Sie sich vor, Sie würden eine Werbung für einen – sagen wir – Volvo machen, und bei der Kundschaft taucht vor dem geistigen Auge das Bild eines Ferrari auf ... „Ist eh okay", würde jetzt vielleicht die eine oder der andere schmunzelnd sagen. Nein, ist es nicht. Denn ein Volvo ist ein Volvo, und die Hauptbotschaft dieses Produkts lautet: „To Drive Safely".[25] Und das hat so gar nichts mit einem Ferrari zu tun, was bedeutet, dass diese Werbung ein Schuss ins eigene Knie wäre ...

Wenn ich das Wort „Hund" in den Mund nehme, verwende ich zwar einen bildhaften Begriff, aber lasse viel zu viel Spielraum für *den* Hund, den *ich* meine: Ist er groß, ist er klein, weiß, schwarz, braun, lange oder kurze Beine, buschig, Kurzhaar, temperamentvoll, gutmütig oder langweilig? Bildhafte Sprache bedeutet also auch, Begriffe, die eine große Interpretationsbreite zulassen, genauer zu beschreiben. Am einfachsten ist es, das Bild einfach herzuzeigen. Das – und nur das – ist ein guter Grund, um in Präsentationen Folien zu verwenden. Bilder zu zeigen, hilft, Missverständnissen vorzubeugen.

Prinzipiell gibt es zwei Möglichkeiten, um Bilder zu präsentieren: Entweder zeigt man Demonstrationsobjekte oder die schon erwähnten Folien. Wobei heute so gut wie jeder nicht mehr die bedruckten oder gezeichneten Klarsichtfolien der Overhead-Projektoren meint, sondern die elektronischen Grafiken und Texte, die digital erstellt und präsentiert werden. So wie wir zu Klebstoff „Uhu" sagen und zu Klebeband „Tixo", hat sich auch das Programm „PowerPoint" als Synonym für eine „Folienpräsentation" eingebürgert. Und verrät, dass dieser Software seit Anbeginn ihrer Existenz viel Macht über die Präsentierenden gegeben wurde. Nur weil die technische Möglichkeit vorhanden ist, werden die Menschen seither mit Textorgien und Tabellenwahnsinn bombardiert, von aberwitzigen Animationsauswüchsen gar nicht zu reden. Die Frage nach dem Wofür wird viel zu selten gestellt. Denn im Sinne einer guten persönlichen Wirkung und einer auf den Punkt gebrachten Botschaft ist es nämlich keineswegs förderlich, wenn das gezeigte Bild wichtiger wird als der sprechende Mensch. Wir müssen also lernen, dem Bild eine angemessene Bedeutung zu geben und vor allem die Präsentatoren wieder in den Mittelpunkt des

Geschehens zu rücken. Das Bild *darf* nicht die Hauptrolle übernehmen, es ist bloß Illustration. Deswegen gehört die Raummitte, die Achse, dem sprechenden Menschen, das Bild befindet sich idealerweise seitlich von ihm (siehe Abschnitt 2.1.2).

Was heißt nun „angemessene Bedeutung" des Bildes? Das definiere ich ganz klar mit zwei Punkten: Erstens: Bildunterstützungen nur dann verwenden, wenn sie der Klarheit der Worte und der Aussage dienlich sind; und zweitens: sie so einsetzen, dass die Bild/Ton-Schere geschlossen bleibt.

2.5.1 Die Bild/Ton-Schere

Unter einer geschlossenen Bild/Ton-Schere verstehe ich, dass Sprache und Bildunterstützungen synchronisiert werden, und zwar so, dass die Inhalte beider Ebenen nicht auseinanderlaufen. Geschieht das, muss sich die Aufmerksamkeit des Empfängers zwischen dem Bild und dem Ton entscheiden. Und da gewinnt eindeutig das Bild: Sobald eine Änderung auf der Projektionsfläche eintritt, zieht das Bild die Aufmerksamkeit auf sich; sprechen Sie währenddessen von etwas anderem, als zu sehen ist, wird sofort das Gesehene interpretiert, und man hört Ihnen nicht mehr zu – die Bild/Ton-Schere ist dann offen.

Checkliste 4 bietet Ihnen eine Übersicht, worauf Sie beim Einsatz von Bildunterstützungen achten sollten; Beispiele dazu finden Sie in den Abbildungen 30 bis 32:

Tabellen & Diagramme

- 1 Gedanke pro Tabelle bzw. Diagramm

- So einfach wie möglich darstellen

- Größenordnungen und Potenzen in den Titel („schmale" Zahlen)

- Tabellen: Vergleiche in die Horizontalebene

- Diagramme: Variablen direkt beschriften statt Legende

Abb. 30: Beispiel für die Textierung einer Folie. Die Sätze sind nicht ausformuliert. Bei der Präsentation wird zunächst die Überschrift gezeigt, dann nach und nach die Unterpunkte 1 bis 5. Bei jedem dieser Animationsschritte wird zuerst der Satz abgelesen oder paraphrasiert, danach erläutert, bevor mit dem Weiterschalten der nächste Unterpunkt erscheint und die Vorgangsweise sich wiederholt. Der Inhalt dieser Folienabbildung besteht im Übrigen aus weiteren Empfehlungen für das Entwerfen von Tabellen und Diagrammen.

So nicht:

Umsatztabelle und Erlöse „Radio Musterland"	2017	2018	2019	2020	2021	Summe
Ø Stundennettoreichweite	60.000	70.000	80.000	90.000	100.00	
TKP	€ 1,20	€ 1,20	€ 1,20	€ 1,25	€ 1,25	
Werbezeiten/Stunde	6 min.	6 min.	6 min.	6 min.	6 min.	
Auslastungsquote	50 %	55 %	60 %	65 %	65 %	
Bruttoumsatz	€ 2,838.240	€ 3,642.408	€ 4,541.184	€ 5,765.175	€ 6,405.750	€ 23,192.757
Nettoerlöse	€ 1,702.944	€ 2,185.445	€ 2,724.710	€ 3,459.105	€ 3,843.450	€ 13,915.654

Dafür so:

Erlös-Entwicklung	2017	2018
in Millionen €	**1,7**	**3,8**

Abb. 31: Tabellen mit „einem Gedanken" sehen so aus, wie es das untere Beispiel zeigt. In der oberen Tabelle dagegen wird der Rezipient nicht „ge-führt" sondern „ver-führt", die Kernaussage ist nicht ersichtlich. Beim Versuch, die Tabelle zu interpretieren, wird dem Präsentierenden nicht mehr zugehört. Sollte der Inhalt der unteren Tabelle nicht ausreichen, so lassen Sie die Tabelle für weitere Aussagen durch Animationsschritte „wachsen", synchron zum roten Faden des gesprochenen Wortes.

Checkliste 4 – „So gehen Sie richtig mit BILDUNTERSTÜTZUNGEN um"

1. Wird das Erzählen zu kompliziert oder der Interpretationsspielraum für die Rezipienten zu groß, verwenden Sie eine Bildunterstützung.
2. Achten Sie dabei auf die Bild/Ton-Schere und halten Sie sie stets geschlossen:
   - Zeigen Sie nur das, worüber Sie gerade sprechen (es ist total okay, wenn Sie eine Zeitlang gar nichts auf der Projektionsfläche zeigen);
   - deshalb pro Bild oder Animationsschritt nur einen einzigen Gedanken einbauen;
   - deshalb Texte, die Sie zeigen, immer aussprechen (wörtlich ablesen oder paraphrasieren), wenn sie auf der Projektionsfläche erscheinen;
   - und zusätzlich mit weiteren Worten untermauern (nur ablesen ist zu wenig);
   - führen Sie die Blicke der Zuhörer und damit deren Aufmerksamkeit, indem Sie mit der Hand auf erscheinende Texte und Bilder hinzeigen und/oder deutlich hinblicken (siehe Abschnitt 2.1.2).

3. Formulieren Sie visualisierte Texte nicht aus, am besten eignen sich Stichworte oder kurze Schlagsätze (siehe Abbildung 30).

4. Ist es (in Ausnahmesituationen!) notwendig, auf einer Computerfolie mehrere Gedanken unterzubringen (z. B. weil zu guter Letzt ein Zusammenhang ersichtlich sein soll), so zeigen Sie nicht alles auf einmal, sondern lassen Sie die Folie Punkt für Punkt (Gedanken für Gedanken) „wachsen" (Animationsschritte).

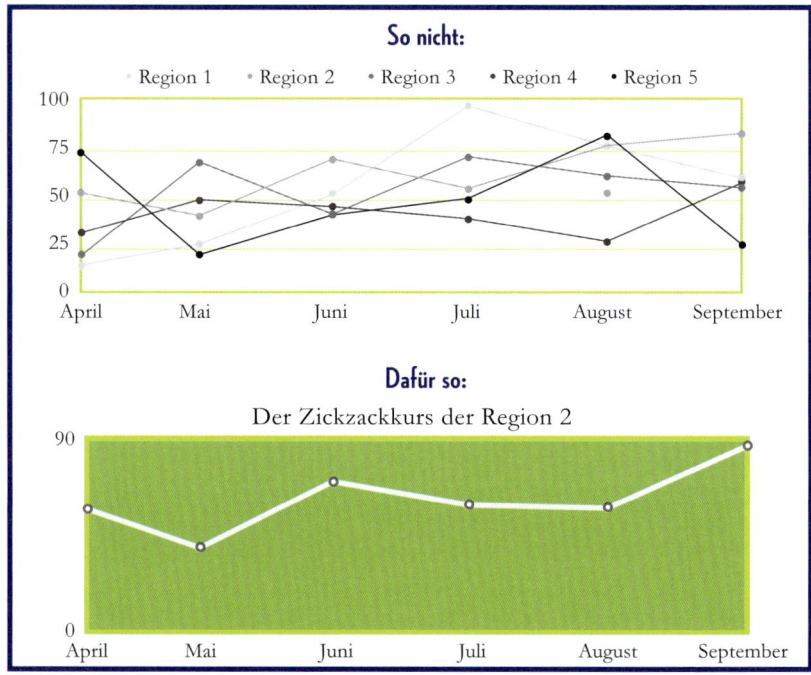

Abb. 32: Analog zu Abbildung 31 das richtige Gestalten von Diagrammen: Unten eines mit „einem Gedanken", oben eines ohne Kernaussage. Sollte der Inhalt des unteren Diagramms nicht ausreichen, lassen Sie es für weitere Aussagen ebenfalls durch Animationsschritte wieder „wachsen".

Übrigens: Es muss nicht immer eine Computerpräsentation sein. Je nach Situation kann auch die Arbeit am Flipchart oder das Herzeigen von großformatigen Plakaten sehr effektvoll sein. Oder eine Kombination daraus. Je größer der Medienmix bei einer Präsentation, umso größer die Aufmerksamkeit. Aber: Übertreiben Sie nicht – die Kernaussage muss immer im Vordergrund bleiben, nichts darf davon ablenken.

Wenn es eine Computerpräsentation sein soll, dann empfehle ich das Programm „Keynote" von Apple. Es ist auf Apple-Computern vorinstalliert und auch für iPad und iPhone erhältlich. Diese Software zeichnet sich durch große Benutzerfreundlichkeit aus und besitzt seit ihrer Erstversion ein Feature, das andere Programme erst viel später übernommen haben: den gesplitteten Moderatorenmonitor, auf dem man schon die nächstfolgende Folie in einer Vorausschau sieht:

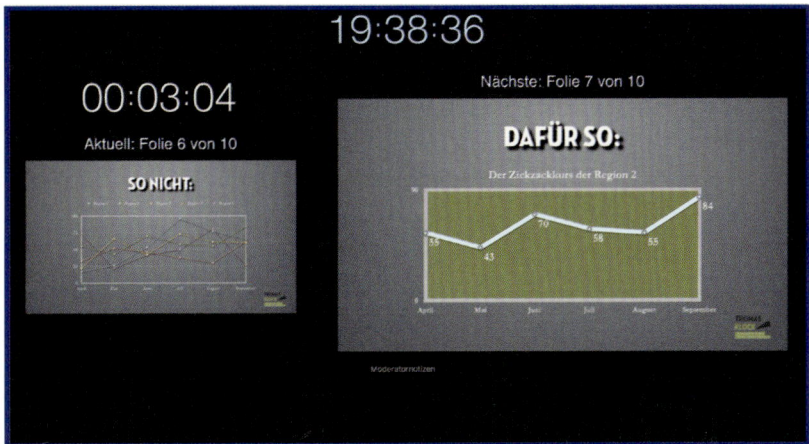

Abb. 33: Screenshot der Software „Keynote" von Apple. Die dargestellten Elemente lassen sich flexibel nach eigenen Bedürfnissen anpassen. Ich habe oben zentral die Uhrzeit platziert und links die Zeitdauer seit Beginn der Präsentation. Das wirklich wichtige Feature ist aber, dass die nächste Folie rechts im Bild in einer Vorausschau zu sehen ist, ich habe es deshalb auch größer gestaltet als die aktuelle Folie. Letztere ist deshalb kleiner, weil sie gemeinsam mit dem Publikum auf der Projektionsfläche betrachtet werden soll, um die Blicke und die Aufmerksamkeit der Zuhörer und Zuseher zu führen.

Warum ist dieser gesplittete Monitor so wichtig? Wie ich bereits erwähnt habe, ist das Bild bloß eine Illustration, die Aufmerksamkeit muss bei Ihnen bleiben. Veränderungen auf der Projektionsfläche üben aber einen starken Reiz aus. Deshalb machen Profis Folgendes: Sie beginnen über einen neuen Gedanken zu sprechen, *bevor* sie ein Bild dazu erscheinen lassen! Die meisten machen es leider umgekehrt und benützen die Folien als den eigenen Stichwortzettel … Der Blick auf die nächste Folie hilft Ihnen, die Überleitung zum nächsten Gedanken zu formulieren, bevor das Publikum sie sehen kann. Auf dem Computerbildschirm nur den Projektionsflächeninhalt zu sehen, ist unvorteilhaft, denn Sie sollen ja dort hinsehen und/oder hinzeigen, wo auch das Publikum hinschauen soll – so führen Sie seine Blicke und Aufmerksamkeit. Ausnahme: Bei selbsterklärenden und sehr einfachen Bildern oder bei Stichworten können Sie auf das Hinsehen verzichten, da die Verweildauer der Blicke des Publikums auf die Projektionsfläche sehr kurz sein wird.

2.5.2 Handouts

Wenn Sie in Ihren Bildunterstützungen konsequent die Kernaussage verdichten und die Bild/Ton-Schere geschlossen halten, wird eines allerdings klar: Die Folien sind perfekt für Ihre Präsentation geeignet, nicht aber als Handout für Ihre Zuhörerinnen und Zuhörer! Eine Präsentation ist keine *Informations-,* sondern eine *Überzeugungs*-Veranstaltung. Wenn Sie informieren wollen, dann schreiben Sie eine Mail. Oder verschicken einen Folder. Wenn Sie jedoch Menschen von Ihrer Sichtweise überzeugen wollen, wenn Sie haben möchten, dass Menschen sich Ihnen anschließen oder Ihnen zustimmen, dann müssen Sie mit Ihnen *reden.* Sollten Sie sie dabei überzeugt haben, werden sie vielleicht noch *zusätzliches* Material von Ihnen bekommen wollen, sollte es Ihnen nicht gelungen sein, dann auch, womöglich erst recht, oder man will gar nichts mehr von Ihnen … Was Sie aber ganz sicher nicht brauchen, sind auf Papier gedruckte Folien, nämlich jene Folien, die *Sie benötigt* haben, um Ihr Publikum zu überzeugen! Im Übrigen halte ich das Übergeben von „acht Minibildchen pro A4-Seite" als Unterlage nach einem Auftritt prinzipiell für eine Verhöhnung …

Deshalb verwendet der Profi für seine Sprechsituation drei (!) *verschiedene* Handouts:

– Das „echte" Handout: ein Dokument, das extra zum Überreichen an das Publikum gestaltet wurde. Es darf *immer* erst am Ende der Präsentation ausgeteilt werden – außer Sie wollen nicht, dass man Ihnen zuhört, oder Sie lieben das Geraschel von Papier, in dem gelesen wird, anstatt sich von Ihnen überzeugen zu lassen …

– Eigene Hilfsmittel zum Präsentieren, sogenannte Moderationskarten (mehr dazu in Teil 4, der THOMAS KLOCK 10-Schritte-Express-anleitung, Schritte 8 und 9).

– Und die Folien. Sie gehören auf die Projektionsfläche. Sonst nirgendwo hin. Nur während der Präsentation. Nicht danach und auch nicht davor.

Das war nun einiges zum Themenkreis des bildhaften Sprechens. Fassen wir zusammen:

Die THOMAS KLOCK Methode – ZWISCHENBILANZ 5

– Wer bildhaft spricht, kommt besser an.
– Ersetzen Sie in Ihrer Sprache abstrakte durch bildhafte Begriffe oder Umschreibungen.
– Das Verwenden von Vergleichen, Analogien und Metaphern kann dabei helfen.
– Das Zeigen von Bildern bringt weitere Klarheit in Sprache und Aussage und hilft, Missverständnissen vorzubeugen.
– Achten Sie während der Präsentation auf die Bild/Ton-Schere und halten Sie sie geschlossen.
– Pro Folie oder Animationsschritt nur ein einziger Gedanke!
– Setzen Sie auf Folien Texte nur spärlich ein, erste Wahl ist immer ein Bild.
– Gestalten Sie Texte, Tabellen und Diagramme so, dass die Kernaussage sofort erkennbar ist.
– Beginnen Sie, über einen neuen Gedanken zu sprechen, bevor Sie ein Bild dazu erscheinen lassen.
– Folien sind keine Handouts. Profis unterscheiden zwischen Handouts fürs Publikum, den eigenen Moderationskarten und den Folien. Die Publikums-Handouts immer erst am Ende überreichen!

2.6 Wertschätzende Kommunikation im Business — der Paradigmenwechsel ist voll im Gang

Frage: Was hat die Titanic mit moderner Kommunikation gemeinsam? Antwort: Man sollte mehr auf das Unterwasserradar achten. Der Luxusdampfer sank nämlich deshalb, weil ein Eisberg zu spät erkannt wurde. Und dabei war gar nicht der sichtbare Teil schuld, sondern der unsichtbare unterhalb der Wasseroberfläche. Die gefrorenen Süßwasserklötze haben im Salzwasser nämlich die Eigenschaft, sich genau zu sechs Siebtel unter Wasser auszubreiten:

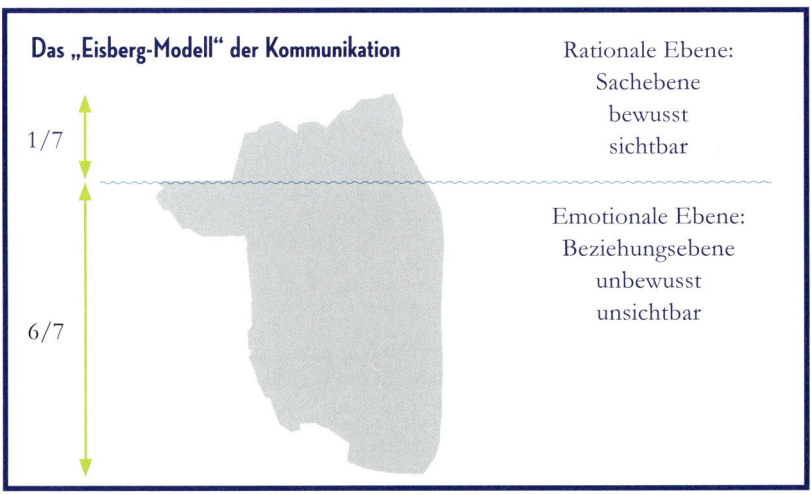

Das „Eisberg-Modell" der Kommunikation

1/7

6/7

Rationale Ebene:
Sachebene
bewusst
sichtbar

Emotionale Ebene:
Beziehungsebene
unbewusst
unsichtbar

Abb. 34: Der weitaus größere Teil einer Botschaft wird durch die emotionale Ebene bestimmt, in der sich die Qualität der Beziehung zwischen den Gesprächspartnern spiegelt. Diese bleibt meist unbewusst und unsichtbar. Ziel ist es, sie bewusst und sichtbar auszugestalten, damit Klarheit in der Kommunikation herrschen kann und man nicht auf Interpretationen angewiesen ist.

Wenn Menschen in zum Beispiel Konfliktsituationen sagen: „Ich weiß nicht, was du hast, ich bin ja eh so sachlich", dann ist das keine „Ent-Schuldigung" sondern der *Grund* für ein Missverständnis. Es ist nämlich unmöglich, „nur sachlich" zu kommunizieren. Ob wir wollen oder nicht – die „sechs Siebtel" sind immer mit dabei. Die Frage ist also nicht, wie wir die „sechs Siebtel" loswerden, sondern: Wie gelingt es uns, sie so transparent wie möglich zu gestalten? Wir müssen also unser Unterwasserradar trainieren.

Und da kommt jetzt die Wertschätzung ins Spiel, die Haltung, das Menschenbild. Verschleiern Sie die Beziehungsebene, dann erlebt Ihr Gegenüber Sie womöglich als willkürlich, unberechenbar, undurchschaubar. Das gibt Ihnen vielleicht Macht über die Situation und sogar über den Menschen, mit dem Sie sprechen, es erhöht jedoch nicht seine Motivation zur Kooperation. *Das* ist jedoch das, was die Wirtschaftswelt so dringend braucht. Der Ausbildungsgrad auf der Sachebene ist mittlerweile sehr hoch. Sich in diesem Punkt von anderen zu unterscheiden, ist ziemlich schwer geworden. Wo Sie aber punkten können, das ist im Bereich der sozialen Skills. Zum Beispiel gut miteinander sprechen können.

Dieses Buch ist ja für *alle* Sprechsituationen gedacht: Das eine oder andere Kapitel mag sich eher auf ein Präsentations-Setting beziehen (so wie das letzte). Dieses Kapitel wiederum mehr auf den Dialog und wie Sie sich gut darauf vorbereiten können. Was sich jedoch wie ein roter Faden durch dieses Buch zieht, egal welches Kapitel und egal welche Sprechsituation: Die emotionale Seite in uns und in unserer Kommunikation ist ein wesentlicher Faktor für das Gelingen eines befriedigenden Gesprächs, eines erfolgreichen Meetings oder einer überzeugenden Präsentation. Warum ich das ausführe? Weil „Emotionen" im Business bis vor Kurzem „gaga" waren. Zumindest ein Tabu. Sachlichkeit und reine Fakten, *das* war angesagt. Wer Emotionen zeigte, galt als schwach, nicht „tough" genug zum Beispiel für einen Job als Führungskraft. Eine „Drama-Queen" oder ein „Schachtelteufel" sind wohl nicht das Gelbe vom Ei, aber das Unterdrücken von Emotionen ist es auch nicht. Die „sechs Siebtel" beinhalten einfach zu viele Ressourcen, die genutzt werden können und sollten, um zwischenmenschliche Kommunikation erfolgreich zu gestalten. Und weil wir – wie oben dargestellt – ohne sie gar nicht kommunizieren *können*. Unterdrücken wir diese Ebene, sind wir nur mehr auf Interpretationen angewiesen, und das schafft zumeist Missverständnisse.

Vielleicht ist Ihnen in diesem Buch auch etwas anderes aufgefallen: Ich verwende den Begriff „Rhetorik" nicht. Er gilt für mich als besetzt – und zwar mit einer Werthaltung, die davon geprägt ist, den Gesprächspartner zu übervorteilen. Ich weiß durchaus, wie es in der Welt zugeht und dass man vielerorts weniger denn je mit Samthandschuhen angepackt wird. Aber gleichzeitig bin ich auch davon überzeugt, dass die Welt wie noch nie zuvor die Kooperation von Menschen benötigt, wollen wir allesamt eine lebenswerte Zukunft vor uns haben. Das kooperative Modell ist ein Win-win-Szenario, es kommt ohne Sieger und Besiegte aus und nützt sogar einen Mehrwert, der sich gegenüber einem bloßen Addieren der Kompetenzen ergibt: *Gemeinsam* ist man mehr als die Summe seiner Anteile.

Immer mehr Unternehmensstrategen erkennen das mittlerweile. Eine wertschätzende Kommunikation im Business ist gar nicht mehr so selten, wie Sie jetzt vielleicht denken mögen. „Anderswo wird es schon so sein, in meiner Firma aber nicht!", höre ich dann immer wieder frustriert Menschen dazu sagen. Nun, irgendwer muss ja damit anfangen, warum nicht Sie? Warten Sie nicht auf Wertschätzung, kümmern Sie sich darum!

Die Vorteile einer wertschätzenden Kommunikation: Schaffen von Vertrauen, Offenheit, eine Kultur von Kritikfähigkeit und von Aufmerksamkeit, eine bessere Bewältigung von Krisen, eine größere Gesprächstiefe, die Erhöhung der Selbstverantwortung und eine Fokussierung auf Lösungen statt auf Probleme.

Die Nachteile: Man braucht Zeit zum Üben. Das kennen wir ja schon. Und man benötigt Mut für das Aussprechen von Gefühlen.

Denn bei vielen schwingt die ganz große Angst mit, durch das Sich-Öffnen wäre man nun noch angreifbarer geworden. Da entstehen bildhafte Vergleiche von mittelalterlichen Stadtmauern, deren Tore weit offen stehen, wo die bösen Angreifer eindringen und die Bewohner meucheln könnten, oder von Schutzwällen, die brüchig sind. Martialische Bilder aus einer kriegerischen Vergangenheit. Das Zeigen von Gefühlen wird mit dem Verlust von Schutz gleichgesetzt! Kinder zeigen ihre Emotionen zunächst völlig ungehemmt – bis sie lernen, das nicht immer und überall zu tun, und lernen tun sie es, indem sie nicht wertschätzend behandelt werden oder es sich von den Erwachsenen abschauen. So entsteht eine Kultur der unterdrückten Gefühle.

Psychologisch betrachtet ist jedoch die Antwort auf einen Angriff nie das Herunterklappen des Visiers, das Auspacken von Waffen und das Einnehmen einer kampfbereiten Körperpose. Damit begibt man sich nur auf die Ebene des Angreifers, auf der dieser schon zumindest einen Schritt Handlungsvorteil hat. Die Lösung, mit der Sie nicht Zweiter sind, sondern *auf Augenhöhe* zu Ihrem Gegenüber gehen, ist, bei *Ihnen* zu bleiben, bei *Ihren* Stärken, *Ihren* Werten. Vergessen Sie Visier und Waffen, strecken Sie dagegen sinnbildlich die Hand aus – das macht Angreifer weich.

Diese Betrachtung gilt für alle Sprechsituationen. Stellen Sie sich einfach ein Meeting der Standardklasse vor: in die Länge gezogene Grabenkämpfe, Eitelkeiten, Rechthabereien. Von Wertschätzung oft keine Spur und deshalb nur Reibereien. Oder Präsentationen: Die Angst vor Einwänden ist weitverbreitet, also wird zur Verteidigung der Argumente Kampfrhetorik herangezogen. Die Liste von Beispielen wäre unendlich lang ... Wertschätzende Kommunikation im Business bedeutet dagegen: Achten Sie auf die Qualität der Beziehungsebene, und die Sachebene wird *unmissverständlich* gehört.

Wie aber schafft man es, diese emotionale Ebene transparent zu gestalten? Die „wertschätzende Kommunikation" basiert auf den Überlegungen des Kommunikationsprofis Marshall Rosenberg, dem „Erfinder" der „gewaltfreien Kommunikation", abgekürzt GFK. Checkliste 5 zeigt, wie die Methode der wertschätzenden Kommunikation im Business funktioniert. Ein Übungsbeispiel, wie Sie sich in dieser Kompetenz trainieren können, um auf schwierige Gespräche gut vorbereitet zu sein, zeigt danach Übung 16.

Checkliste 5 – „WERTSCHÄTZENDE KOMMUNIKATION"

Der Kommunikationsprozess durchläuft vier Schritte:

1. **Beobachten** – ohne (die andere bzw. den anderen) zu bewerten
   - Was ist der Anlass, der Auslöser, was habe *ich* gesehen, gehört, getastet, geschmeckt, gerochen?
2. **Fühlen** – ohne (die andere bzw. den anderen) zu interpretieren
   - Was ist *mein* Gefühl damit?
3. **Bedürfnis**
   - Welches Bedürfnis liegt hinter meinem Gefühl?
   - Nicht Strategien äußern, bei den Bedürfnissen bleiben; z. B.:
     - Bedürfnis: „Ich brauche Entspannung."
     - Strategie: „Ich muss Urlaub machen."
4. **Bitten**
   - Was möchte ich konkret?
   - Bitten statt fordern; eine Bitte ist, wenn die bzw. der andere „Nein" sagen kann, ohne mit Sanktionen rechnen zu müssen.

Alle 4 Schritte werden als Ich-Botschaften gestaltet (was das ist, erkläre ich auf den folgenden Seiten).

Im Beispielsatz der Übung 16, „Ich hoffe, Sie werden rechtzeitig fertig!", ist für den Empfänger der Botschaft nicht klar, warum Sie das sagen. Er kann es sich vielleicht denken, *weiß* es aber nicht. Weiters ist nicht zu erkennen, was Sie *konkret* wollen und worauf sich ein etwaiges Wollen bezieht. Und der Empfänger fühlt sich mit einem mehr oder weniger unterschwelligen Vorwurf konfrontiert, der als Angriff gewertet werden könnte, worauf in der Regel eine Rechtfertigung („Wie kommen Sie denn auf so was?", oder: „Na sicher, Sie werden schon sehen!") folgt und anschließend ein Hin und Her von rechthaberischen Äußerungen entstehen wird.

Dagegen folgt das Prinzip der wertschätzenden Kommunikation der Überlegung, dass wir Kooperation statt einen Kampf erreichen, wenn wir keine Vorwürfe erheben (oder ungeschickte Formulierungen gebrauchen, die einen Vorwurf assoziieren können), wenn wir von *uns* berichten und nicht den anderen analysieren, und wenn wir transparent unser Bedürfnis ausdrücken, also zu erkennen geben, worauf sich unsere Bitte bezieht. Eines steht dabei außer Zweifel, wie Sie gleich sehen werden: Man braucht mehr Worte.

Übung 16 – „WERTSCHÄTZENDE KOMMUNIKATION"

- Beispielsatz: „Ich hoffe, Sie werden rechtzeitig fertig!"
- Umwandeln in eine wertschätzende Form der Kommunikation:
  1. **Beobachten** – ohne (die andere bzw. den anderen) zu bewerten: „Laut Vereinbarung erwartet der Kunde, dass die Arbeit am Freitag fertig ist."
  2. **Fühlen** – ohne (die andere bzw. den anderen) zu interpretieren: „Ich bin sehr unsicher, ob sich das alles noch ausgeht, und ich fürchte, wir schaffen das nicht."
  3. **Bedürfnis:** „Ich habe von diesem Kunden schon viele Zugeständnisse bekommen, nun ist es mir besonders wichtig, dass ich seine Erwartungen erfüllen kann."
  4. **Bitten:** „Deshalb bitte ich Sie, alles in Ihrer Macht Stehende zu unternehmen, dass Sie bis Freitag fertig werden oder zumindest rechtzeitig sagen, wenn Sie Hilfe benötigen."

Den ersten Schritt – „Beobachten" – sehen wir uns noch etwas genauer an. Die Beobachtung beschreibt einzig das, was über VAKOG wahrzunehmen ist. Damit die Botschaft zu beginnen, hat den Vorteil, dass sich darüber nicht streiten lässt, denn es sind Tatsachen und keine Einschätzungen. Deshalb ist es entscheidend, beim „reinen" Beobachten zu bleiben und nicht in eine Bewertung des anderen zu verfallen. Was heißt nun „Bewerten"? Darunter versteht man, dass ich meine Sichtweise über den anderen stülpe. Mit anderen Worten: Ich sage, wie *du bist*, ich treffe ein Urteil. Schon in Kapitel 1.6 haben wir uns intensiv mit einer derartigen problematischen Haltung beschäftigt („Es ist"), und auch in diesem Kontext stellen wir fest, dass das nicht nur anmaßend ist – es ruft auch Widerstand beim Gegenüber hervor. Dagegen entspricht die Haltung „Ich sehe" einer reinen Beobachtung – sofern freilich das „Sehen" auch tatsächlich gesehen wird.

Deshalb werden ungünstig formulierte Botschaften „*Du*-Botschaften" genannt, während die günstigen als „*Ich*-Botschaften" bezeichnet werden. Du-Botschaften implizieren nicht nur einen Angriff oder eine Kritik (beides wirkt meist verletzend), sie haben auch für den Sender den Nachteil, dass dieser die Klarheit über die eigenen Gefühle verliert. Beispiel: „Du nervst!" Diese Botschaft kommt als verletzende Kritik an und verschleiert das Motiv der Äußerung, der Sender braucht sich auch nicht die Mühe machen, zu hinterfragen, was ihn so nervt und welche Gefühle im Spiel sind. Und die schon erwähnte Rechthaberei wird angefeuert, da darauf oft ein genauso unreflektiertes „Nein, mach ich nicht!" – „Machst du doch!" – „Mach ich nicht!" usw. erfolgt. Der Klassiker unter den Rechthaberei-Repliken ist zweifellos: „Ja, aber …"

Ich-Botschaften dagegen schaffen Transparenz und Nachvollziehbarkeit. Der Empfänger muss sich nicht verteidigen und erfährt etwas über die tatsächlichen Bedürfnisse und Gefühle des Senders. Das obige Du-Beispiel in eine Ich-Botschaft übersetzt könnte lauten: „Ich höre deine hohe Stimme, das beunruhigt mich, weil ich einerseits nervös werde und mir andererseits Sorgen um dich mache – kann ich dir irgendwie helfen?"

„Verdächtige" Formulierungen, die Du-Botschaften initiieren, sind: „Du bist …", „Du hast …", „Du musst …" (befehlen), „Du sollst …" (raten) usw. Aber Achtung: Nur auf die bloße An- oder Abwesenheit der Wörter „Ich" und „Du" zu schauen, täuscht, welcher Art die Botschaft ist. Nicht auf die Worte, auf die Haltung kommt es an!

Beispiel 1:
– Du bist nett. (= Du-Botschaft)
– Ich finde, du bist nett. (= Du-Botschaft)
– Kollegin Musterfrau ist nett. (= Du-Botschaft)
– Wenn ich mit Kollegin Musterfrau zusammenarbeite, fühle ich mich wertschätzend behandelt. (= Ich-Botschaft)

Beispiel 2:
– Unterbrechen Sie mich nicht! (= Du-Botschaft)
– Ich möchte nicht (von Ihnen) unterbrochen werden! (= Du-Botschaft)
– Ich möchte meinen Gedanken zu Ende führen. (= Ich-Botschaft)

Ich-Botschaften und das Verzichten auf Bewertungen des Gegenübers sind der Schlüssel für das Gelingen einer wertschätzenden Kommunikation. Das Menschenbild hinter einer wertschätzenden Kommunikation ist daher:
– Jeder Mensch strebt nach der Erfüllung seiner Bedürfnisse, dies bestimmt sein Verhalten.
– Die eigenen Bedürfnisse sind genauso wichtig wie die der anderen.

– Menschen tragen gern zum Wohle anderer bei, wenn sie es freiwillig tun.
– Jede Form von Vorwurf, Angriff und Urteil ist Ausdruck unerfüllter Bedürfnisse.
– Menschen handeln nicht *gegen* andere, sondern *für* ihre Bedürfnisse.

Entscheidend ist, dass Sie sich auf eine wertschätzende Verbindung einlassen. Sie drücken klar und verständlich Ihr Anliegen aus und versuchen gleichzeitig, die Anliegen des Gesprächspartners zu verstehen. Verstehen bedeutet aber keineswegs, zuzustimmen und mit allem einverstanden zu sein! Sie können jedoch mit Differenzen anders umgehen, weil Sie alle Aspekte sehen, die eine Situation ausmachen. Anstatt einsame Entscheidungen zu treffen, fällen Sie solche, die gute Chancen haben, von allen getragen zu werden.

Und – es tut mir leid, es muss sein – *üben* Sie regelmäßig das Umwandeln vom Du ins Ich. Damit Sie gut vorbereitet auf souveräne Formulierungen zurückgreifen können und Sie wertschätzend aufgenommen werden. Das Üben vom Du ins Ich ist anfangs anstrengend, ich weiß, aber Sie werden erstaunt sein, wie sich die Welt dadurch um Sie herum verändert.

Empathie — Wundermittel für gutes Ankommen 2.7

Ich wohne in der Nähe von Wien. Eine der lebenswertesten Großstädte der Welt, in manchen jährlich erstellten Rankings immer wieder *die* lebenswerteste. Wenn man den Menschen zuhört, die Nachrichten sieht oder die Zeitung liest, hat man aber den Eindruck, dass überall Konflikte, Mord und Totschlag, Krieg, Neid und Missgunst herrschen. Und tatsächlich, es sieht an vielen Orten der Welt nicht gerade so aus, als hätten wir die dringenden Probleme dieses Planeten einigermaßen im Griff. Nun, vor Kurzem stieg ich auf einen kleinen Hügel in meiner Nachbargemeinde, in der Vormittagssonne, setzte mich auf eine Bank und blickte auf die Wohnorte zu meinen Füßen und die große Stadt weiter hinten. Und da fiel es mir auf: Wo ich auch hinsah — überall Menschen, die miteinander kooperierten! Ich sah Baukräne auf Baustellen, an denen Menschen für andere Menschen bauten. Ich sah Lastautos, womit Menschen für andere Menschen etwas transportierten und zustellten. Ich hörte die Hörner von Einsatzfahrzeugen, mit denen Menschen vielleicht zu einem Verkehrsunfall unterwegs waren, um anderen Menschen das Leben zu retten. Ich sah Geschäfte, in denen Menschen mit anderen Menschen handelten, für sie produzierten, ihren Einkauf erledigten. Natürlich: Die Entfernung auf die Geschehnisse trübte den Blick auf Details, durch die man die sicherlich vorhandenen Probleme nicht wahrnehmen konnte. Aber dennoch wurde mir klar: All das, was ich hier sehen konnte, war nur deshalb vorhanden, weil im Laufe der Menschheit das Miteinander der Menschen gegenüber dem Gegeneinander die Oberhand behalten hat.

Die Neurobiologen sagen dazu: Der Mensch hat ein „Social Brain". *Das* ist es, was uns Menschen so sehr von allen anderen Arten abhebt. Wenn wir mittels moderner bildgebender Diagnosegeräte wie zum Beispiel den Magnetresonanztomographen Probanden beim „Denken zusehen", können wir feststellen, dass in einer kooperativen Situation (zum Beispiel während eines befriedigenden Gesprächs) mit anderen Menschen der Aufbau von neuronalen Verschaltungen enorm zunimmt. In Konfliktsituationen hingegen nehmen die Verschaltungen wieder ab, unser Gehirn verkümmert dadurch sozusagen. Deshalb sagen die Gehirnforscher, dass das menschliche Gehirn prinzipiell der Kooperation und Resonanz den Vorzug gegenüber Egoismus und Konkurrenz gibt. So wie das Gehirn selbst durch neuronale Verbindungen wachsen möchte, so will es das ganze Individuum. Der Kern aller Motivation ist Zuwendung, Wertschätzung und Liebe. Was ist dann mit der Aggression, werden Sie nun vielleicht fragen. Sie ist die biologische „Technik", um Verbindungen aufrechtzuerhalten! Schauen Sie sich um in der Welt: Es ist überall zu beobachten.

Ich erzähle das alles, weil es ein Wundermittel in jeder und jedem von uns gibt, das der perfekte Katalysator für ein erfolgreiches Sprechen mit und vor Menschen ist: Empathie. Wir Menschen sind die einzigen Lebewesen, die die Anlage zu einem Einfühlungsvermögen (so die deutsche Entsprechung des Worts) in diesem Ausmaß besitzen. Was aber ist Empathie genau?

Das THOMAS KLOCK Modell der
3 Prinzipien der „Emotionalen Zusammenarbeit" von Menschen

1. Apathie (Teilnahmslosigkeit)	„Mich geht das nichts an."
	„Ich habe damit nichts zu tun."
	„Du bist mir egal."
2. Sympathie (Mitgefühl)	„Mir geht es genauso."
	„Ich mag dich."
	„Du tust mir leid."
3. Empathie (Einfühlungsvermögen)	„Ich kann dich gut verstehen."

Abb. 35: Empathie geht weiter über ein Mitgefühl hinaus – zur emotionalen Kompetenz kommt noch eine kognitive hinzu.

Wie Abbildung 35 zeigt, gibt es drei Prinzipien der „Emotionalen Zusammenarbeit" von Menschen: die Apathie, die Sympathie und die Empathie. Und – Achtung! – das deutsche Wort für Empathie ist *nicht* „Mitgefühl". Auch wenn Sie das weitverbreitet lesen können. Diese falsche Übersetzung passt genau zu meiner These, dass Empathie im deutschsprachigen Kulturkreis keine Tradition besitzt. Mitgefühl heißt „Sympathie". Wenn Sie Altgrieche sind, wissen Sie es natürlich: Die Vorsilbe „em-" bedeutet „innen" oder „innerhalb", während „sym-" „mit" bedeutet. Und genauso erklären sich psychologisch auch die drei Prinzipien. Und die „Antipathie" ist übrigens kein eigenes Prinzip, sondern die Negativvariante der Sympathie.

Die Zitate in Abbildung 35 sollen die Haltung des jeweiligen Prinzips zwischen zwei Menschen deutlich machen. Während im apathischen Prinzip keinerlei Emotionen ausgetauscht werden, die Gefühle des anderen an mir abprallen, es also von mir keine Form der Zuwendung und Anteilnahme gibt, nehme ich in der sympathischen Haltung das Gefühl des anderen zwar wahr, übernehme es aber auch, ich gehe also in Resonanz damit. Üblicherweise wird im tagtäglichen Sprachgebrauch das Wort Sympathie nur für emotionale Empfindungen verwendet, die positiv besetzt sind: „Die ist mir sehr sympathisch ...", „Ihn mag ich ..." usw. Das sympathische Prinzip ist jedoch vollkommen neutral gegenüber dem bewerteten Gefühl, es beschreibt lediglich, dass das Gefühl des anderen, welches auch immer, von mir assimiliert wird.

Sehen wir uns die beispielhaften Haltungen des sympathischen Prinzips der Abbildung 35 genauer an: Während die Formulierungen „Mir geht es genauso" und „Ich mag dich" für die meisten noch recht eindeutig der Sympathie zugeordnet werden können, ist „Du tust mir leid" auf den ersten Blick schwerer als sympathisches Prinzip erkennbar. Dieser Satz besagt: Etwas bewirkt, dass ich leide. Wobei das „Du" auf den anderen zeigt. Der Satz „Es tut mir leid" bewirkt annähernd das Gleiche, hier bleibt bloß die Ursache unklar. Beides hat nichts mit Einfühlungsvermögen zu tun, es wird nur berichtet, dass ich leide. Deshalb ist Mitleid immer eine Form des Mitgefühls, des sympathischen Prinzips, und nie Ausdruck von Empathie.[26]

Mit Beispielen wird die Sache vielleicht klarer: Sie gehen spätnachts in einer Stadt über eine spärlich beleuchtete Brücke, ein kalter Wind bläst, es ist menschenleer, neblig, in der Mitte eine Laterne auf der Brüstung, darauf steht ein Mensch, leicht bekleidet, einen Fuß über dem Abgrund, nur mit einer Hand hält er sich am Laternenmast fest – offensichtlich bereit, ins Wasser zu springen. In einer apathischen Annäherung würden Sie vielleicht an ihm vorbeigehen, vielleicht sogar freundlich grüßen, eine gute Nacht wünschen, und ansonsten wäre es Ihnen vollkommen gleichgültig, was mit ihm los ist. In einer sympathischen Annäherung könnte Folgendes passieren. Sie fragen: „Äh, was machen Sie denn da? Ist das nicht ein bisschen gefährlich?" Darauf der andere: „Ist mir alles egal. Ich habe heute eine Krebsdiagnose erhalten, meinen Job habe ich verloren, meine Frau hat mich verlassen, und die Kinder sind auch alle krank. Es hat alles keinen Sinn mehr, ich stürze mich da jetzt hinunter ..." Darauf Sie, weil er Ihnen ja so sympathisch ist: „Ja, Sie, mir geht's auch so, meine Frau hat heute auch schon so komisch geschaut, und mit meinem Chef kann ich schon länger nicht mehr so richtig. Überhaupt geht es in der Welt zu, es ist grauenhaft, ich habe selber gar keine Lust mehr ...", und darauf steigen Sie – logisch weitergedacht – auf die Brüstung und stürzen sich mit dem anderen gemeinsam Hand in Hand ins Wasser ...

Diese ironische Übertreibung ist gar nicht so weit hergeholt. Denken Sie an alltäglichere Situationen, zum Beispiel an einen Kinobesuch. In einer berührenden Szene steigt Ihnen das Wasser in die Augen, und Sie zücken ein Taschentuch – warum? Sie wissen ganz genau, wie Filme gedreht werden, diese Szene wurde Dutzende Male durchgespielt, die Tränen der Schauspielerin waren womöglich nicht einmal echt, links und rechts vom

Bildausschnitt stand die Filmcrew und leitete das Geschehen professionell – alles gestellt. Und trotzdem heulen Sie! Weil in der Sympathie zwar die Emotionen des anderen „gelesen" werden, Sie aber mit diesen in Resonanz gehen und das Gefühl des anderen unkontrolliert auf Sie durchschlägt. Sie *übernehmen* das Gefühl.

Die Krönung der zwischenmenschlichen Kommunikation ist dagegen die der empathischen Zuwendung. Dabei fühlen Sie zwar auch in den anderen hinein, Sie behalten jedoch die Kompetenz, zwischen Ihren und den Gefühlen des anderen zu unterscheiden. Empathie ist somit keine rein emotionale Kompetenz (wie die Sympathie), sondern eine Kombination aus emotionaler und kognitiver Kompetenz.

Damit mein ironisches Beispiel das Modell der drei Prinzipien nicht vernebelt: Sympathie ist nichts Schlechtes, sie geht bloß nicht in die Tiefe. In unserem Beispiel könnte eine sympathische Reaktion ja auch sein, dass Sie nach der jammervollen Aufzählung des Todessehnsüchtigen sofort zum Handy greifen und einen Rettungswagen anfordern. Wenn Sie jedoch selbst eingreifen wollen, wird Ihnen und dem anderen nur das empathische Prinzip wirklich helfen können.

Das könnte in unserem Beispiel dann so aussehen: Sie halten inne und sagen (mittels wertschätzender Kommunikation): „Entschuldigen Sie bitte, ich sehe Sie hier stehen, kann ich Ihnen helfen?" Darauf die Antwort des anderen wie oben beschrieben. Dann wieder Sie: „Ja, ich kann Sie gut verstehen. So eine Anhäufung misslicher Umstände, da weiß man echt nicht, wie das alles weitergehen soll. Darf ich Sie fragen, wie viele Kinder Sie haben?"

Als empathischer Mensch fühlen Sie in den anderen hinein, machen aber nicht das Gefühl selbst zum Thema, sondern benutzen es, um den anderen zu *verstehen*. Aus diesem Verstehen heraus gelingt es, eine *Verbindung* aufzubauen, wodurch die „sechs Siebtel" aktiviert werden und eine vollständige Kommunikation entsteht. In unserem Beispiel verstehen Sie also, wie verzweifelt dieser Mensch ist, hören heraus, dass er sich Gedanken um seine Kinder macht, und verwenden diesen Hinweis, um die Fokussierung auf einen vielleicht stärker lebenserhaltenden Aspekt zu richten. In einem weiteren Moment könnten Sie vielleicht noch sagen: „Ich war vor einiger Zeit auch in so einer Lage, durch einen Freund habe ich wieder herausgefunden aus dem Schlamassel. Ich lade Sie zu einem Bier ein, gehen wir dort drüben in das Lokal, und ich erzähle Ihnen, wie das bei mir war. Ich würde Sie gern näher kennenlernen!"

Während also das Prinzip der Sympathie die Grenzen zwischen Ihren Gefühlen und denen des anderen verschwimmen lässt, hält die Empathie sie aufrecht. Ein Sanitäter, der zu einer verunglückten Patientin kommt und in das sympathische Prinzip geht, wird nicht helfen können, sondern sie weinend im Arm halten … Ein Spitalsarzt ginge am Abend mit allen Krankheiten der Patienten seiner Abteilung nach Hause, wenn er sich ihnen im sympathischen Prinzip annähern würde. Das ist übrigens auch der Grund, warum die Etikettierung „Götter in Weiß" entstanden ist: Da viele Ärzte der Empathie nicht mächtig sind (da ist in der Ärzteausbildung noch viel zu tun) und sich klarerweise nicht auf der sympathischen Ebene aufhalten können, haben sie keine Alternative und bleiben in der Apathie hängen (vgl. nochmals Abbildung 35).

In unseren Breiten wird bei Begräbnissen gern die Formel „Mein Beileid!" verwendet – ein weiteres Beispiel, wie wenig Tradition die Empathie im deutschsprachigen Kulturraum hat. Jedes Kind mit englischer Muttersprache kennt die Unterscheidung zwischen „sympathy" und „empathy", im Deutschen gibt es nicht einmal ein muttersprachliches Wort dafür, der Begriff „Einfühlungsvermögen" ist bloß eine recht umständliche Umschreibung. „Mein Beileid!" ist Ausdruck einer Annäherung im sympathischen Prinzip. Es besagt: „Ich fühle, wie es dir geht, und jetzt geht's mir auch schlecht …" Das hilft dem oder der Trauernden rein gar nichts! Unter der kommunikationspsychologischen Lupe könnte man fast sagen, es sei ein wenig zynisch. Eine empathische Formel beim Kondolieren könnte dagegen heißen: „Ich kann dich gut verstehen. Ich möchte dir Halt geben und für dich da sein, wann immer du möchtest."

Nun ist auch verständlich, warum „Es tut mir leid" keine Entschuldigung ist, sondern lediglich ein Bericht darüber, dass es mir nicht gut geht, dass ich Leid verspüre. Vielleicht aus einem Gefühl heraus, Unrecht getan zu haben und sich entschuldigen zu wollen. Eine ehrlich „auf-richtige" lautet daher: „Ich bitte um ‚Ent-Schuldigung'."

Ich war Alleinerzieher, eine jener selten männlichen Spezies. Ich kenne deshalb alle Spielplätze meiner Umgebung in und auswendig, so auch das artspezifische Verhalten in diesem Habitat. Die Begleitpersonen sitzen im um die Spielgeräte angeordneten Sitzbankkreis und reden miteinander (tendenziell die weiblichen) oder lesen (tendenziell die männlichen). Ein Kind weint – irgendeines weint immer auf einem Kinderspielplatz entsprechender Größe –, es sitzt in der Fallschutzrinde, ist vom Klettergerüst heruntergefallen. Alles blickt auf: „Ist es meines?" Nein, Glück gehabt, weitertratschen oder -lesen – aber eine oder einer rennt dann halt doch, irgendjemandes Kind ist es ja. Und dann, dann kommt der in solchen Situationen berühmteste aller berühmtesten Sätze, zumindest habe ich ihn so oft in solchen Augenblicken gehört, dass ich versucht bin zu sagen, *fast immer*: „Es ist ja nichts passiert!"

Wie bitte? Was ist denn da *wirklich* passiert? Ich konnte es so oft beobachten: Das Kind hört diesen Satz, schaut verdutzt, hört währenddessen sogar auf mit dem Weinen, aber nach einer Schrecksekunde brüllt es lauter als zuvor. Weil es sich nicht *verstanden* fühlt! Nun wissen wir natürlich, dass sich das Gefährdungspotenzial auf modern ausgestalteten Kinderspielplätzen ziemlich in Grenzen hält. Kratzer, kleine Beulen, das kommt schon vor, mehr aber glücklicherweise kaum. Wenn man sein eigenes Kind schreien hört, wenn man es untersucht und feststellt, dass noch alles da ist, wo es hingehört, und auch keine inneren Blutungen zu befürchten sind, dann kann es aus einem schon herausplatzen: „Gott sei Dank, es ist nichts passiert." Das ist jedoch der Ausdruck der *eigenen* Gefühlslage, nicht der des Kindes. Auf einer sehr tiefen inneren Ebene bedeutet es vielleicht sogar: „Es ist *mir* nichts passiert!" – im Sinne einer Vernachlässigung der Aufsichtspflicht, der Sorge um eine schnelle ärztliche Versorgung usw. Diese emotionale Reaktion der Aufsichtsperson entstammt der Resonanz mit den Emotionen des Kindes, eine Reaktion auf der Ebene des sympathischen Prinzips.

Wie würde eine empathische Annäherung aussehen? Sie laufen hin, berühren das Kind sanft, und während Sie vorsichtig schauen, ob es sich ernsthaft verletzt hat, sagen Sie zum Beispiel: „Mein Liebes, jetzt sitzt du da am Boden und weinst, ich kann dich gut verstehen, sieh mal hinauf, da oben auf dem Klettergerüst warst du, wie hoch das ist, und da bist du runtergefallen – du hast dich da jetzt sicher sehr erschrocken, nicht wahr? Komm, ich halt dich jetzt ganz fest, und dann geht der Schrecken sicher gleich wieder vorbei."

Wenn ich – selten, aber doch hin und wieder – jemanden so sprechen gehört habe, sind die Kinder sehr schnell verstummt, haben sich noch ein wenig halten lassen, haben sich die Tränen abgewischt, sind aufgestanden und wieder auf das Klettergerüst gestiegen. Die Empathie der Begleitperson hat das Kind gestärkt und ermutigt – weil es sich *verstanden* gefühlt hat, und damit geborgen und fit, um gleich die nächsten Herausforderungen angehen zu können. Es ist nämlich *schon* etwas passiert: Übertragen auf das Verhältnis zwischen der Größe des Kindes und jener des Klettergerüsts ist das so, als wäre unsereins aus dem ersten oder zweiten Stock gefallen! Und auch wenn das Kind sich dabei nicht verletzt hat, so hat es einen großen Schrecken und *der* muss bearbeitet werden, will man das Kind wieder beruhigen und ihm Sicherheit vermitteln.

Wenn ein Kind in der Nacht schlecht träumt, weinend aufwacht, sich nicht beruhigt, fühlt man sich zunehmend genervt, nach einiger Zeit herrscht man das Kind vielleicht sogar an, endlich ruhig zu sein. Man hat also emotional reagiert, diese Emotionen haben überhandgenommen, sind in Resonanz mit den Emotionen des Kindes gegangen (sympathisches Prinzip). Eine empathische Annäherung wäre, wenn trotz der Emotionalität der Szene die kognitive Seite beleuchtet werden kann, indem man versteht und auch danach handelt, was denn das Kind nun braucht. Also zu erkennen, auch zu spüren, wie es dem Kind geht, und zusätzlich eine „Idee" zu haben, was geeignete Schritte wären, um ihm helfen zu können und die Problematik – für alle – zu lösen.

Dieses Buch entwickelt sich gerade zu einem Elternratgeber … Wird Zeit für ein Beispiel aus dem Business. Wenn ein Mitarbeiter Ihrer im Moment unterbesetzten Abteilung unsicher bei Ihnen als Chefin anklopft und bedauert, die Quartalszahlen nicht rechtzeitig ausarbeiten und vorlegen zu können, Sie selbst aber gerade enorm unter Druck stehen und auf diese Zahlen angewiesen sind, werden Sie vielleicht das Gefühl der Unsicherheit übernehmen und den Mitarbeiter anherrschen, er solle gefälligst seinen Pflichten nachkommen und sich sputen, sonst … Diese Annäherung nach dem sympathischen Prinzip durch eine empathische zu ersetzen, könnte so aussehen: „Wir hatten vereinbart, dass ich die Zahlen bis heute 14 Uhr von Ihnen erhalte. Ich benötige Sie, um meine Präsentation bis heute Abend fertig zu bekommen. Das bringt mich doppelt in eine schwierige Lage: einerseits, weil ich gegenüber dem Vorstand schlecht vorbereitet erscheine, und andererseits, weil es den Eindruck erweckt, unsere Abteilung und ich als Chefin derselben funktionieren nicht gut. Das können wir uns nicht leisten. Wenn die augenblickliche Überlastung unserer Abteilung der Grund ist, dann lassen Sie uns klären, wie wir die Prioritäten kurzfristig ändern können. Wenn es das nicht ist, erklären Sie mir bitte, warum Sie es nicht geschafft haben, und sehen wir uns an, was zu tun ist, damit es gelingt."

Beim Umwandeln in eine wertschätzende Zuwendung voller Empathie benötigt man – zugegeben – mehr Worte. In der Verknappung der Worte liegt zumeist kein Tiefgang. Empathie ist, mir vorzustellen, wie es für mich wäre, wenn ich mich in der Situation des anderen Menschen befände. Das ist „kein geistiger Verrenkungsakt",[27] sondern eine neurobiologische Fähigkeit unseres Gehirns, für die spezielle Nervenzellen tätig sind: die sogenannten Spiegelneurone. Durch sie können wir mit unserem Gehirn fühlen, was ein anderer fühlt, indem alle Zeichen, die der Körper des anderen aussendet, verarbeitet werden und damit rekonstruiert werden kann, was in diesem Menschen vorgeht. Die Spiegelneurone liefern aber nicht nur rein emotionale Informationen, die für das sympathische Prinzip reichen würden. Sie liefern auch Daten zur kognitiven Verarbeitung, und damit erreichen wir das Prinzip der Empathie. Einfühlungsvermögen heißt also nicht, sich gegenseitig in Watte zu packen, sondern seine Handlungen auf die Situation des anderen abzustimmen. Und wie wir schon in Kapitel 1.4 angesprochen haben: Empathie schafft authentische Menschen, die fit fürs dritte Jahrtausend sind …

Wie Sie Empathie trainieren können, um sich auf schwierige Gespräche gut vorzubereiten, beschreibe ich in der folgenden Übung:

Übung 17 – „So trainieren Sie Ihre EMPATHIE"

– Schärfen Sie Ihre Sinneswahrnehmungen konsequent – je mehr „Daten" Sie von Ihrem Gegenüber erhalten, umso besser können Sie sich einfühlen.

– Das können Sie zum Beispiel durch das „Zerlegen in die Submodalitäten" (Übung 4, Seite 30) erreichen.

– Hören Sie aktiv zu (siehe das folgende Kapitel 2.8).

– Machen Sie regelmäßig die Übung **„Rollenspiel"**:

   1. Kaufen Sie sich ein Märchenbuch, z. B. eine Sammlung aller Märchen von Hans Christian Andersen (Märchen sind voller archetypischer Bilder).

   2. Wählen Sie ein Märchen aus und lesen Sie es langsam und reflektiert, nehmen Sie bewusst war, was auf der Ebene der Sinneswahrnehmungskanäle passiert.

   3. Danach legen Sie das Buch weg, suchen sich eine Figur aus dem Märchen aus und *versetzen sich* in deren Lage. Aus dieser *Position* und *Rolle* heraus beantworten Sie die folgende Frage: Warum hat die Hauptfigur (die Heldin, der Held) so gehandelt?

   4. Dies wiederholen Sie mit allen weiteren Figuren dieses Märchens.

– Machen Sie regelmäßig die Übung **„Pantomime"**:

   1. Stellen Sie sich vor einen körpergroßen Spiegel.

   2. Versetzen Sie sich in die Lage einer Freundin bzw. eines Freundes oder Familienangehörigen und stellen Sie pantomimisch (nonverbal, nur mittels Körpersprache) dar, wie er bzw. sie sich derzeit fühlt.

Wertschätzende Kommunikation und Empathievermögen sind nicht nur in Gesprächs-Settings wichtig. Auch bei Präsentationen, wenn Sie in einem Monolog sprechen, sind diese beiden Kompetenzen von Vorteil. So wird es Ihnen dadurch besser gelingen, die Beziehungsebene zu Ihrem Publikum herzustellen, Sie werden konstruktiver mit Einwänden umgehen und Sie werden die Erwartungen Ihrer Zuhörer besser erkennen und damit Ihre Ziele exakter abstimmen können.

Ein offenes Ohr und das Sprechen 2.8
„ge-hören" zusammen

Ein Aspekt der formalen Ebene ist mir noch besonders wichtig: das Hören. Weil die Kunst des Hörens immer mehr verschwindet. Und gleichzeitig so wichtig für eine gute Verbindung und damit Kommunikation mit anderen Menschen ist.

Wertschätzende Kommunikation, Empathiefähigkeit und Zuhören sind drei Kompetenzen, auf die die meisten einfach nicht achten. Lieber beschäftigt man sich mit Power-Rhetorik, da heulen die Motoren auf. Nachhaltigkeit ist etwas anderes. Deshalb haben diese drei Kapitel einen festen Platz in diesem Buch.

Vor Kurzem habe ich in einem Interview für eine Fachzeitung auf die Frage „Was halten Sie für das Wichtigste in der zwischenmenschlichen Kommunikation" geantwortet: „Die Klappe halten und mehr zuhören!" Die Journalistin hat hell aufgelacht und gleichzeitig genau verstanden, was ich damit sagen wollte: Der Fokus liegt allgemein zu stark auf dem Reden. Wenn ich rede, ohne zuzuhören, was kommt da heraus? Wenn ich zuhöre, ohne zu reden, was kommt da heraus? Spüren Sie den Unterschied? In der ersten Situation bin ich mit meinem Gesprächspartner nicht verbunden, in der zweiten jedoch *schon*. Und das gilt auch für den Monolog, also eine Präsentationssituation. Weil Sie auch zuhören können, *während* Sie reden. Sowohl Ihrem Gegenüber als auch sich selbst.

Das Hören ist etwas vollkommen Magisches. Der deutsche Jazzredakteur und Vordenker für das bewusste Hören, Joachim-Ernst Berendt (1922–2000), hat mehrere Bestseller zu diesem Themenfeld verfasst. Sein Fazit: Die Welt ist Klang, ist Rhythmus und Schwingung. Die Teilchen des Sauerstoffatoms schwingen in einer Dur-Tonleiter, Sexualität kann als musikalisches Phänomen begriffen werden, und in der Photosynthese erklingen Dreiklänge.[28] Die Sterbeforscherin Elisabeth Kübler-Ross (1926–2004) hat herausgefunden, dass die Hörwahrnehmung der letzte intakte Sinn ist, wenn wir ohnmächtig werden oder im Sterben liegen, und der Fötus nimmt bereits ab der 16. bis 18. Schwangerschaftswoche die ersten Töne wahr. Die Natur will, dass wir so früh und so lange wie möglich *hören*.

Rein physikalisch betrachtet ist das Ohr dem menschlichen Auge um ein Vielfaches überlegen. Kein Sinn des Menschen ist derart sensibel, leistungsstark und erfasst so viele Details wie das Ohr:

– Schnelligkeit (gemessen als Abstand zweier Reize, bevor sie nur noch
als ein einziger wahrnehmbar sind): Auge 0,02 Millisekunden – Ohr
0,003 Millisekunden; das ist um das Siebenfache schneller!

– Frequenzbandbreite: Wir sehen zwischen Purpur und Violett, das entspricht den Wellenlängen von 760 bis 380 Nanometern, was das Doppelte ist; das Doppelte entspricht beim Hören einer Oktave; mit dem
Ohr hören wir aber einen Bereich von acht bis zehn Oktaven!

– Intensität: Mit dem Ohr nehmen wir eine Dynamik von 130 Dezibel
wahr, das ist an der sogenannten Schmerzgrenze millionenfach lauter
als das leiseste wahrzunehmende Hörereignis; würden wir unsere Augen einer solchen Dynamik aussetzen, wir würden geblendet erblin-
den!

Man kann also sagen: Über das Ohr erfahren wir viel mehr von der Welt
und den Menschen als über jeden anderen Sinneskanal. Und dennoch:
Dass das Ohr so leistungsstark ist, ist den meisten in dieser visuellen Welt
nicht mehr bewusst. Das Auge bekommt durch das Verarbeiten von immer mehr optischen Reizen noch mehr zu tun, dem gegenüber findet ein
Verstopfen und Abstumpfen des Ohrs durch eine permanente Lärmtape-
te einer akustischen Umweltverschmutzung statt. Die Qualität von Musik-
heimanlagen hat über die letzten Jahrzehnte in vergleichbaren Preisseg-
menten eindeutig abgenommen, die von Monitoren, Fernsehgeräten und
Videorekordern eindeutig zugenommen. Auf einen sauberen, differen-
zierten, transparenten, ausgewogenen, natürlichen Klang einer Lautsprecheranlage legt kaum mehr jemand Wert. Und wenn ja, sind diese Geräte
mittlerweile durchwegs so teuer wie ein Luxusauto.

Das Dramatische bei all dem: Lautsprachlich können wir nur sprechen,
was wir hören bzw. jemals gehört haben! Das Hören wirkt so wie das
Sprechen sowohl auf die inhaltliche, die formale wie auch die mentale
Ebene. Was und wie wir hören, beeinflusst Stimmungen und Emotionen.
Die verbale Sprache, ja sogar den Klang unserer Stimme erlernen wir nur
durch das Abhören. Und wir nehmen Verbindung zu unserem Gegenüber
zunächst nur durch das Zuhören und das Einfühlen auf, erst in weiterer
Folge und nachrangig durch das Sprechen.

Zwischen dem Verbalsprechwerkzeug und dem Ohr besteht so auch eine
Feedbackschleife, die ständig geschlossen sein muss. Das Gehör ist Vor-
aussetzung für das Benutzen unserer Stimme und der Verbalsprache.
Ohne die Fähigkeit, differenziert hören zu können, nehmen wir unsere
Stimme nicht ausreichend wahr und sind somit nicht in der Lage, Nuan-
cen der Veränderung bewusst und gesteuert zu gestalten.

Deshalb muss sich jeder Mensch auch an seine Stimme erst einmal gewöhnen, wenn er sie über eine Aufnahme abhört. Die meisten haben von ihrer Stimme grundsätzlich keine gute Meinung. Das kommt daher, dass jeder Mensch seine eigene Stimme nicht so hört, wie sie tatsächlich klingt und wie alle anderen Menschen sie hören. Wir gewöhnen uns ein Leben lang an einen verfälschten Klang unserer Stimme, der eine Mischung aus den über das Trommelfell wahrgenommenen Raumreflexionen unserer eigenen Schallwellen und jenem Anteil ist, der in unserem Körperinneren direkt vom Kehlkopf zum Ohr wandert. Zudem hat unser Gehirn generell ein Problem mit Tonaufnahmen der eigenen Stimme: Über die gesamte Evolutionsdauer gab es keine Möglichkeit, die selbst produzierten Laute zu konservieren. Es gibt dafür einfach keine ausreichenden Erfahrungen. Mehrere hundert Millionen Jahre wiegen einfach zu stark gegenüber 70 Jahren kratzfreier und authentischer Wiedergabemöglichkeit einer eigenen Stimm- und Sprechaufnahme durch die Erfindung des Hi-Fi-Tonbandgeräts … Ein Teil Ihres Gehirns lehnt es schlichtweg ab, zu akzeptieren, dass Sie selbst das sind, die oder der da gehört wird, wo doch die Erfahrung aus all den vorhin genannten Gründen eine ganz andere ist.

Es gibt also viel zu tun, wenn man sich an das Hören der eigenen Stimme gewöhnen will, um zum Beispiel souverän mit Mikrofon und Lautsprecheranlage auf einer Bühne auftreten zu können. Oder damit Sie Ihrem Gegenüber auch in herausfordernden Situationen gut zuhören können, ihn somit verstehen und eine gute Beziehungsebene zu ihm aufbauen können. Und um auch inhaltlich folgen und ihn von Ihren Argumenten überzeugen können. Damit Sie sich also auf eine Sprechsituation gut vorbereiten können, trainieren Sie regelmäßig auch Ihr Gehör. In der folgenden Übung meine Tipps dazu:

Übung 18 – „So trainieren Sie Ihr HÖREN"

– Nehmen Sie die von Ihnen durchgeführten Stimm- und Sprechübungen wann immer Sie können mittels eines Diktiergeräts oder einer entsprechenden Smartphone-App auf und hören Sie sie anschließend über einen guten Ohr- oder Kopfhörer ab. So gewöhnen Sie sich nach und nach an Ihre natürliche Stimme, wie sie wirklich klingt.

– Machen Sie regelmäßig die Übung 4 – „Zerlegen in die Submodalitäten" (Seite 30).

– Wenden Sie die Übung **„Aktives Zuhören"** als eine „Technik des Antwortens" an:

1. Notieren Sie sich einen Satz, den Sie im Alltag von wem auch immer ausgesprochen hören. Zum Beispiel: „Wenn ich mir anhöre, wie Sie die Quartalszahlen herunterbeten, kann ich mir gar nicht vorstellen, dass Sie selbst glauben, dass sie stimmen."

2. Wenn Sie bei nächster Gelegenheit Zeit haben, lesen Sie ihn sich durch.

3. Darauf paraphrasieren Sie diesen Satz aus der Position des Antwortens, zum Beispiel: „Sie können sich also nicht vorstellen, dass ich die Zahlen selbst glaube?"

4. Dann fühlen Sie in den Menschen, der diesen Satz geäußert hat, hinein und stellen eine Frage zur Klärung der emotionalen Ebene: „Was genau meinen Sie mit ‚herunterbeten', und kann es sein, dass Sie auch noch andere Zweifel spüren? Wenn ja, bitte sagen Sie sie mir."

5. Benützen Sie bei dieser Übung auch die Regeln der wertschätzenden Kommunikation und greifen Sie auf Ich-Botschaften zurück.

6. Diese Übung wird Ihnen helfen, sehr viel schneller auf den Punkt zu kommen und Klärungen herbeiführen zu können.

– Nutzen Sie jeden Aufenthalt in Ihrem Badezimmer, um in den besonderen akustischen Verhältnissen von gekachelten Wänden, die Ihren Schall gut reflektieren, in Ihre Stimme hineinhorchen zu können. Summen, brummen, singen Sie oder sprechen Sie Silben, Wörter und ganze Sätze, indem Sie mit Ihrer Stimme und Ihren Sprechwerkzeugen experimentieren. Und horchen Sie in den Raum hinein, erleben Sie, wie durch die kleinsten Veränderungen vielfältige Nuancen Ihrer Stimme und Ihres Sprechens erlebbar werden.

– Machen Sie immer wieder eine „Stille-Meditation": Setzen Sie sich bequem in einen Raum, in dem Sie völlig ungestört sind, schließen Sie die Augen und machen Sie – *nichts*. Hören Sie, wie gewaltig laut Stille ist …

So – und nun *hören* wir auf. Mit Teil 2, der formalen Vorbereitung. Davor aber noch eine Zusammenfassung:

Die THOMAS KLOCK Methode – ZWISCHENBILANZ 6

— Wir sprechen mit anderen Menschen immer auf zwei Ebenen gleichzeitig: auf der Sachebene und der Beziehungsebene (der emotionalen Ebene). Ziel ist es, letztere so transparent wie möglich zu gestalten.

— Das ist eine Frage der Haltung. Warten Sie nicht auf Wertschätzung, kümmern Sie sich darum!

— Eine wertschätzende Kommunikation schafft Vertrauen, Offenheit, eine Kultur von Kritikfähigkeit und von Aufmerksamkeit, eine bessere Bewältigung von Krisen, eine größere Gesprächstiefe, die Erhöhung der Selbstverantwortung und eine Fokussierung auf Lösungen statt auf Probleme.

— Sie umfasst vier Schritte: Beobachten – Fühlen – Bedürfnis – Bitten.

— Verwenden Sie beobachtende Ich- statt wertender Du-Botschaften.

— Das Menschenbild hinter einer wertschätzenden Kommunikation: Menschen handeln nicht *gegen* andere, sondern *für* ihre Bedürfnisse.

— Menschen haben ein „Social Brain" – unser Gehirn strebt nach Kooperation.

— Empathie setzt der zwischenmenschlichen Kommunikation die Krone auf.

— Empathie ist *mehr* als Mitgefühl, es ist zusätzlich ein *Verstehen* des anderen.

— Während das Prinzip der Sympathie die Grenzen zwischen den eigenen Gefühlen und jenen des anderen verschwimmen lässt, hält die Empathie sie aufrecht.

— Empathie lernen Sie durch Schärfung der Sinne, durch aktives Zuhören und durch pantomimische oder Rollenspielübungen.

— Das Hören ist der Sinneskanal für Empathie und wertschätzende Kommunikation, der Weg zum *Du*: „zueinander ge-hören", ein „offenes Ohr haben" usw.

— Wir können lautsprachlich nur sprechen, was wir hören.

— Trainieren Sie Ihr Gehör und das Hören so oft Sie können, um gut vorbereitet für herausfordernde Gesprächssituationen zu sein.

BE PREPARED! DIE INHALTLICHE VORBEREITUNG

Sind Sie schon am Üben? Augenzwinkersmiley. Immerhin haben wir nunmehr die Betrachtung der mentalen und der formalen Vorbereitung abgeschlossen, jetzt geht es zur inhaltlichen Ebene. Wobei – wir sind ihr bereits immer wieder begegnet. Zum Beispiel bei den Überlegungen betreffend das Ziel, das natürlich auf die inhaltliche Ebene immer einen großen Einfluss hat, so wie „Innere Klarheit" zu klaren Aussagen führt. Oder auch bei jenen des Inszenierens. Sie erinnern sich sicher an die „4 Eckpfeiler" (Seite 34), da lautete der vierte: „Eine inhaltliche Dramaturgie wählen, die das Verstehen leicht macht."

Es wird Zeit, uns das Wort „Dramaturgie" ein bisschen genauer anzusehen. Hergeleitet wird es vom „Drama", meint also das *Verfassen* von *Dramen*. Das Drama bzw. die Dramatik ist neben der Epik und der Lyrik eine der drei klassischen literarischen Gattungen. Wenn heute die Wörter Drama oder dramatisch verwendet werden, schwingen sofort Anspannung, Betroffenheit, vielleicht Erstaunen, jedenfalls Ernsthaftigkeit und nicht das Wesen von leichter Kost mit. Das hat damit zu tun, dass das Wort oft mit der Tragödie verwechselt wird,[29] die jedoch nur eine Form des Dramas ist, die andere ist die Komödie. Aber es gibt noch einen weiteren Grund. Die Dramatik wurde im alten Griechenland erfunden, um dem Publikum mit verteilten Rollen in einer Art spiritueller Handlung moralische Werte zu vermitteln – in Form von Geschichten, die aussagen sollen, wie Probleme des Lebens gemeistert werden können. Oder wie man womöglich scheitern kann.

Wir alle in der westlichen Denkwelt haben somit seit Jahrtausenden Bilder in uns gespeichert, die dem Aufbau und dem Erzählwesen des Dramas entsprechen. Wenn wir Menschen anderen Menschen etwas erzählen, von etwas berichten, entsteht eine Art unterbewusste Erwartungshaltung, den Inhalt auch nach diesen Mustern mitgeteilt zu bekommen. Geschieht das, wird die Erwartung erfüllt, und es entsteht Verständnis auf der inhaltlichen Ebene. Geschieht es nicht, erzeugt das vielfach Verwirrung, Überforderung oder Unlust, zuzuhören.

3.1 Die „Dramaturgische Musterkurve" – Storytelling mit der THOMAS KLOCK Methode

Bemühen wir noch einmal kurz die Neurobiologie. Der schon mehrfach zitierte Göttinger Hirnforscher Gerald Hüther sagt, dass alles, was „unter die Haut" geht, also emotional untermauert ist, besser im Gehirn abgespeichert wird. Das hängt damit zusammen, dass dabei neuroplastische Botenstoffe ausgeschüttet werden, die die Herausbildung von neuen Vernetzungen begünstigen. Das bedeutet, dass Botschaften, die emotional aufgeladen sind, besser ankommen. Und Hüther führt weiter aus: „Jeder Lernprozess wird von einem Subjekt organisiert – ich bin immer der Gestalter meines eigenen Lernprozesses. Und ich kann auch nur das lernen, was ich selbst in meinem Gehirn gestalte. Deshalb muss ich mich beim Lernen unbedingt als Subjekt fühlen und erleben und darf auf keinen Fall in eine Situation gebracht werden, in der ich das Objekt von Belehrungen, Erwartungen oder Vorstellungen bin. Als Zuhörer einer Erzählung bin ich immer Subjekt, weil ich die Erzählung rezipiere, mir meine Gedanken dazu mache und sie an meine subjektiven Vorstellungen anbinde. Auch deshalb kann man sich viel mehr merken – man hat es ja selbst konstruiert."[30]

Verstehen, auch das ist eine Form von Lernen, funktioniert also besser, wenn die Botschaft (angemessen) emotional aufgeladen ist und wenn ich als *Subjekt* zuhöre, das heißt, wenn ich mich in Bezug zum Gehörten setzen und meine eigene Realität ausformen kann. Deshalb kommen Geschichten so gut bei uns an. Und deshalb ist Storytelling im Bereich der Business-Präsentationen im Moment sehr gefragt. Meine Methode geht jedoch über „normales" Storytelling hinaus. Es ist eine Methode des Sprechens, die – dem Titel des Buches folgend – für alle Situationen anwendbar ist. Überall und jederzeit.

Der Kerngedanke: Nebst den schon besprochenen Voraussetzungen auf mentaler und formaler Ebene lenken Sie die Aufmerksamkeit der Zuhörer, erzeugen und steuern eine angemessene Spannung und bringen Ihre Botschaft auf den Punkt – *auch* durch den *Aufbau* Ihres *Inhalts* (*was* kommt *wann* und *wie*). Dies erreichen Sie durch ein Gestalten Ihrer Botschaft nach folgender musterhaften Dramaturgie:

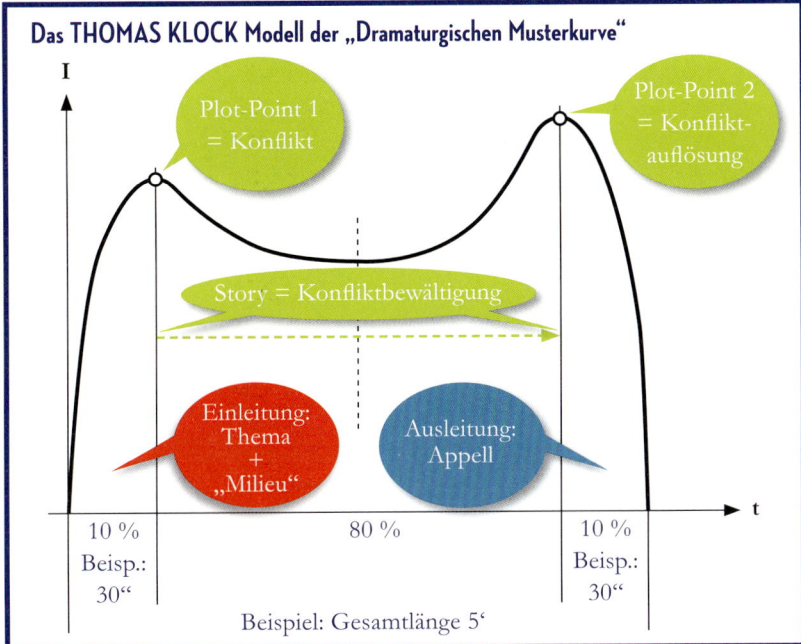

Abb. 36: Die „Dramaturgische Musterkurve" ist das Kernstück der THOMAS KLOCK Methode zur inhaltlichen Gestaltung von Sprechsituationen.

Auf der Vertikalen der Abbildung 36 ist der Grad an Spannung und Aufmerksamkeit zu sehen (I = Intensität), die Horizontale ist die Zeitachse (t = Zeit). Zweierlei fällt sofort auf: die markante Doppelhöckerkurve und die 10-80-10-Drittelung. Beides ist durch die beiden Höhepunkte, die sogenannten „Plot-Points", verbunden. Sie befinden sich bei zehn Prozent der Gesamtzeit nach dem Beginn bzw. bei zehn Prozent vor dem Ende. Unter „Plot" wird der Handlungsverlauf in einem dramatischen Werk verstanden, das Handlungsgerüst, könnte man auch sagen. (Der Begriff wird vor allem im Film verwendet.) In unserem Modell umfasst der Plot die Gesamtzeit der Botschaft, das kann ein Statement in einem Meeting von einer Minute sein, eine Präsentation von fünf Minuten, ein ganzes Gespräch oder nur seine Einleitung, eine einstündige Rede oder ein mehrstündiger Vortrag. Die jeweiligen Drittel von zehn, 80 und noch einmal zehn Prozent sind bestimmten inhaltlichen Aspekten vorbehalten. So erreicht die Intensität am Beginn in verhältnismäßig kurzer Zeit ihren ersten Höhepunkt, was auch verständlich ist, da eine Fokussierung auf den Inhalt hergestellt und die Beziehungsebene zu den Zuhörern geschlossen werden müssen. Diese ersten zehn Prozent der Gesamtzeit, die Phase der

Einleitung, sind dem *Thema* und der sogenannten *Milieubeschreibung* vorbehalten. Was ich unter zweitem verstehe, erkläre ich weiter unten. Das Thema jedenfalls ist die Kernbotschaft, das, worum es (Ihnen) geht, die Kernaussage – und die gehört an den Anfang. Die Regel lautet: *Das Wichtige zuerst!* Nicht erst am Schluss oder irgendwann dazwischen. Nein, an den Anfang! In den meisten Gesprächen, Präsentationen usw., die ich höre, wird damit viel zu lange gewartet, viel zu viele Höflichkeiten bestimmen den Beginn, oder Organisatorisches, Belangloses, so als wollten sich viele damit erst warmreden, bevor sie zu dem kommen, worum es geht. *Sie wissen es schon:* Warmgeredet wird vor dem Auftritt, nicht vor dem Publikum!

Diese Regel wird nicht nur dadurch untermauert, dass moderne Menschen zu wenig Zeit und Geduld haben, um darauf zu warten, endlich das Wesentliche zu hören, sie stützt sich auch auf neurobiologische Erkenntnisse. Eines der wichtigsten Forschungsergebnisse dieser Disziplin ist das, dass der Zusammenhang zwischen Vorwissen und Lernerfolg wesentlich größer ist als zum Beispiel jener zwischen Motivation und Lernerfolg oder Intelligenz und Lernerfolg. Das ist das, was Hüther mit „Anknüpfen" meint. Wir lernen (und verstehen) umso besser, je mehr wir das Neue an schon Vorhandenes anhängen können (siehe auch Kapitel 1.1 über die inneren Bilder). Dieser Umstand wird in der Story, der mittleren Phase, genutzt, indem die Kernaussage schon zuvor in der Einleitung durch das Thema aufgezeigt wurde und so die Details dazu nun im Mittelteil besser verstanden werden.[31]

Der Plot-Point 2 ist intensiver als der Plot-Point 1. Auch wieder logisch: Der Schluss ist nämlich das, was sich die Rezipienten am längsten merken, ob sie so weit kommen und ihn hören, entscheidet der Anfang, die Einleitung. Deshalb nenne ich das letzte Drittel der zehn Prozent die *Appellphase*. Hier geben Sie Ihren Zuhörerinnen und Zuhörern einen klaren Handlungsauftrag, Sie appellieren. Das kann eine Zusammenfassung sein, in der Sie durch die Ballung der Fakten eine Handlungsaufforderung suggerieren, oder aber auch eine offen geäußerte Bitte („… Bitte unterstützen Sie …") bis hin zu einem Auftrag („… Deshalb am Sonntag an der Wahlurne Ihr Kreuz bei Liste …"). Wie auch immer: Das Publikum muss am Ende wissen, was Sie von ihm *wollen*.

Bleibt noch die Mitte, die Phase der 80 Prozent. Sie ist von der eigentlichen Geschichte (Story) erfüllt – in unserem Business-Kontext ist sie der Raum für Argumente, Beispiele, Fakten usw. Bei den meisten Sprechsituationen, die ich beobachte, funktioniert dieser Mittelteil ganz gut. Oft ist zwar die formale Ebene leider unterbelichtet, die inhaltliche jedoch gut durchdacht. Das Problem ist vielmehr, dass die Themenphase und die Appellphase zumeist gänzlich fehlen, was einen der Hauptgründe für geringe Aufmerksamkeit und aufkeimende Langeweile darstellt. Die „Dramaturgische Musterkurve" ist nämlich nicht bloß eine Erfindung von mir, wir *ticken* vielmehr so, wenn wir zuhören. Was ich erfunden habe, ist das Modell, das dieses Ticken abbildet.

Stellen Sie sich diese Musterkurve bitte als eine Art Schlüsselloch vor, und die Botschaft als einen Schlüssel. Gestalten Sie Ihre Nachricht nach der Musterkurve, so wird dieser Schlüssel die Pforte der Aufmerksamkeit Ihrer Zuhörer öffnen können, und Sie werden überzeugend auf den Punkt kommen. Das Schlüsselloch wurde über Jahrtausende durch Gewohnheiten geformt, es ist kulturell abhängig, im westlichen Einflussbereich ist es jedenfalls „Common Sense". Mit anderen Worten: Wenn die Gehirne Ihrer Zuhörer während der ersten zehn Prozent das Thema erwarten, und Sie erzählen etwas von „Danke und herzlich willkommen, dass Sie so zahlreich hierher gekommen sind, schön, dass Sie da sind, die Stiege herauf in den Vortragssaal ist noch kurz vorher aufgewaschen worden, schön, dass sich niemand den Fuß gebrochen hat, ich habe selbst auch aufgepasst, weil ich mich schon so gefreut habe auf den heutigen Abend … usw. … und nun begrüße ich einmal den Herrn Landeshauptmann und die Frau Bürgermeisterin und die Frau Stadträtin und den Herr Stadtratstellvertreter und den Stellvertreter des Stellvertreters …", dann werden die Gehirne den Inhalt der ersten Phase herausfiltern und sagen: „Okay. Das Thema lautet: ‚Herzlich willkommen, Herr Landeshauptmann'… Das interessiert mich nicht … Das habe ich schon so oft gehört …", und abschalten. Mit der Einleitungsphase bestimmen Sie, ob man Ihnen zuhört!

Die beiden Plot-Points markieren jedoch auch noch etwas anderes als bloß die Drittelgrenzen. Die Intensitätshöhepunkte werden nämlich durch einen inhaltlichen Trick verstärkt: Am Plot-Point 1 erscheint ein *Konflikt*, am Plot-Point 2 wird er aufgelöst. Die Geschichte selbst, die Story, ist die Geschichte, wie der Konflikt bewältigt wird. Konflikt heißt: Die *Rezipienten* müssen einen Konflikt erleben, nicht Sie als Sprecher. Obwohl es durchaus möglich ist, von einem eigenen Konflikt zu berichten, aber nur, wenn er von den Zuhörern übernommen werden kann. Konflikt heißt, dass eine Bindung zwischen Ihnen und den Rezipienten entsteht. Zum Beispiel über ein Problem, das Kopfzerbrechen bereitet (ein klassischer Konflikt): Am Plot-Point 1 stellen Sie es dar, am Plot-Point 2 präsentieren Sie die Lösung – und dazwischen erklären Sie, was man Ihrer Ansicht nach alles tun kann und soll, damit das Problem gelöst wird. Im dramatischen Fach jenseits des Business ist deshalb der Krimi so beliebt: Am Plot-Point 1 geschieht der Mord, am 2er wird die Mörderin oder

der Mörder entlarvt, und das Spannende am Krimi ist, zuzusehen, wie sie oder er überführt wird. Entweder weiß ich als Zuseher nicht, wer es ist, und bange mit, oder ich weiß es und bin verblüfft, wie es Herr Colombo diesmal schafft, einen bösen Menschen aus dem Verkehr zu ziehen.

Apropos: In teuren Blockbuster-Produktionen, in denen die Besten der Besten der Filmbranche mitwirken, bei denen nichts dem Zufall überlassen wird und bei denen bis ins kleinste Detail aufwendig herumgetüftelt wird, können Sie im Kino Ihre Uhr stellen: Der Konflikt stellt sich exakt nach zehn Prozent der Gesamtzeit ein. Ein Film dauert, sagen wir, zwei Stunden, also 120 Minuten, zehn Prozent davon sind zwölf Minuten. Innerhalb dieser ersten zwölf Minuten eines Films, was erfahren Sie da? Wer ist die Protagonistin, der Protagonist der Geschichte, wie ist ihr Charakter, ihr sozialer Status, die sozialen Kontakte etc. Dann werden weitere Figuren beleuchtet, in welchem Verhältnis sie zur Hauptfigur stehen usw. Wir erfahren also: Um *wen* (im Business-Kontext: um *was*) geht es, und wie sieht sein *Umfeld* aus – letzteres nenne ich die schon erwähnte Milieubeschreibung (Umfeldbeschreibung). Die benötigt man oft, um ein Thema und einen Konflikt (besser) verstehen zu können. Brauche ich es nicht, kann ich die Milieubeschreibung auch auslassen. So, und dann, exakt auf die Sekunde, peng, der Konflikt tritt ein, wir sitzen im Kino und reagieren „sympathisch", der Konflikt schwappt auf uns über, wir fühlen uns betroffen, wollen eine Lösung, bangen mit und – Happy End: Der Konflikt löst sich auf … genau zwölf Minuten vor Schluss. Jetzt noch die „Moral von der Geschichte" (Appell), damit alle was daraus lernen, Schwarzblende und Schlussroller (der schon auch drei, fünf oder sieben Minuten dauern kann bei so Megafilmen und ebenfalls Teil der Appellphase ist).

Die „Dramaturgische Musterkurve" finden Sie in Ansprachen begnadeter Redner genauso wie in weltweit erfolgreichen Romanen, in Statements talentierter Diskutanten, in interessanten Präsentationen erfolgreicher Business-Leute usw. Obwohl die meisten von ihnen von dieser Musterkurve gar nichts wissen, sie haben die noch nie gesehen (außer ich habe sie gecoacht – wieder Augenzwinkersmiley). Sie haben sie einfach im *Gefühl*. Haben irgendwann einmal durch Beobachten oder Zufall festgestellt, dass sich hier ein Konzept verbirgt, das sich stimmig anfühlt. Denn wir alle haben diese „Kurve" innerlich gespeichert. Wie eine Art kollektiven Wissens.

Sie findet sich übrigens auch in der Musik. Zum Beispiel in der Form des Liedes: Vorspiel/Thema, Strophen 1 und 2, die Brücke als Überleitung zu Strophe 3, Themenverdichtung und Themawiederholungen, am Ende ein durchkomponiertes Ende oder im Unterhaltungsbereich auch ein Fade-out. Entspricht genau der 10-80-10-Regel.

Wie erstaunlich die Dramaturgie in der zwischenmenschlichen Kommunikation funktioniert, zeigt sich auch an folgendem Umstand. Da wir die Zehn-Prozent-Regel gut in uns abgespeichert haben, nimmt unsere „innere Stoppuhr" beim Plot-Point 1 eine „Zwischenzeit", zum Beispiel 30 Sekunden, rechnet dann hoch und sagt: Wenn das nun 30 Sekunden waren, dann dauert die ganze Sache also fünf Minuten! Und siehe da, man ist tatsächlich fünf Minuten aufmerksam! Spricht dann jemand zum Beispiel nur drei Minuten, stellt sich Verwirrung ein („Ist es schon aus?", „Warum so kurz?", „Fehlt da nicht noch etwas?", „Ich verstehe das nicht …"). Spricht dagegen jemand länger als diese fünf Minuten, passen die Zuhörer nach der fünften Minuten nicht mehr auf … Natürlich ist dieses Beispiel sehr plakativ gewählt, aber vom Prinzip her funktioniert das so – Sie können es überall beobachten, auch an Ihnen selbst.

Deshalb ist es in der Einleitung so wichtig, den Beginn und den Plot-Point 1 so deutlich wie möglich zu kennzeichnen, damit die innere Stoppuhr die Zeit nehmen kann. Wie in Abbildung 37 an den grünen Blasen zu sehen, machen Sie das am besten mit einer langen Pause zwischen der Smalltalk-Phase und dem Beginn. Die Plot-Points heben Sie ebenso mit einer Pause hervor (blaue Blase).

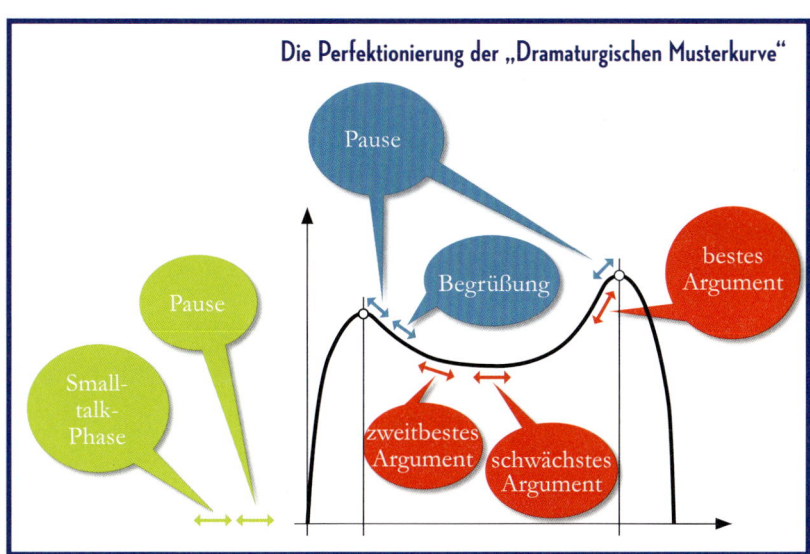

Abb. 37: Sie können den Umgang mit der „Dramaturgischen Musterkurve" perfektionieren, indem Sie Beginn und Plot-Point 1 durch Pausen deutlich machen, eine Begrüßung nicht an den Beginn setzen, sondern nach dem Plot-Point 1, und die Argumente in der 80-Prozent-Phase so gewichten, wie mit den roten Blasen gekennzeichnet.

Die Smalltalk-Phase nenne ich die Zeit vor dem Beginn der Sprechsituation. Es ist die Zeit des Miteinanders, aber noch nicht jene der Sprechsituation selbst. Deren Startschuss gehört für alle so deutlich wie möglich gestaltet.

Oft weiß man ja als Teilnehmer an einem Meeting nicht, ob es schon begonnen hat oder noch nicht. Sie kommen in den Meetingraum, ein paar Kolleginnen und Kollegen stehen und sprechen miteinander, einer sitzt am Tisch und packt Unterlagen aus, eine gießt sich aus der Kanne Kaffee ein, der Vorsitzende zischt bei der Tür herein, grüßt im Gehen, erzählt etwas von schwierigen Verhandlungen, die sich schon seit Tagen ziehen, und fragt, während er sich niedersetzt und seinen Aktenkoffer neben sich am Tisch liegend öffnet, ob Sie das auch so sehen … Wo ist da der Beginn? Ist das jetzt noch immer Smalltalk oder nicht? Mit solch einem unprofessionellen Auftritt macht man sich die ganze Dramaturgie kaputt.

Profis nehmen Platz, bitten alle Teilnehmer, das auch zu tun, blicken lange in die Runde, bis Ruhe einkehrt, und wenn die ganze Aufmerksamkeit vorhanden ist, dann erst erfolgt der Beginn. Mit dem Thema – und nicht mit einer Begrüßung!

Abbildung 37 zeigt, wann sich die Begrüßung am besten eignet (blaue Blase). Wie schon erwähnt, ist die Deutlichkeit von Plot-Point 1 sehr wichtig für die Einleitungsphase, er muss als Höhepunkt eindeutig erkennbar sein. Ein Höhepunkt ist aber nur dann einer, wenn das Niveau davor oder danach weniger hoch ist – logo. Das heißt, nach dem Plot-Point 1 muss es runtergehen mit der Intensität, Sie müssen hier etwas weniger Wichtiges einbauen, die langweiligen Sachen, die Sie bringen müssen – also zum Beispiel den Landeshauptmann – sorry – oder eben die Begrüßung, die Selbstvorstellung, Organisatorisches etc.

Nun sagen Sie vielleicht: Da wird der Herr Landeshauptmann aber sehr ungeduldig werden, wenn er nicht gleich zu Beginn begrüßt wird … Möglich. Aber wie wird er sich erst freuen, wenn er nach ein paar Minuten hört, dass es doch noch passiert! Im Ernst: Höflichkeit allein bringt Sie nicht weiter. Die *Botschaft* muss ankommen, die Höflichkeiten können auch nach den ersten zehn Prozent der Gesamtzeit folgen.

Noch ein Hinweis, der in Abbildung 37 zu sehen ist: Die Kurve muss in der Mitte durchhängen. Nur so bekommen Sie die beiden Spitzen in den Plot-Points hin. Wie eine Wäscheleine, an zwei Punkten aufgehängt. Diesen Verlauf schaffen Sie, indem Sie Ihre Argumente in der 80-Prozent-Phase in folgender Reihenfolge gewichten: Das zweitbeste als erstes (so fangen Sie den Absturz nach der Begrüßung wieder auf), das schwächste in der Mitte und das beste, schlagkräftigste, wichtigste Argument am Schluss, unmittelbar vor dem Plot-Point 2, dazwischen noch einmal eine Pause.

Bevor wir uns mit Beispielen befassen und ich zudem näher erkläre, was ein „Thema" und vor allem ein „Konflikt" im Business-Kontext sein soll, fassen wir zusammen, was wir bisher in Bezug auf die inhaltliche Ebene des Sprechens behandelt haben:

Die THOMAS KLOCK Methode – ZWISCHENBILANZ 7

— Menschen der westlichen Denkwelt haben die Erwartungshaltung, Inhalte nach den Mustern der dramatischen Erzählweise mitgeteilt zu bekommen.

— Neurobiologisch betrachtet funktioniert das Verstehen besser, wenn die Botschaft (angemessen) emotional aufgeladen ist und wenn sich die Rezipienten mit dem Gehörten in Beziehung bringen können.

— Der Aufbau des Inhalts (nebst der bereits besprochenen mentalen und formalen Hilfsmittel) steuert die Aufmerksamkeit der Zuhörer und bringt Ihre Botschaft auf den Punkt.

— Das 10-80-10-Schema der Doppelhöckerkurve („Dramaturgische Musterkurve") umfasst: das *Thema* und die *Milieubeschreibung* in der Einleitung, die *Story*, und den *Appell* in der Ausleitung.

— Das Thema ist die Kernbotschaft, das, worum es (Ihnen) geht, die Kernaussage. Das Festlegen des Themas unterliegt eigenen Regeln, dazu etwas später mehr.

— Das Wichtige zuerst! Deshalb fängt eine professionelle Sprechsituation mit dem Thema an und nicht z. B. mit einer Begrüßung. Warmgeredet wird vor dem Auftritt, nicht vor dem Publikum!

— An den Schluss erinnern sich die Zuhörer am leichtesten, deshalb ist das Vorhandensein der Appellphase so wichtig. Ob sie so weit kommen und den Schluss hören, wird am Anfang entschieden!

— Der Appell ist ein konkreter Handlungsauftrag. Das kann eine Zusammenfassung, die „Moral von der Geschichte", eine Bitte, ein Auftrag oder ein subtiles Verkaufsargument sein. Die Zuhörer müssen am Ende wissen, was Sie von ihnen *wollen*.

— Die Höhepunkte sind die beiden Plot-Points, beim ersten wird ein *Konflikt* erzeugt, beim zweiten wird er aufgelöst. Die *Story* selbst ist die Geschichte der Konfliktbewältigung.

— Machen Sie durch Pausen den Beginn und die Plot-Points deutlich.

— Gestalten Sie die Musterkurve durch die richtige Priorisierung der Argumente.

— Die „Dramaturgische Musterkurve" findet sich in allen professionellen Sprechsituationen.

3.1.1 Thema und Konflikt

Eine Abteilungsleiterin will den Wettbewerb in ihrem personalintensiven Bereich ankurbeln und überträgt fünf Mitarbeitern gleichzeitig die Ausarbeitung einer Präsentation. Der Auftrag lautet: „Fassen Sie die Veränderungen der Zahlen des letzten Quartals gegenüber dem vorletzten zusammen."

Da die meisten daraufhin sagen: „Gut, das Thema lautet also: ‚Die Veränderungen der Zahlen des letzten gegenüber dem vorletzten Quartal'", haben vier von den fünf Kollegen annähernd dieselbe Präsentation vorbereitet, obwohl sie sich nicht abgesprochen haben. Nur der fünfte Kollege nicht, seine Präsentation kommt ganz anders, und die Chefin ist begeistert. Warum? Er hat verstanden, dass ein großer Unterschied besteht zwischen: Aufgabenstellung – Ziel – Thema.

Die Aufgabenstellung ist klar: „Fassen Sie die Veränderungen der Zahlen des letzten Quartals gegenüber dem vorletzten zusammen."

Wenn Sie die Aufgabenstellung auch zum Thema machen, verhindert das die Ausbildung eines eigenen Zugangs. Ihr Sprechen wirkt damit nicht mehr persönlich, Emotionen fehlen. Deshalb sollten Sie nie das Thema mit der Aufgabenstellung gleichsetzen oder das Thema vom Auftraggeber übernehmen. Suchen Sie *immer einen eigenen Zugang.* In unserem Beispiel könnte das Thema lauten: „Zum ersten Mal seit Langem steht in unseren Quartalszahlen bei der Kennziffer xy wieder ein Minus davor."

Wie wir schon bei den Überlegungen zum Ziel festgestellt haben (Kapitel 1.2 und 1.3), kommt es auf die eigene „Innere Klärung" an, damit ich eine Botschaft punktgenau absetzen kann. *Was will ich sagen?* Worum geht es mir? Was ist meine Kernbotschaft? Das nenne ich *Thema.* Das Thema ist auch gleichzeitig das *Mittel,* um das *Ziel* zu *erreichen*!

In unserem Beispiel könnte das Ziel lauten: „Ich möchte die wichtigste Veränderung hervorheben und alle anderen Aspekte des Quartalsberichts damit in Bezug setzen. So wird meine Chefin auf einen Blick Klarheit bekommen und kann sich besser orientieren. Für mich eine gute Gelegenheit, Profil zu zeigen, die ich nutzen möchte!" Gleich drei Ziele sind hier miteinander verwoben: die Zahlen nutzerorientiert zu analysieren, der Chefin Klarheit zu geben und eine gute Visitenkarte abzugeben.

Diese Ziele führen zum Thema wie im Beispiel oben formuliert. Aus dieser Betrachtung heraus ist es nie wieder möglich zu sagen: „Mah, ich soll eine Präsentation zur Sache xy machen, das interessiert mich überhaupt nicht, das ist langweilig, dafür habe ich keine Zeit, ich will nicht …" Wenn Sie die Aufgabenstellung als Thema übernehmen, dann kann es sein, dass das stimmt. Aber das sollen Sie ja nicht, Sie sollen einen eigenen Zugang finden. Und da nehmen Sie nun einfach den, der Sie selbst interessiert oder den Sie als wichtig empfinden. Aus meiner Erfahrung weiß ich: Das geht so gut wie immer! Und sollte es tatsächlich einmal wirklich nicht gehen, dann wissen Sie: Sie haben den falschen Job – kündigen Sie!

Noch ein Beispiel für den Unterschied Aufgabenstellung – Ziel – Thema. Angenommen, Sie sind Verkäufer in einem Möbelgeschäft, Abteilung für Matratzen. Der Auftrag in der Morgenbesprechung lautet: Bis 18 Uhr sind 50 Stück einer 7-Zonen-Bio-Schaummatratze zum Sonderpreis von minus 33 Prozent zu verkaufen. Aktions-Flyer sind verteilt, Inserate in Tageszeitungen geschaltet worden. Mit Ihnen arbeiten weitere sechs Kollegen an dem Ziel. Die Aufgabe haben Sie verstanden. Sie setzen sich nun auch ein persönliches Ziel, legen die Latte ein wenig höher und sagen: „Ich allein will zehn Stück verkaufen." Es wird neun Uhr, ambitioniert gehen Sie in die Abteilung, steuern auf Kundschaft zu und sagen: „Einen schönen guten Morgen! Sie interessieren sich für Matratzen? Schauen S', von der hier möchte ich bis um 18 Uhr zehn Stück verkaufen, gehn S', nehmen S' mir doch gleich eine ab!"

Was ist passiert? Hier wurde das *Ziel* zum Thema gemacht. Das funktioniert wohl manchmal, aber eben nicht immer. Jedenfalls müssen die drei Begriffe Aufgabenstellung, Ziel und Thema immer genau betrachtet und entsprechend festgelegt werden. Das Thema für Sie als Matratzenverkäufer könnte lauten: „Diese Matratze ist weltweit die einzige, die einen Bio-Schaum verwendet und gleichzeitig das technologische Maximum an sieben verschiedenen Zonen besitzt, sie ist also besonders gesund und bequem und heute sogar extrem verbilligt."

Übrigens: Ein passender Appell für diese Situation könnte sein: „Sie bekommen heute auf jede Matratze 33 Prozent Rabatt, aber ich kann Ihnen noch ein besseres Angebot machen. Wenn Sie schnell entschlossen sind, gebe ich Ihnen 50 Prozent, das heißt, Sie bekommen zwei Stück zum Preis von einem!" Der Appell, die konkrete Handlungsaufforderung, funktioniert hier subtil über den Kaufpreis.

Zurück zum Thema. Wie wird nun ein geeignetes gebildet? Das Thema wird durch einen Satz dargestellt, den ich *Themensatz* nenne. In der folgenden Abbildung sehen Sie, welche Kriterien er erfüllen muss:

Der Themensatz

Das **Thema** ist:
1. Hauptbotschaft und Kernaussage;
2. Mittel, um das Ziel zu erreichen;
3. Leitlinie für alles Gesagte, das sich dem Thema unterordnen können muss;
4. so eng wie möglich, so breit wie nötig;
5. im **Themensatz** repräsentiert; er ist ein grammatikalisch vollständiger Satz in der Länge von 10 bis 20 Wörtern; er kann, muss aber nicht ausgesprochen werden.

Abb. 38: Die fünf Kriterien des Themensatzes.

Dass das Thema Hauptbotschaft und Kernaussage ist, sowie das Mittel, um das zuvor formulierte Ziel zu erreichen, haben wir bereits behandelt. Punkt 3 der Kriterien in Abbildung 38 bedeutet, dass jeder Satz, den Sie in Ihrem Statement, Ihrer Präsentation oder Ihrem Gespräch von sich geben, dem gewählten Thema entsprechen muss. Stoßen Sie in Ihrer Vorbereitung nun auf einen Inhalt, der diesem Kriterium nicht entspricht, so müssen Sie ihn weglassen. Sonst hätten Sie eine Themenverfehlung – dafür hat man schon in der Schule beim Aufsatzschreiben eine schlechte Note bekommen ... Kommen Sie jedoch an einer Stelle Ihrer Überlegungen darauf, dass sich dieser Teil zwar nicht mit dem gewählten Themensatz deckt, Sie ihn aber unbedingt verwenden wollen, dann können Sie auch den Themensatz nachschärfen, damit dies wieder möglich wird. In diesem Fall kontrollieren Sie anschließend, ob sich die bisher überlegten Inhalte auch weiterhin dem nun adaptierten Themensatz unterordnen lassen.

Damit sich für die Zuhörer oder Gesprächspartner so schnell wie möglich ein roter Faden erschließen kann, ist es wichtig, das Thema und auch den Themensatz so eng wie möglich und nur so breit wie nötig festzulegen bzw. zu formulieren (Punkt 4 der Themenkriterien). Er kann, muss aber nicht ausgesprochen werden. Haben Sie viel Zeit, ist also zum Beispiel die Einleitungsphase länger als – sagen wir – eine halbe Minute, dann empfehle ich sogar, den Themensatz selbst nicht auszusprechen, sondern mehrere Sätze zu seiner Beschreibung zu gebrauchen. Wenn der Themensatz in den Köpfen Ihrer Zuhörer auftaucht, obwohl Sie ihn gar nicht wortwörtlich ausgesprochen haben, ist das sogar ideal. Der Themensatz ist jedenfalls Ihre innere Leitlinie, damit Sie selbst leichter beim Thema bleiben können und um eine scharf konturierte Botschaft zu schaffen, deren roter Faden leicht erkannt wird. Dies gelingt, wenn Sie das Thema und den Themensatz so eng wie möglich und nur so breit wie nötig wählen. Durch eine Minimierung des Interpretationsspielraums wird die Botschaft klarer und kommt schneller an.

Was heißt nun „breit" und „eng"? Zum Beispiel ist die Themensatz-Formulierung „Die letzten Quartalszahlen" viel zu breit. Den Zuhörern erschließt sich nicht, worum es Ihnen *wirklich* geht. Dagegen ist die Formulierung „Der Erlös aus allen sonstigen Verkäufen ist in der Buchhaltungsversion vom 12. April um 14 Uhr 17 mit Euro 16,34 ausgewiesen, was den Eindruck erzeugt, es läge ein Rechenfehler vor, der geprüft werden sollte" viel zu eng – worüber sollten Sie denn jetzt noch reden? Die Regel dahinter: Je mehr Worte, desto enger, je weniger Worte, umso breiter. Deshalb hat sich in all den Jahren seit meiner Entwicklung des Modells die Faustregel ergeben: Verwenden Sie als Themensatz einen grammatikalisch vollständigen (und auch richtigen) Satz in der Länge von zehn bis 20 Wörtern. Das ist bloß ein Anhaltspunkt, Sie machen keinen Fehler, wenn es einmal neun oder ein anderes Mal 21 Wörter sind. Prüfen Sie jedenfalls, ob Sie wirklich am Punkt Ihrer Absichten sind und ob sie sich im Themensatz wirklich repräsentieren.

Und noch ein Hinweis: „grammatikalisch vollständig" – was bedeutet das? Der Satz „Die Quartalszahlen vor dem Hintergrund sich verändernder Märkte" ist ein Schlagsatz, als Überschrift eines Zeitungsartikels oder dergleichen geeignet, nicht jedoch als Themensatz – weil er keine Absicht beinhaltet. Grammatikalisch äußert sich das durch das Fehlen eines Verbs oder Hilfsverbs. Ein solcher Satz bleibt unverbindlich, unpersönlich, versachlicht. Als vollständiger Satz könnte er lauten: „Die neu veröffentlichten Quartalszahlen sind geprägt vom Wegbrechen außereuropäischer Märkte, und wir müssen dringend reagieren." Dieser Satz ist nun tatsächlich (auch grammatikalisch) vollständig, und er hat eine klare Aussage. Dass er auch schon einen Hinweis auf einen möglichen Appell in sich trägt, muss nicht sein, kann aber sein. Appell und Konflikt müssen sich klarerweise ebenfalls dem Thema unterordnen, da das Thema den Appell im geschilderten Beispiel andeutet, ist die Zielrichtung damit schon sehr früh klar. Der Appell könnte somit lauten: „Deshalb meine ich, dass wir dringend unsere Strategie überdenken sollten, und ich schlage vor, einen Unternehmensberater zu beauftragen, innerhalb der nächsten sechs Wochen eine Expertise für die bestmögliche Strategie zur Beibehaltung der außereuropäischen Marktpräsenz zu erarbeiten." Es könnte aber auch sein, dass er so lautet: „Wie Sie sehen, habe ich einige Szenarien entworfen, die allesamt sehr wahrscheinlich sind. Bitte denken Sie darüber nach, wie jedes einzelne sich auswirken kann, und lassen Sie uns weiter diskutieren, was wir tun sollen." Im ersten Fall ist der Appell stärker mit der Wortwahl des Themas verbunden, im zweiten weniger stark. In beiden Fällen aber ordnet er sich dem Thema unter, ist also nicht themenverfehlend.

Der Themensatz soll also eine Absicht beinhalten, formuliert als klare Aussage. Nicht als Frage, die ist dem *Konflikt* vorbehalten. Im wirtschaftlichen und wissenschaftlichen Umfeld ist als Thema eine These gut geeignet. Mit dem Konflikt wird der These etwas *entgegengestellt*, zum Beispiel durch einen Einwand, vielleicht in Form einer rhetorischen Frage. Das vorhin erwähnte Beispiel mit einer These als Thema – samt aller weiterer Eckpunkte – zeigt Abbildung 39.

Der Konflikt erhöht die Spannung und erzeugt Emotionen, wodurch die Zuhörer an das Thema gebunden werden. Der Konflikt treibt die erlebte Intensität der Sprechsituationen nach oben, muss jedoch auch wieder aufgelöst werden, am Plot-Point 2 hat er seine Aufgabe erfüllt und zieht sich wieder zurück. Die Pause nach dem Konflikt und vor der Konfliktauflösung macht die Höhepunkte noch deutlicher, eine geänderte Stimmführung verstärkt das zusätzlich. So empfehle ich, nach der Pause bei Plot-Point 1 mit *weniger* Energie in der Stimme weiterzusprechen, nach der Pause vor dem Plot-Point 2 wiederum mit *mehr* Energie.

Beispiel für die Eckpunkte einer Dramaturgie

1. **Thema:** Die neu veröffentlichten Quartalszahlen sind da, und ich behaupte, dass sie vom Wegbrechen außereuropäischer Märkte geprägt sind.

2. **Milieu:** Ich werde gleich zeigen, dass vor allem die Kennziffern x und y massiv betroffen sind, und wir wissen ja aus unserer langjährigen Erfahrung, dass diese kaum vom europäischen Geschäftsfeld beeinflusst werden.

3. **Konflikt:** Jedoch hat das Ganze auch einen Haken und rief deshalb bei mir zunächst einmal auch Ratlosigkeit hervor. Und wir müssen uns fragen: Wirft eine neue und massive Krise ihre Schatten voraus?

4. **Pause.**

5. Ich **begrüße** Sie sehr herzlich zu meiner Präsentation, die ich im Auftrag der Konzernführung erstellt habe. Deshalb reise ich nun von Werk zu Werk, um Sie von den Gedanken über unsere Zukunft zu informieren. Meine Name ist xy, ich arbeite in xy und bin für xy verantwortlich.

6. **Story:** Zweitbestes Argument: Als ich mit meiner Arbeit der Analyse der Zahlen begonnen habe, stieß ich auf …

7. Schwächstes Argument: …

8. … + viertbestes + drittbestes Argument + erstbestes Argument: …

9. **Pause.**

10. **Konfliktauflösung:** Wir können somit sehr deutlich erkennen, dass von einer massiven Krise keine Rede ist, wir haben es eher mit einer temporären Verschiebung von Einflussbereichen zu tun.

11. **Appell:** Und wie Sie sehen, habe ich einige Szenarien entworfen, die allesamt sehr wahrscheinlich sind. Bitte denken Sie darüber nach, wie jedes einzelne sich auswirken kann, und lassen Sie uns weiter diskutieren, was wir tun sollen. Dazu werden wir auch in Ihrem Werk eine Arbeitsgruppe ins Leben rufen, wofür wir Interessierte suchen. Bitte melden Sie sich!

Abb. 39: Beispiel für die Eckpunkte einer Dramaturgie.

3.1.2 Das TOMAS KLOCK Arbeitsblatt für ALLE Sprechsituationen

Der schon zu Beginn dieses Buches angesprochene einzigartige *Leitfaden zur inhaltlichen Gestaltung* ist das THOMAS KLOCK Arbeitsblatt. Es ist ein Formular, das Sie – wenn Sie es Schritt für Schritt ausfüllen – zu einer professionellen inhaltlichen Struktur führt.

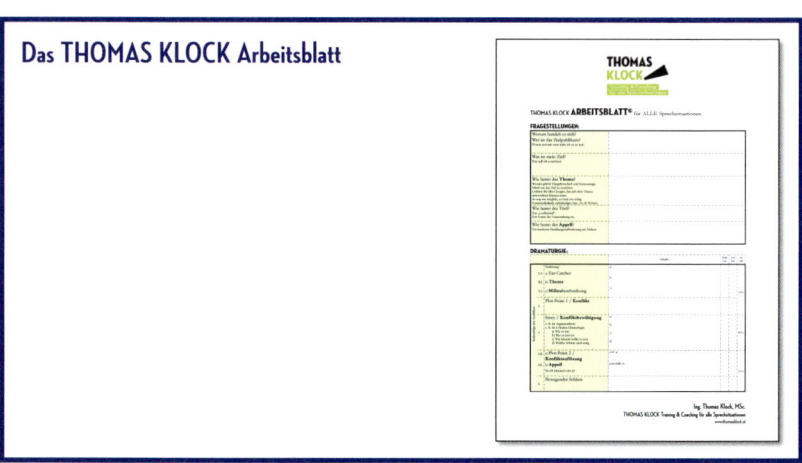

Das THOMAS KLOCK Arbeitsblatt

Abb. 40: So sieht das THOMAS KLOCK Arbeitsblatt im Original aus. Es besteht aus einer Fragestellungen- und einer Dramaturgie-Tabelle, die in den beiden folgenden Abbildungen 41 und 42 im Detail zu sehen sind.

Das THOMAS KLOCK Arbeitsblatt besteht aus zwei Abschnitten. Der obere beinhaltet Fragestellungen, die Ihnen zur Klärung Ihres Anliegens helfen sollen. Der untere Abschnitt ist praktisch ein Kochrezept, eine Anleitung, die Sie Schritt für Schritt zu einer Dramaturgie bringt, die Aufmerksamkeit erzielen und Überzeugungskraft entstehen lässt. Abbildung 40 ist ein Abdruck dieses Formulars, am Ende des Kapitels erfahren Sie den Link, unter dem Sie es kostenlos von meiner Website herunterladen können.

Beantworten Sie zuerst die einzelnen Fragen in der oberen Tabelle des Arbeitsblatts:

Die Fragestellungen-Tabelle des THOMAS KLOCK Arbeitsblatts	
Worum handelt es sich? Wer ist das Zielpublikum? Womit und mit wem habe ich es zu tun?	
Was ist mein Ziel? Was will ich erreichen?	
Wie lautet das **Thema?** Worum geht's? Hauptbotschaft und Kernaussage. Mittel, um das Ziel zu erreichen. Leitlinie für alles Gesagte, das sich dem Thema unterordnen können muss. So eng wie möglich, so breit wie nötig. Grammatikalisch vollständiger Satz, 10–20 Wörter.	
Wie lautet der Titel? Das „Lockmittel". Der Name der Veranstaltung etc.	
Wie lautet der **Appell?** Die konkrete Handlungsaufforderung am Schluss.	

Abb. 41: Diese Tabelle spiegelt die Inhalte der Fragestellungen-Tabelle des THOMAS KLOCK Arbeitsblatts wider und wird zuerst ausgefüllt.

Die Fragen beinhalten uns schon bekannte Begriffe: Um zum Thema zu kommen, müssen Auftritt und Rezipienten visualisiert und das Ziel geklärt werden, womit wir uns bereits ausgiebig beschäftigt haben. Neu ist jedoch die Zeile zwischen Thema und Appell: der Titel. Ich habe ihn nur deshalb in das Arbeitsblatt aufgenommen, um Ihnen ständig bewusst zu machen, Sie daran zu erinnern, dass das Thema etwas anderes ist als zum Beispiel der Name einer Veranstaltung, der Auftrag zu einer Präsentation usw. In den meisten Fällen werden Sie keinen Titel verwenden und diese Zeile nicht benötigen.

Um das Wesen eines Titels zu verdeutlichen, folgendes Beispiel: Stellen Sie sich bitte ein Plakat auf einer Litfaßsäule vor. Mit großen Buchstaben steht dort: „Der Höllentrip durch die Wüste." In der Fachsprache wird das „Eye-Catcher" genannt. Gleichzeitig ist es hier der Name der Veranstaltung, und in halbfett gedruckten Lettern ist darunter zu lesen: „Lichtbildervortrag meiner Fahrt mit dem Motorrad durch die Sahara von Tripolis nach Kairo in sechs Wochen." Das ist das Thema. Der Titel trägt oft keinen Inhalt in sich, er ist nur Lockmittel, ein Marketinginstrument.

Wenn Sie nun die obere Tabelle ausgefüllt haben, geht es zum Kernstück des Arbeitsblatts, zur Dramaturgie-Tabelle:

Die Dramaturgie-Tabelle des THOMAS KLOCK Arbeitsblatts

		Inhalte	Folien Anz.	Zeit Sek.	Anteil
	Einleitung:				
3.3.	a) Ear-Catcher	a)			
3.1.	b) **Thema**	b)			
3.2.	c) **Milieu**beschreibung	c)			10 %
2.	Plot-Point 1 / **Konflikt**				

4.	Story / **Konfliktbewältigung**
	
	 z. B. als Argumentkette.
	 z. B. als 4-Stufen-Chronologie:
	   a) Wie es war
	   b) Wie es jetzt ist
	   c) Wie könnte/sollte es sein
	   d) Welche Schritte sind nötig
		a)
		
		 b)
		
		 c)
		 d)
					80 %

1.2.	a) Plot-Point 2 / **Konfliktauflösung**	evtl. a)			
1.1.	b) **Appell** Ist oft identisch mit a)!	jedenfalls b)			
5.	Bewegender Schluss				10 %

Reihenfolge des Ausfüllens

Abb. 42: Diese Tabelle spiegelt die Inhalte der Dramaturgie-Tabelle des THOMAS KLOCK Arbeitsblatts wider. Sie wird erst nach dem Beantworten der Fragestellungen des Arbeitsblatts ausgefüllt, und zwar in der Reihenfolge der Ziffern in der äußerst linken Spalte.

Sie ist die tabellarische Form der „Dramaturgischen Musterkurve", die mit Inhalt gefüllt werden kann. Die Zeitlinie verläuft von oben nach unten, die schon gewohnten Begriffe sind fett gedruckt. Das Ausfüllen erfolgt jedoch nicht entsprechend der Zeitlinie, sondern nach Vorgabe der Nummerierung in der Spalte „Reihenfolge". Das hat folgenden Grund: Indem Sie beim Appell beginnen (Reihenfolge 1.1) und so das Pferd von hinten aufzäumen, kommen Sie automatisch zu einem Konflikt! Es ist also eine Methode, recht einfach einen Konflikt zu erzeugen, was vor allem jene unterstützen soll, die noch nicht viel Übung mit dieser Methode haben. Und das funktioniert so:

Unter „Reihenfolge 1.1" tragen Sie den Appell ein, Sie haben ihn ja schon gefunden und lesen ihn von der oberen Tabelle Ihres Arbeitsblatts ab. Der Appell ist in dieser Zeile der zweite Aspekt, deswegen hat er ein „b)" vor sich stehen. Den Appell gibt es immer, deswegen steht in der Inhaltsspalte auch noch das Wort „jedenfalls". Der erste Aspekt dieser Zeile ist der Plot-Point 2, er verkörpert die Konfliktauflösung. Den bzw. die gibt es zwar auch immer, allerdings können Sie es sich – vor allem am Anfang – leicht machen, wenn Sie den *Appell auch als Konfliktauflösung* betrachten. Mit anderen Worten: Konfliktauflösung und Appell können identisch sein. Das ist entweder ganz einfach eine Annahme von Ihnen (um es sich leicht zu machen), oder es ergibt sich aus dem inhaltlichen Bogen.

Warum macht man es sich leicht, wenn man Appell und Konfliktauflösung als identisch betrachtet? Viele tun sich schwer damit, einen geeigneten Konflikt zu finden. Mit diesem Trick gelingt das jedoch ganz einfach: Sie nehmen den Appell und überlegen sich bloß ein Gegenteil dazu, das Sie dann bei „Plot-Point 1/Konflikt" eintragen („Reihenfolge 2"). „Reihenfolge 1.2" lassen Sie frei. Das kann in Anlehnung an das Beispiel der Abbildung 39 so aussehen:

– Der Appell lautete: „Wie Sie sehen, habe ich einige Szenarien entworfen, die allesamt sehr wahrscheinlich sind. Bitte denken Sie darüber nach, wie jedes einzelne sich auswirken kann, und lassen Sie uns weiter diskutieren, was wir tun sollen. Dazu werden wir auch in Ihrem Werk eine Arbeitsgruppe ins Leben rufen, wofür wir Interessierte suchen. Bitte melden Sie sich!"

– Wenn Sie diesen Appell nun als identisch mit der Konfliktauflösung betrachten, spiegeln Sie ihn in sein Gegenteil und erhalten dadurch den Konflikt: „Im Augenblick haben wir keine Szenarien entworfen, wir diskutieren noch nicht einmal über die möglichen Folgen, und ich warne, dass ein Negieren oder Bagatellisieren durchaus fatal werden könnte!" Diese Version des Konflikts ist also eine Warnung, es muss nicht immer eine rhetorische Frage sein.

– Wollen Sie Appell und Konfliktauflösung *nicht* als ident betrachten (die Version für Fortgeschrittene), dann erhalten Sie zum Beispiel eine Version, wie sie in Abbildung 39 schon aufgezeigt war. Hier unterhält der Konflikt einen *eigenständigen* inhaltlichen Bogen: „Wirft eine Krise ihre Schatten voraus?" – „Nein keine Rede davon!" Der Vorteil, Appell und Konfliktauflösung zusammenfallen zu lassen, ist ein leichteres Finden eines geeigneten Konflikts. Der Nachteil ist, dass der Plot-Point 2 nicht mehr so deutlich zu hören ist, da sein Inhalt (die Konfliktauflösung) im Appell integriert ist. Das kann man jedoch in Kauf nehmen, wenn man – wie gesagt – mit der Methode erst zu arbeiten beginnt und noch nicht so geübt ist.

Nun weiter in der Reihenfolge des Ausfüllens. Wir kommen zur Einleitungsphase, bei der es drei Aspekte gibt. Der erste Schritt ist das *Thema* („Reihenfolge 3.1"), das Sie von der oberen Tabelle abschreiben können. Die *Milieubeschreibung*, „Reihenfolge 3.2", benötigt noch ein paar Überlegungen. Wie schon besprochen, ist sie die ergänzende Umfeldbeschreibung zum Thema, die man oft braucht, um das Thema und den Konflikt besser verstehen zu können. Ich empfehle, die Milieubeschreibung als die verbindenden Worte zwischen Thema und Konflikt zu betrachten, indem Sie gedanklich die Zeile voransetzen: „Was ich damit (dem Thema) meine, ist: …" Wenn Sie meinen, dass Sie die Milieubeschreibung für eine konkrete Aufgabenstellung nicht benötigen, ist das in Ordnung. Sie können sie auch weglassen, wenn der dramaturgische Bogen dadurch nicht beeinträchtigt ist.

Fehlt noch „Reihenfolge 3.3". Dort findet sich ein stilistisches Hilfsmittel, um den Anstieg der „Dramaturgischen Musterkurve" zu beschleunigen, also sehr schnell die Aufmerksamkeit der Zuhörer zu erlangen: der *Ear-Catcher*. So wie der Eye-Catcher auf der Titelseite einer Zeitung oder auf einem Plakat, so soll der Ear-Catcher die Konzentration der Rezipienten schnellstmöglich steigern und zum Thema führen. Es ist ein kurzer, prägnanter und emotionaler Satz, der aufgeschrieben idealerweise mit einem Rufzeichen enden würde. Beispiele: „Das hätte ich mir selbst nie gedacht!", oder: „Unglaublich!", oder: „Als ich es heute gesehen habe, ging es mir wieder durch den Kopf: Da muss etwas unternommen werden!" usw. Lange Zeit wurde empfohlen, ein Zitat einer berühmten Persönlichkeit an den Anfang zu setzen. Tun Sie es bitte nicht, es ist nicht mehr zeitgemäß. Außer: Das Zitat ist von Ihnen selbst! Denn der Ear-Catcher als emotionale Bündelung funktioniert nur in der ganz persönlichen Variante, er sollte immer ich-bezogen sein.

Nun kommt „Reihenfolge 4" dran: die Story. Das ist jener Teil, der in den meisten von mir beobachteten Gesprächen, Präsentationen usw. ziemlich gut funktioniert. Deswegen werde ich mich mit dieser Phase nur sehr kurz beschäftigen. Ich habe auf dem Arbeitsblatt zwei technische Möglichkeiten vermerkt, die gern verwendet werden und so gut wie alle Gesprächssituationen abdecken. Die eine ist die *Argumentkette*. Ihr Wesen als eine Aufeinanderfolge von Argumenten war schon in Abbildung 37 zu sehen. Sie ist leicht umzusetzen, aber manchmal auch ein wenig fad. Eine raffiniertere Methode ist die der *4-Stufen-Chronologie,* bei der die Argumente in einer zeitlichen Abfolge zueinander verfasst und danach entsprechend gereiht werden. Die vier Stufen sind: Wie es war – wie es jetzt ist – wie könnte/sollte es sein – welche Schritte sind nötig. Mit dem letzten Schritt deutet man schon sehr konkret den Appell an, den man am Plot-Point 2 nur mehr verdichten muss.

Beispiel: „… (Plot-Point 1) … Sehen wir uns einmal an, wie es früher war, da waren die Flüsse sauber und voller Fische … Nach einer Phase der starken Verschmutzung unserer Gewässer haben wir nun wieder saubere Flüsse, aber dennoch keine oder wenige Fische, weil sie nicht wandern können, wegen der Flusskraftwerke … Deshalb ist es notwendig, an solchen Sperren Aufstiegshilfen für Fische zu bauen … Dazu muss man Bewusstseinsbildung betreiben und auch Geldmittel bereitstellen, da das Bauen solcher Anlagen viel Geld kostet … (Plot-Point 2) …"

Bleibt nur mehr „Reihenfolge 5" über: der *„Bewegende Schluss",* wie ich ihn nenne. Das ist analog zum Ear-Catcher ein Stilmittel, das die Botschaft emotional abrundet. Dazu reicht wieder ein kurzer, prägnanter Satz, der die Botschaft auf den Punkt bringt. Zum Beispiel: „Damit wir allesamt eine erfolgreiche Zukunft erleben!", oder: „Das erwarte ich mir von dieser Abteilung, alles andere wäre eine Enttäuschung für mich.", oder: „Damit Sie morgen noch kraftvoll zubeißen können!" usw. Ironie erkannt? Genau, die Werbung beherrscht den emotionalen Schluss perfekt, meist sind es die Slogans des Produkts, die den Spot abrunden. Was es jedenfalls *nie* ist: „Danke für Ihre Aufmerksamkeit!"

Wenn Sie all diese Schritte durchgegangen sind, haben Sie ein vollständig ausgefülltes THOMAS KLOCK Arbeitsblatt. Damit stellen Sie sich natürlich nicht vor die Zuhörer und setzen sich auch nicht zu Ihren Gesprächspartnern! Das Arbeitsblatt ist die Grundlage für alle weiteren Schritte der Vorbereitung, auf die ich in Teil 5 eingehe. Und damit Sie mit dem THOMAS KLOCK Arbeitsblatt auch wirklich gut arbeiten können, stelle ich es Ihnen gern zum Download zur Verfügung:

http://www.thomasklock.at/Arbeitsblatt

3.1.3 Die Dialog-Situation

Wenn Sie keinen Monolog führen (Statement, Präsentation, Vortrag, Rede), sondern einen Dialog (Gespräch, Interview, Diskussion etc.), dann folgt einerseits jede einzelne Ihrer Wortmeldungen dem dramaturgischen Muster, andererseits sind sie aber auch Teil (Element) eines übergeordneten dramaturgischen Bogens:

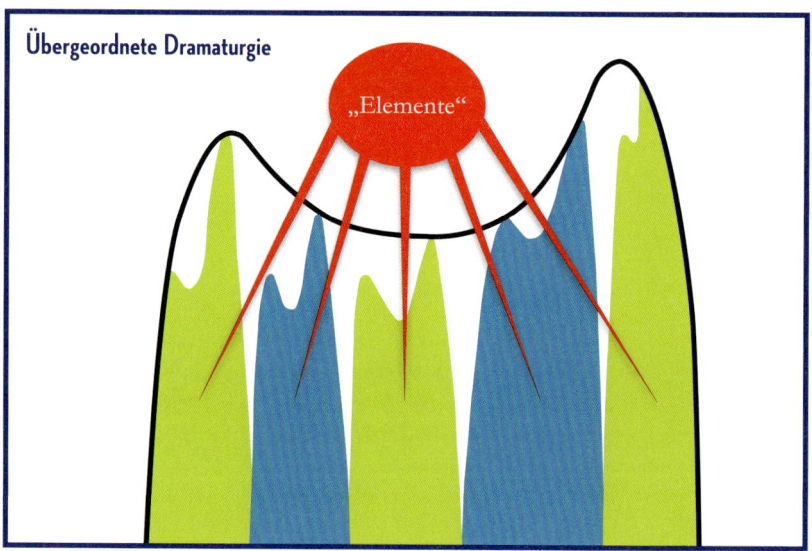

Abb. 43: Die „Elemente" einer übergeordneten Dramaturgie, zum Beispiel bei einer Veranstaltung oder während eines Gesprächs.

Die „Elemente" im Sinne der Abbildung 43 können vieles sein: Ihre Wortmeldungen in einem Gespräch genauso wie einander sich ablösende Statements von mehreren Personen in einer Diskussion oder einem Meeting, eine zum Beispiel darin eingebaute Kurzpräsentation, das Vorstellen eines Gasts, das Zeigen eines Demonstrationsobjekts, vielleicht die Vorführung eines kurzen Films oder ein Live-Videogespräch. Was auch immer – jedes dieser Elemente sollte idealerweise den dramaturgischen Bogen in sich tragen, also jeweils mit Thema, Konflikt, Story, und Appell ausgestattet sein. Die jeweiligen Spitzen ergeben dann in Summe die Hüllkurve eines über die ganze Veranstaltung reichenden dramaturgischen Bogens.

Bei einem Vier-Augen-Gespräch werden sich Ihre Statements mit jenen Ihres Gesprächspartners abwechseln. Ihr erstes Statement (erstes Element) sollte dabei als Thema das generelle Thema Ihrer Gesprächsabsicht beinhalten, also worum es Ihnen in diesem Gespräch geht. Das letzte Statement hat als Thema den Appell, behandelt also den Handlungsauftrag. Für das Gespräch dazwischen bereiten Sie sich weitere drei bis vier Statements vor, die Sie an geeigneter Stelle absetzen. Sie haben also sozusagen fünf bis sechs Pfeile in Ihrem Köcher, den „Themen-Pfeil" schießen Sie zu Beginn ab, den „Appell-Pfeil" am Schluss. Sollte das Gespräch länger dauern als eingeschätzt und Sie haben den „Appell-Pfeil" zu früh abgeschossen, wiederholen Sie ihn ruhig, doppelt appellieren kann nicht schaden.

Diese Technik können Sie auch in einem Interview anwenden. Hier wählen Sie zur entsprechenden Frage einen passenden Pfeil aus, gehen anfangs auf die Frage ein und leiten dann geschickt zu Ihrem Pfeil über. Bei einem Interview beachten Sie bitte unbedingt Folgendes: Ein *Interview* ist keine *Gerichtsverhandlung*! Sie müssen und sollen die Fragen nicht auf Punkt und Beistrich beantworten, ein Interview ist die Chance für Sie, Ihre Inhalte einem breiteren Publikum zugänglich zu machen. Wenn Sie nur brav Frage für Frage beantworten, sind Sie bloß braver Erfüllungsgehilfe einer Show der Journalistin oder des Journalisten und kommen so nie zu den Punkten, die für Sie wichtig sind. Natürlich sollen Sie nicht nerven, indem Sie alle Fragen unbeantwortet lassen. Das könnte sich durch einen dadurch provozierten schlechten oder unvorteilhaften Artikel sogar rächen. Jedenfalls braucht es hier Fingerspitzengefühl, um abschätzen zu können, wie weit ich bei mir bleibe und wie weit ich dem Interviewer entgegenkomme.

3.2 Die Moderation

Wenn Sie nun aber nicht Gast einer Diskussionsveranstaltung sind, sondern der Moderator selbst, gehen Sie dennoch ganz ähnlich vor. Diskussionsabende, an denen die Teilnehmerinnen und Teilnehmer entspannt in Loungesesseln oder an Stehtischen spannende Themen vor einem illustren Publikum beleuchten, sind ja sehr beliebt. Eine wenig dramaturgisch gestaltete Moderation ist dabei aber eine ziemliche Spaßbremse. „Das war … und jetzt kommt …" ist stinklangweilig und nicht mehr zeitgemäß.

Dabei gibt die Rolle der Moderatorin bzw. des Moderators schon der Definition nach sehr viel her. Sie oder er ist:

– eine Person, die ein Gespräch lenkt und lenkend eingreift;
– die Drehscheibe, die durch das Programm führt (roter Faden);
– Anwältin oder Anwalt des Publikums (immer auf der Seite der Rezipienten);
– Verbinder zwischen den präsentierten Inhalten und dem Publikum und auch zwischen den Inhalten selbst;
– Vermittler und Übersetzer der Inhalte (macht sie verständlich);
– Hellseher: denkt in die Zukunft und beantwortet schon Fragen, bevor sie überhaupt auftauchen;
– Mäßiger: verstärkt oder schwächt ab, was auszugleichen ist;
– Verkäufer: wirbt, erweckt Neugier und Erwartung, vermittelt Atmosphäre, hält die Spannung;
– Gastgeber: leitet ein und aus, eröffnet und schließt ab, begrüßt und verabschiedet;
– Prima Ballerina: steht im Vordergrund, wird für das ganze Geschehen verantwortlich gemacht, muss dadurch viel Kritik einstecken, erhält aber auch die meisten Lorbeeren;
– Entscheider: während der Veranstaltung müssen viele Entscheidungen allein getroffen werden;
– höchstpersönlich: gute Moderatoren bauen eine starke Bindung zum Publikum auf und sind dadurch mehr als andere Sprecher kognitiv und emotional transparent.

Als Moderatorin bzw. Moderator ist man ein ziemlicher Tausendsassa, ein Wunderwuzzi oder wie auch immer man in Ihrem Kulturkreis zu jemandem sagt, die oder der *alles* können muss. Damit die Ideale nun nicht in den Himmel wachsen und wir wieder auf den Boden kommen: Bauen Sie Ihre Moderation einfach nach Abbildung 43 auf.

Die *Einleitung* gehört Ihnen ganz allein. In zehn Prozent der Gesamtzeit der Veranstaltung geben Sie einen Überblick über Thema, gebräuchliche Argumente, die Teilnehmerinnen und Teilnehmer und die Ziele der Veranstaltung. Die *Ausleitung* ist ebenfalls Ihnen allein vorbehalten. Fassen Sie Wortmeldungen zusammen, erkennen Sie darin vielleicht einen roten Faden, bedanken Sie sich bei allen und formulieren Sie vielleicht sogar eine „Moral von der Geschichte". Als *Konflikt* und Plot-Point 1 eignet sich zum Beispiel hervorragend Ihre erste Frage an genau jenen Teilnehmer, der die kontroverseste Ansicht zum Diskussionsthema hat. Im Übrigen gilt auch für die Moderation alles, was wir davor in diesem Buch angesprochen haben.

Zwischen zwei Statements der Teilnehmer rücken Sie das Element Ihrer *Überleitung*, die Sie nach folgendem Schema aufbauen:
– Paraphrasieren der Kernaussage des Vorredners in Bezug auf das generelle Thema der Veranstaltung;
– verbindende Inhalte zu den Inhalten des Nachredners oder zu generellen Fragen herstellen;
– eine diesbezügliche Frage an den Nachredner stellen oder ihn anmoderieren.

Sie sehen, auch im Schema der Überleitung taucht wieder die Triade „Thema – Story – Appell" auf: zehn Prozent als Thema für das Paraphrasieren der Kernaussage des Vorredners, 80 Prozent als Story mit eigenen verbindenden Inhalten, um auf den Nachredner überzuleiten, sowie zehn Prozent als Appell mit der Frage (Aufforderung zur Antwort!) an den Nachredner.
Tipp: Versuchen Sie, die Gesprächspartner in unregelmäßiger Reihenfolge zu befragen – Kriterium sollte der Fortgang der Diskussion sein. Ein Herunterspulen eines starren Schemas ist reizlos. Darüber können Sie sich schon bei der Vorbereitung klare Gedanken machen, denn Sie werden ja wissen, mit welchen Personen Sie es zu tun haben und dadurch deren Standpunkte kennen. Zudem haben Sie in Ihrer Zieldefinition sicher auch daran gedacht, Subthemen festzulegen, die Sie gern angesprochen hätten und welche nicht.
Noch ein Tipp: Gute Moderatoren beherrschen die „2-Seiten-Orientierung" – sie sind Gastgeber für die Teilnehmer *und* für das Publikum. Das Vorstellen der Teilnehmer geschieht jedoch *nur* für das Publikum. Deshalb: „Frau xy ist …", statt: „Sie sind …"!

Abschlusstipp: Schauen Sie sich im TV gute Diskussionssendungen an und beobachten Sie die Rolle der Moderatoren – daraus kann man viel lernen!

Die THOMAS KLOCK Methode – ZWISCHENBILANZ 8

– Achten Sie auf den Unterschied zwischen *Aufgabenstellung – Ziel – Thema*.

– Alles Gesagte muss sich dem Thema unterordnen können.

– Dazu ist es notwendig, dass es so eng wie möglich und nur so breit wie nötig gewählt wird.

– Das Thema ist im *Themensatz* repräsentiert. Der Themensatz ist ein grammatikalisch vollständiger Satz in der Länge von zehn bis 20 Wörtern. Er kann, muss aber nicht ausgesprochen werden.

– Er ist vor allem eine *innere Leitlinie*, eine Hilfe, um das Thema ständig scharf abbilden zu können. So entsteht ein roter Faden im Kopf der Rezipienten.

– Der Themensatz soll eine Absicht beinhalten, formuliert als klare Aussage, keine Frage.

– Die rhetorische Frage eignet sich gut für den Konflikt. Mit dem *Konflikt* wird dem Thema etwas entgegengestellt.

– Arbeiten Sie mit dem THOMAS KLOCK Arbeitsblatt, beantworten Sie zunächst die Fragen, dann füllen Sie die unteren Felder nach der vorgegebenen Reihenfolge aus. So erhalten Sie automatisch einen Konflikt.

– Die Ergebnisse der Arbeit mit dem Arbeitsblatt sind Grundlage für die weiteren Schritte der Vorbereitung.

– In einer *Dialog*-Situation sind Ihre Wortmeldungen einerseits Teil (Element) eines übergeordneten dramaturgischen Bogens, andererseits unterliegen sie selbst dem dramaturgischen Muster.

– In einem *Gespräch* beinhaltet das erste Element das Thema, das letzte den Appell. Die Elemente dazwischen bestehen aus ebenso vorbereiteten Statements, die Sie an geeigneter Stelle absetzen.

– Bei einer *Moderation* machen Sie es mit der Ein- und Ausleitung genauso. Zwischen zwei Statements der Teilnehmer rücken Sie das Element Ihrer Überleitung. Dieses hat das Schema „Paraphrasieren – verbindende Inhalte – Frage".

BE PREPARED!
DIE THOMAS KLOCK 10-SCHRITTE-EXPRESSANLEITUNG

Die THOMAS KLOCK 10-Schritte-Expressanleitung ist als schnelle Vorbereitung für all jene gedacht, die schon Übung im mentalen, formalen und inhaltlichen Vorbereiten haben. Zugleich soll sie allen, die mit der THOMAS KLOCK Methode arbeiten, einen schnellen Überblick über die richtige Reihenfolge (wichtig!) der Vorbereitungs-Milestones geben.

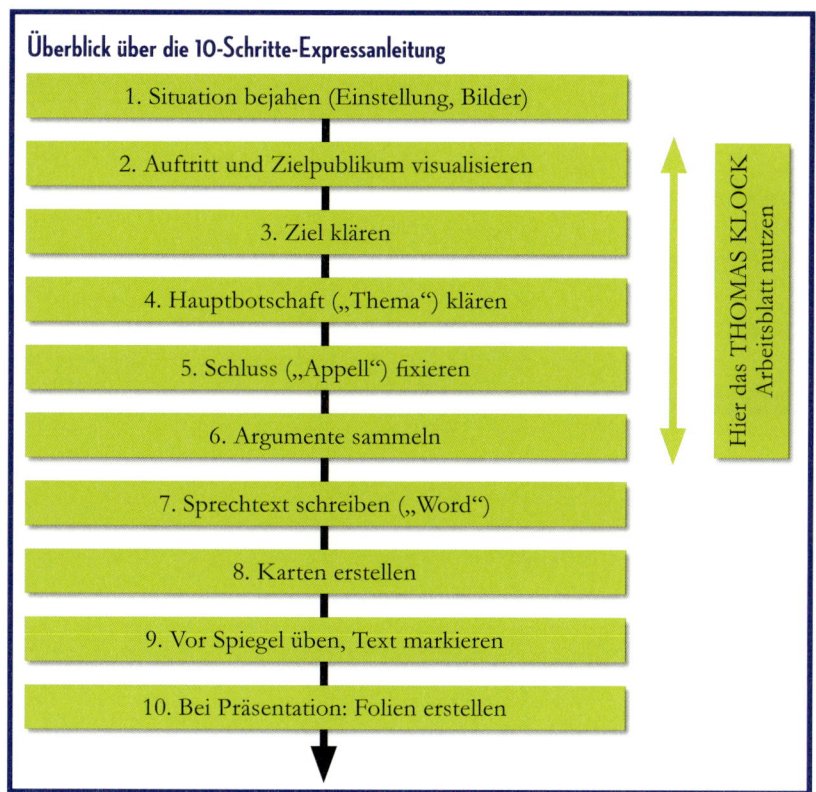

Überblick über die 10-Schritte-Expressanleitung

1. Situation bejahen (Einstellung, Bilder)

2. Auftritt und Zielpublikum visualisieren

3. Ziel klären

4. Hauptbotschaft („Thema") klären

5. Schluss („Appell") fixieren

6. Argumente sammeln

Hier das THOMAS KLOCK Arbeitsblatt nutzen

7. Sprechtext schreiben („Word")

8. Karten erstellen

9. Vor Spiegel üben, Text markieren

10. Bei Präsentation: Folien erstellen

Abb. 44: Die Schritte 2 bis 6 können Sie auch unter Zuhilfenahme des THOMAS KLOCK Arbeitsblatts erstellen.

Wenn Sie das Buch bis hierher gelesen und alle oder die meisten Übungen zumindest einmal ausprobiert haben, dann werden Ihnen die ersten sechs Schritte vollkommen klar sein. Sie bilden viele Überlegungen ab, die wir bislang gemacht haben, und ich werde sie deshalb nur mehr kurz streifen. Die 10-Schritte-Expressanleitung beinhaltet jedoch auch weitere Vorbereitungsschritte, die wir uns im Detail noch nicht angesehen haben, die aber dennoch sehr wichtig für das Gelingen Ihres Auftritts oder Ihres Gesprächs sind – wir sind dem Ziel schon sehr, sehr nahe.

In meinen Seminaren stelle ich gern die Frage: „Was ist üblicherweise die allererste Handlung, die Sie setzen, wenn Sie sagen, so, jetzt fange ich mit der Vorbereitung meiner Präsentation an?" Die Antwort ist meistens die gleiche: „Ich setze mich zum Computer und öffne PowerPoint …" Das ist allerdings der *letzte* Schritt, der zu tun ist. Gehen wir sie der Reihenfolge nach durch. Ach ja: Und halten Sie die Reihenfolge unbedingt ein!

Schritt 1: Situation bejahen

– Stimmen Sie der auf Sie zukommenden Sprechsituation bedingungslos zu. Denn: Das, worauf Sie sich konzentrieren, verstärkt sich!
– Ihre Einstellung und Ihre Haltung zur Sprechsituation beeinflussen Ihre Verfassung grundlegend.
– Arbeiten Sie mit Ihren inneren Bildern, verändern Sie sie nach Bedarf (Kapitel 1.1).
– Nehmen Sie Chancen zum „Auftreten" pro-aktiv wahr! Melden Sie sich, wann immer es eine Gelegenheit gibt, das Wort zu ergreifen oder eine Präsentation zu halten. So werden Sie sehr viel schneller Routine bekommen.

Schritt 2: Auftritt und Zielpublikum visualisieren

– Recherchieren Sie ausgiebig, welche Zuhörer in welchem Raum sich mit bzw. vor Ihnen befinden werden.
– Finden Sie heraus, welche Erwartungen und Bedürfnisse Ihr Publikum hat.
– Lassen Sie sich Bilder von dem Raum, in dem sie sprechen werden, schicken. Noch besser: Besichtigen Sie ihn vorab, wenn möglich.
– Wenn Sie sich später inhaltlich mit der Sprechsituation auseinandersetzen, stellen Sie sich dabei immer vor, Sie wären schon dort und würden vor diesen Menschen sprechen.
– Wenn Sie einmal in die Lage kommen, das Publikum nicht vorab analysieren zu können, zum Beispiel bei einer Messe oder einem Kongress, dann *definieren* Sie Ihr Zielpublikum. Machen Sie sich ganz klar, wen Sie ansprechen wollen. Wenn dann während Ihres Sprechens Menschen den Raum verlassen, dann wissen Sie beruhigt, dass sie das nicht deshalb tun, weil Ihre Performance womöglich schlecht wäre,

sondern nur, weil sie nicht Ihrem gewählten Zielpublikum entsprechen!

– Gehen Sie die Checkliste 1 – „Erste Weiche" durch und stellen Sie eine „Innere Klärung" über Ihre Absichten, Motive und Bedürfnisse her (Kapitel 1.2).

Schritt 3: Ziel klären

– Klären Sie alle Ziele, die Sie in Bezug auf diese Sprechsituation haben.
– Ihre Ziele müssen stark sein, nur das motiviert. Hohe Ziele erfordern aber auch viel Mut.
– Gehen Sie die Checkliste 2 – „Starke Ziele" durch.

Schritt 4: Hauptbotschaft klären

– Klären Sie nun Ihr „Thema", das ist die Hauptbotschaft, die Kernaussage, und es ist das Mittel, um Ihr Ziel bzw. Ihre Ziele zu erreichen.
– Das Ziel wird durch einen Themensatz repräsentiert. Gehen Sie bei seiner Erstellung nach den Kriterien der Abbildung 38 vor.
– Falls Sie sich schwertun oder zweifeln, einen geeigneten Themensatz gefunden zu haben, arbeiten Sie noch einmal das ganze Kapitel 3.1 durch.

Schritt 5: Schluss fixieren

– Anschließend klären Sie den Schluss, der einen konkreten Handlungsauftrag darstellt und Appell genannt wird.
– Der Appell ist die Schlussbotschaft, die sich Ihr Publikum am leichtesten und längsten merken wird.
– Ein Appell kann eine Bitte sein, ein Auftrag, ein Anreiz usw. Jedenfalls müssen Ihre Zuhörerinnen und Zuhörer verstehen, was Sie von ihnen *wollen*. Kapitel 3.1. nennt auch dafür Beispiele.

Schritt 6: Argumente sammeln

– Jetzt erst sammeln Sie Argumente, und zwar so viele, wie Sie können.
– Sortieren Sie danach jene aus, die sich nicht unter das Thema einordnen lassen.
– Ist darunter jedoch eines, das Sie auf alle Fälle behalten und aussprechen wollen, dann machen Sie das nur nach entsprechender Adaptierung des Themensatzes. Beides, Argumente und Themensatz, müssen immer kongruent sein! Nach einer Adaptierung des Themensatzes schauen Sie *alle* Argumente noch einmal durch und befinden erneut, welche sich unterordnen lassen und welche nicht.

– Wenn Sie mit dem THOMAS KLOCK Arbeitsblatt die Schritte 2 bis 6 erarbeitet haben, dann haben Sie an dieser Stelle bereits auch die anderen Eckpunkte der THOMAS KLOCK Methode festgelegt: Konflikt, Milieubeschreibung, Ear-Catcher und den „Bewegenden Schluss".

Schritt 7: Sprechtext schreiben

– Nun schreiben Sie Ihren Text mit einem Textverarbeitungsprogramm (Word, Pages etc.) am Computer. Vorlage sind die Notizen Ihrer vorherigen Überlegungen bzw. das ausgefüllte Arbeitsblatt.

– Versetzen Sie sich in die auf Sie zukommende Sprechsituation hinein, und zwar so als würden Sie schon vor Ihrem Publikum sprechen!

– Beginnen Sie nun zu schreiben, und zwar *wortwörtlich*! Das heißt nicht, dass ich ein Auswendiglernen empfehle! Wie Sie mit dem wortwörtlichen Text beim Sprechen selbst umgehen, erkläre ich weiter unten. Jetzt sollen Sie ihn nur einmal wortwörtlich schreiben.

– Das wortwörtliche Schreiben hat folgende Vorteile:
  ○ Sie bleiben beim Niederschreiben im Fluss Ihrer authentischen Gedanken.
  ○ Sie können kontrollieren, ob Sie das 10-80-10-Schema einhalten. Ich weiß es aus Erfahrung: Wenn Sie nur Stichworte aufschreiben, wird Ihnen das Trainieren der 10-80-10-Aufteilung nur sehr schwer bis gar nicht gelingen.
  ○ Sie bilden zwischen Ihrer Sprache und den Bildern neuronale Muster in Ihrem Gehirn, die Sie zur Sprechsituation haben. Deshalb ist es auch so wichtig, dass Sie immer wieder Ihren Auftritt, das Gespräch visualisieren.
  ○ Ihre Sprache wird emotionaler, und Sie trainieren damit auch, die emotionale Ebene zu beleuchten.
  ○ Ihre Sprache wird persönlicher.

– Sie können auf das wortwörtliche Schreiben verzichten, wenn Ihr Monolog länger als zehn Minuten dauern soll. Dann schreiben Sie nur für die Einleitung und die Ausleitung samt den beiden Plot-Points (also dem Konflikt) einen wortwörtlichen Text, für die Story reichen dann Stichworte.

– Grundsätzliches zur Länge: Ich empfehle Monolog-Situationen, also Statements, Präsentationen etc. mit fünf Minuten zu begrenzen, im äußersten Fall mit zehn Minuten. Ich kenne kaum Menschen, die bereit sind, länger aufmerksam zu bleiben! Von einem „nicht Können" einmal ganz abgesehen. Reicht diese Zeit wirklich nicht oder wird Ihr Auftritt in ein Schema gepresst (etwa bei einer Tagung), dann betrachten Sie die Zeitvorgabe (zum Beispiel 45 Minuten) als übergeordnete

Dramaturgie (Abbildung 43), unterteilen diese in – sagen wir – fünf Einheiten, die mit unterschiedlichen Elementen gefüllt werden. Sie starten so vielleicht mit einer Impulspräsentation, spielen dann einen Film vor, reichen eine zweite Präsentation nach, eröffnen danach einen Diskussionsteil und schließen mit einer appellierenden Schlusspräsentation ab. Sie bauen damit eine Performance auf, die Rücksicht auf die Konzentrationsfähigkeit der Menschen nimmt, und werden damit Ihre Botschaft effektiver absetzen können.

– Beim Schreiben achten Sie auf Folgendes:

o Fürs Hören schreiben – nicht „reden wie gedruckt" (Schreibsprache), sondern „Sprechsprache"!

o Das Publikum muss das Gesagte auf Anhieb verstehen – „Zurückblättern" gibt's nicht.

o Kurze Sätze, keine Fremdworte, umgangssprachliche Formulierungen.

o Kleben Sie sich auf die Beistrichtaste einen roten Aufkleber und berühren Sie die Taste ganz einfach nicht mehr. Statt auf den Beistrich drücken Sie auf den Punkt. So vermeiden Sie Schachtelsätze und es entstehen automatisch kürzere Sätze.

o Faustregel: Schreiben Sie so, dass ein Zehnjähriger *und* ein 40-Jähriger Ihnen folgen kann.

o Ziehen Sie Verben den (oft abstrakten) Hauptwörtern vor. Beispiel: „Unter Überblickung der Lage war mir, nach Beschreitung des Ortes des Geschehens, die Erringung eines Sieges möglich." Besser: „Er kam, sah und siegte!"

o Verwenden Sie bildhafte Beschreibungen.

o Sprechen Sie zu den Menschen, nicht zur Sache. Beispiel: „Diese Wahl entscheidet für oder gegen die Erneuerung unseres Landes!" Besser: „*Sie* helfen, dieses Land zu erneuern, wenn Sie am kommenden Sonntag wählen gehen!"

o Achten Sie auf persönlich emotionale Inhalte. Beispiel: „… und dann war ich total erstaunt …", oder: „… die Lösung des Problems hat mich einige Nerven gekostet …"

o Bauen Sie Beispiele und Vergleiche ein, das macht Ihre Sprache lebendig.

o Machen Sie Pausen, um die Aufmerksamkeit zu erhöhen.

o Verwenden Sie klare, gerade Aussagen ohne Hintertürchen. Lassen Sie rhetorische Weichspüler weg, zum Beispiel: eventuell, vielleicht, möglicherweise, eigentlich, im Grunde genommen, grundsätzlich etc.

○ Bleiben Sie konkret. Verzichten Sie auf Verallgemeinerungen, zum Beispiel: keiner, alle, immer etc.

○ Verzichten Sie auch auf eine „Konjunktivitis", zum Beispiel: könnte, sollte, würde, hätte, täte etc.

– Kontrollieren Sie beim Schreiben laufend, ob alle Sätze sich dem Thema unterordnen. Wenn nicht: Löschtaste!

– Überprüfen Sie ständig die 10-80-10-Struktur und redigieren Sie den Text, wenn notwendig.

– Wenn Sie fertig sind, prüfen Sie den Text mit einem zeitlichen Abstand nochmals auf Inhalt, Struktur und Formulierung.

Schritt 8: Karten erstellen

– Ich empfehle, professionelle Hilfsmittel für Ihre Sprechsituation zu verwenden. In meiner langen, mehrere Jahrzehnte andauernden Sprechertätigkeit bin ich so gut wie nie ohne sie aufgetreten: Moderationskarten. So werden die Karten genannt, die von – vor allem – den guten Moderatorinnen und Moderatoren auf Bühnen und im TV verwendet werden.

– Sie helfen Ihnen beim Einhalten des roten Fadens, ohne zum Auswendiglernen oder Ablesen zu *zwingen*. Viele erleben das Problem, dass die Gedanken des freien Formulierens nicht kongruent mit dem verfassten Text einhergehen und man die Karten so nach und nach „verliert". Daran sind jedoch nicht die Karten schuld, sondern ein falsches oder fehlendes *Üben* (wie man dies richtig macht, beschreibe ich im nächsten Schritt).

– Moderationskarten zu verwenden ist kein Ausdruck von Schwäche, sondern von Professionalität! TV-Moderatoren haben Karten in den Händen, obwohl sie es gar nicht bräuchten, denn sie lesen alles von einem Teleprompter ab, der direkt vor der Kameralinse angebracht ist. Der Grund für die Karten ist, dass sie bei den Zusehern das Gefühl erzeugen, das Gesagte ist wahr, es ist korrekt, es ist gut vorbereitet, es hat Gewicht – nur weil es verschriftlicht ist.

– Moderationskarten haben das Format A5 und bestehen aus einem 160-Gramm-Karton.

– Dadurch sind sie einerseits handlich, andererseits bieten sie reichlich Platz für Ihren Text.

– Ein dünnes A4-Blatt ist unhandlich, weil zu groß und nicht steif genug. Zudem sieht man ein etwaiges Zittern der Hand sehr stark, es verstärkt sich durch die Größe.

- Ich empfehle, diese Karten selbst zu machen, und zwar mit ganz normalem 80-Gramm-A4-Druckerpapier (siehe Abbildung 45):
  - Gehen Sie dazu nochmal in das Textverarbeitungsprogramm und bringen Sie Ihren Text auf eine Größe von 14 Punkt.
  - Nun verschieben Sie die untere Seitenbegrenzung auf mindestens 16 Zentimeter nach oben.
  - Als Rechtshänder vergrößern Sie den *linken* Seitenrand auf mindestens 3,5 Zentimeter, als Linkshänder den rechten. So schaffen Sie sich Platz für den Daumen, um die Karten gut halten zu können und gleichzeitig den Text nicht zu verdecken. Gehalten werden die Karten in der nichtführenden Hand (bei Rechtshändern in der linken), damit die führende zum Zeigen und Gestikulieren frei ist!
  - Auf die nun frei gewordene untere Hälfte können Sie zum Beispiel Ihr Logo, jenes der Veranstaltung, des Unternehmens etc. (verkehrt herum!) setzen.
  - Nummerieren Sie die Karten in der *Kopfzeile* im Format „Seite x von y". So sind Sie gewappnet, wenn Ihnen die Karten einmal vor lauter Aufregung hinunterfallen sollten …
  - Nun drucken Sie die A4-Blätter aus, falten sie in der Mitte und kleben sie gut (vor allem an den Rändern) mit einem Klebestift zusammen. Eventuell unter einem schweren Gegenstand pressen, bis der Kleber getrocknet ist und das Papier keine Falten mehr wirft.
  - Sie haben nun den ganzen Text auf den Karten. Rechnen Sie mit 45 Sekunden pro Karte. Bei einer Fünf-Minuten-Situation sind das dann sechs bis acht Karten. Bei mehr als zehn Minuten unterteilen Sie entweder in mehrere kleinere Präsentationen/Statements mit jeweils separaten Kartenbündeln. Oder Sie machen ein Kartenbündel mit der wortwörtlichen Einleitung inklusive des Konflikts, plus den Stichworten der Story, plus dem wortwörtlichen Text der Ausleitung ab der Konfliktauflösung.
- Ich empfehle, auch für Gespräche Karten anzufertigen – allerdings auch hier nur in der Version eines Kartenbündels mit der wortwörtlichen Einleitung und der wortwörtlichen Ausleitung. Dazu machen Sie sich für die mittlere Phase (Story), jene mit den Argumenten, eine eigene Karte mit einer Übersicht inklusive wichtiger Stichworte aller Argumente. Damit können Sie zum richtigen Zeitpunkt den richtigen Pfeil aus dem Köcher ziehen (siehe Abschnitt 3.1.3, „Dialog-Situation").

Eine professionelle Moderationskarte

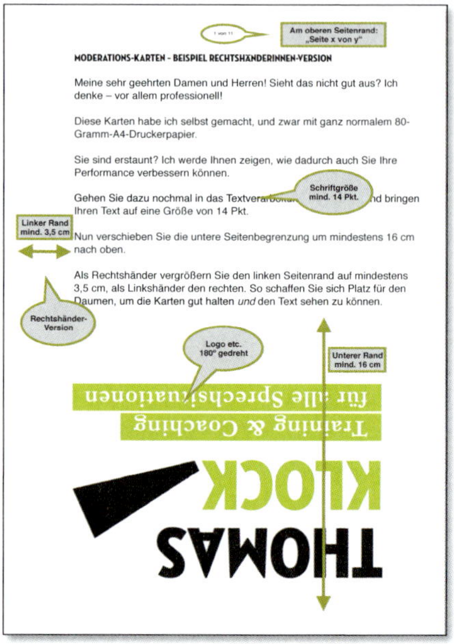

Abb. 45: So sieht eine professionelle Moderationskarte aus, wie ich sie auch für mich selbst fertige: Nehmen Sie normales Druckerpapier im Format A4, falten es in der Mitte und kleben es gut zusammen. Sie erhalten Karten im Format A5 in der Stärke eines 160-Gramm-Kartons.

Schritt 9: Vor dem Spiegel üben und den Text markieren

– Nun kommt das Wichtigste: das Üben! Wenn Sie Moderationskarten verwenden, ohne zu üben, geht der Schuss ziemlich sicher nach hinten los!

– Nehmen Sie sich eine Stunde Zeit und stellen Sie sich vor einen großen Spiegel. Achten Sie darauf, dass Sie allein und ungestört sind. Legen Sie sich einen Leuchtstift bereit.

– Beginnen Sie nun den Vortrag. Sie haben ihn bislang bloß geschrieben, also werden Sie die ersten Absätze mehr oder weniger ablesen müssen. Halten Sie die Karten dabei in der nichtführenden Hand, gestikulieren Sie mit der führenden, bewegen Sie Ihre Beine leicht und suchen Sie zwischen den Sätzen immer wieder den Blickkontakt mit sich selbst im Spiegelbild (damit trainieren Sie, später den Blickkontakt mit Ihrem Publikum herstellen zu können).

–   Wenn Sie den Vortrag durch haben, wiederholen Sie das Ganze. Dann ein drittes Mal, ein viertes und ein fünftes Mal. Von Mal zu Mal werden Sie erkennen: Wo sind die Passagen, die Mühe machen, wo Sie also mehr lesen müssen; und wo sind jene, die ganz leicht gehen, die Sie frei sprechen. Die Schlüsselwörter der mühsamen Passagen markieren Sie nun mit dem Leuchtstift.

–   Nun üben Sie weiter. Die markierten Stellen werden Sie von nun an wie Stichworte verwenden, da Sie aber immer den ganzen Text – und dies schon mehrfach – geübt haben, können Sie die Karten „blind" mitblättern, ohne den entsprechenden Text darauf suchen zu müssen. Und wenn Sie tatsächlich einmal etwas auf einer Karte suchen müssen, dann wird es Ihnen keine Mühe machen und Sie bleiben locker!

–   So geübt sind Sie auf jede Situation gut vorbereitet: Bei guter Verfassung benützen Sie die Karten nur von Stichwort zu Stichwort, bei Nervosität lesen Sie einfach mehr ab. Und wenn Sie dann einmal den perfekten Tag erwischen, lassen Sie die Karten einfach komplett links liegen – es kann Ihnen nichts mehr passieren, Sie sind immer gut vorbereitet!

–   P. S.: Achten Sie beim Üben vor dem Spiegel von Mal zu Mal stärker auf die „Generelle Sprechübungshaltung" (Checkliste 3, Seite 90) und bauen Sie beim Blicken die M-T-Regel ein (Abbildung 19, Seite 80).

Schritt 10: Folien erstellen

–   Erst wenn Sie die Sprechsituation gut beherrschen, also so weit sind, dass Sie auftreten könnten, gestalten Sie die Folien (Visualisierungshilfsmittel) für Ihre Präsentation.

–   Am besten: jeweils ein Bild zu den mit Leuchtstift markierten Stellen! Denn wenn Sie selbst sich beim Merken dieser Stellen oder Inhalte schon schwertun, wie wird es dann erst Ihrem Publikum ergehen? In diesem Fall helfen Bildunterstützungen.

–   Dann üben Sie den Vortrag noch mehrmals mit den Folien.

Das war die THOMAS KLOCK 10-Schritte-Expressanleitung. Sie sind nun gut vorbereitet. Für die Zeit unmittelbar vor dem Sprecheinsatz und auch währenddessen habe ich noch ein paar zusätzliche Tipps für Sie, davon lesen Sie im folgenden Teil.

BE PREPARED! DER SPRECHEINSATZ

Der große Augenblick steht bevor. Sie haben dieses Buch gelesen, die formalen Übungen haben aus Ihnen einen verbalen und nonverbalen Sprechtechnikprofi gemacht, die mentalen Übungen zudem einen einfühlsamen, emotional souveränen und selbstbewusst sicheren Kommunikator. Sie haben mit der 10-Schritte-Expressanleitung und dem Arbeitsblatt Ihre Sprechsituation ausgearbeitet und fühlen sich gut vorbereitet.

In diesem letzten Kapitel sehen wir uns nun noch an, was *unmittelbar* vor dem Sprecheinsatz zu tun ist, damit Sie das, was Sie sich in der Vorbereitung angeeignet haben, auch „auf die Straße bringen" können.

Zudem gebe ich noch ein paar Tipps für die Zeit *während* Ihres Sprecheinsatzes.

Das Aufwärmen 5.1

– Das THOMAS KLOCK Warm-up haben wir schon in Abschnitt 2.2.4 behandelt. Absolvieren Sie sämtliche Übungen entweder gleich am Morgen jenes Tages, an dem Ihr Sprecheinsatz stattfinden wird, oder ungefähr eine Stunde vor Ihrem Auftritt. Oder beides – das wäre natürlich die beste Variante.

– Denken Sie mindestens eine halbe Stunde vor Ihrem Sprecheinsatz nicht mehr an den Text, sondern nur mehr an die Tiefatmung und den weichen Bauch! Entweder können Sie den Text jetzt, oder Sie können ihn eben nicht – „lernen" werden Sie ihn nun nicht mehr … Dagegen ist die Gefahr groß, dass Sie sich in ein selbsthypnotisches „Ich kann's nicht …" hineinsteigern! Entspannen Sie sich durch tiefes Atmen und achten Sie auf einen weichen Bauch. So schaffen Sie die besten Voraussetzungen, um Ihren Text perfekt abrufbereit zu haben und sogar die Sicherheit zu verspüren, improvisieren zu können.

– Beginnen Sie zwei bis drei Stunden vor dem Sprecheinsatz mit dem Trinken von ein bis 1,5 Liter Wasser (Zimmertemperatur bis warm) oder leicht gebrühtem Kräutertee, zum Beispiel Melissentee, wenn Sie aufgeregt sind. Teilen Sie sich die Menge so ein, dass Sie 30 bis 45 Minuten vor dem Auftritt fertig sind. Sie werden mehrmals aufs WC gehen müssen – und das ist gut so, denn das Loslassen entspannt Sie und wenn notwendig auch Ihren Darm, wodurch etwaige Bauchschmerzen sich lindern lassen. Die Schleimhäute benötigen für eine Sprechsituation sehr viel Flüssigkeit und die muss schon *rechtzeitig* vorher eingenommen werden, damit sie durch den Organismus an die entsprechenden Stellen gelangt. Das „Wasserglas am Rednerpult" ist eine überkommene Metapher: Zum einen verwenden Profis keine Rednerpulte mehr, und zum anderen kommt der Schluck Wasser ohnehin nicht dort hin, wo er gebraucht wird, denn das ist die „falsche Röhre". Falls Sie meinen, das Wasserglas helfe gegen einen trockenen Mund, dann brauchen Sie erst recht die entsprechende Menge *vor* dem Sprecheinsatz. Und wenn auch das nicht hilft, dann stellen Sie sich vor, Sie beißen in eine Zitrone!

– Wenn Sie einen Tee zubereiten: Die Teemenge für ein bis 1,5 Liter sollte bloß jener für eine Tasse entsprechen (also z. B. ein Teebeutel), und lassen Sie den Tee auch nur drei bis vier Minuten ziehen. Sie brauchen vom Tee nur die Wirkstoffe, nicht die ätherischen Öle, die sind sogar schlecht für die Stimme.

– Achten Sie auf die Auswahl Ihrer Speisen und Getränke vor einem Sprecheinsatz. Verzichten Sie auf Lebensmittel, die eine schleimvermehrende Wirkung haben, zum Beispiel Milchprodukte. Kohlen- und Zitronensäure (in den meisten Erfrischungsgetränken) sind Gift für die Stimme, ebenso zu Kaltes und zu Warmes, und Kaffee trocknet die Schleimhäute aus.

– Wenn Sie schon Probleme mit den Stimmbändern haben, dann gurgeln Sie mit Eibischtee! Besser als die Blätter sind die Wurzeln, die man über Nacht in kaltem (!) Wasser ansetzen kann. Auch (dünn gebrühter) Salbei- oder Thymiantee ist gut. Achten Sie auf viel Feuchtigkeit in der Atemluft. Um die Stimmbänder feucht zu halten, helfen Tabletten mit dem Spezialsalz aus Bad Ems – Emser-Pastillen werden von allen Profis weltweit geschätzt. Das Inhalieren mit Emser Salz ist eine Akut- und eine vorbeugende Maßnahme. Verwenden Sie dafür Apparate nach dem Vernebler-Prinzip. Salzlösungen verdampfen zu lassen, ist wenig sinnvoll, da Sie dabei nur den Dampf einatmen, das Salz bleibt zurück. Zudem soll das Inhalat nicht heiß sein. Entsprechende Geräte sind zwar teurer, jedoch fantastisch in der Wirkung. Das Lutschen von Eibisch-, Salbei-, Thymian- oder Isländisch-Moos-Pastillen kann ebenfalls helfen. Wichtig: Jedes zu „scharfe" Medikament kann die Schleimhäute im Kehlkopf schädigen – die Folge kann sein, dass Sie zwar das Symptom (z. B. einer Halsentzündung) bekämpft haben, dadurch aber ausgerechnet am Tag des Sprecheinsatzes keine Stimme haben …

Wenn Sie Lampenfieber haben 5.2

– Das Wichtigste zum Thema Lampenfieber und Redeangst haben wir schon in den Kapiteln über die mentale Vorbereitung angesprochen. Gehen Sie dazu immer wieder die Empfehlungen „Was Sie gegen Lampenfieber und Redeangst tun können" (Seite 44) durch und machen Sie regelmäßig die Übungen 1 bis 3 (Seiten 16, 17 und 19).

– Gehen Sie das „THOMAS KLOCK Warm-Up" durch (Abschnitt 2.2.4).

– Machen Sie regelmäßig und über einen längeren Zeitraum vor dem Sprecheinsatz die hypnosystemischen Interventionstechniken des Kapitels 1.6.

– Wählen Sie eine Intervention, die Ihnen besonders gut gefällt und die Sie gut beherrschen, sodass Sie sie jederzeit spontan vor einem Sprecheinsatz durchführen können, wenn Sie sie benötigen.

– Rufen Sie einen angelegten Anker auf.

– Kreieren Sie sich einen Anker im Publikum: Bitten Sie eine Person Ihres Vertrauens, Sie immer dann ansehen zu dürfen und von ihr ein bewusst gesetztes Lächeln, Nicken oder dergleichen zu erhalten, wenn sich Unsicherheit in Ihnen bemerkbar macht.

– Nehmen Sie vor dem Auftritt vor einem Spiegel eine Körperhaltung ein, die Ihrem persönlichen Gefühl von Souveränität entspricht (z. B. „King-Kong-Haltung" mit abgewinkelten Armen die Fäuste nach oben etc.), oder machen Sie zumindest die Interventionstechnik „Affentrommeln" (Seite 51). Und denken Sie daran: „Wie man geht, so geht es einem!" (Embodiment).

– Verwenden Sie keine Laserpointer oder Fernbedienungen und verzichten Sie auf ein etwaig vorhandenes Rednerpult. Bewegen Sie sich stattdessen, machen Sie viele Schritte (siehe Kapitel 2.1).

– Wenn mehrere Sprecher hintereinander auftreten, warten Sie nicht! Sitzen Sie nicht auf Nadeln, sondern gehen Sie so früh wie möglich hinaus, womöglich als Erste bzw. als Erster.

– Kreieren Sie Affirmationen, die Sie wie ein Mantra vor sich her sagen können, zum Beispiel: „Heute geht's mir gut!" oder „Ich werde heute souverän und sicher sein!" Achten Sie auf eine positive Formulierung!

– Bitte nur in Absprache mit Ihrem Arzt: Nehmen Sie die homöopathischen Globuli „Argentum Nitricum D12" ein – lassen Sie fünf Kügelchen langsam unter der Zunge zergehen, jeweils 90, 60 und 30 Minuten vor Ihrem Auftritt. Das Medikament ist unter Schauspielern als Lampenfieberkügelchen bekannt und sehr beliebt.

5.3 Wie Sie mit einem Mikrofon umgehen

– Mikro ist nicht gleich Mikro. Während man sich vor Jahren mit einem schweren, an einen Fleischhammer anmutendes Stück Metall in der Hand samt unendlich langem, sich um alle ungebetenen Tisch-, Pult- und andere Füße windendes Kabel herumschlagen musste, haben sich vielerorts die luftig leichten Headsets durchgesetzt. Und auch wenn die drahtgebundene Übertragung fast ausgestorben ist, Handmikros, die per Funk übertragen, gibt es immer noch oft. Alle drei technischen Standards wollen unterschiedlich behandelt sein.

– Verlangen Sie ein Headset. Und seien Sie dabei ruhig lästig. Oft existieren in Sälen oder Konferenzräumen solche Einrichtungen, sind aber auch manchmal schlecht gewartet, und bevor der oder die Verantwortliche neue Batterien holt, wird vielleicht doch versucht, den (Noch-) Nicht-Profi zum Kabel- bzw. Handmikro zu überreden …

– Stellen Sie das Mikrofon eines Headsets so ein, dass es sich nicht direkt vor Ihrem Mund befindet, sondern seitlich davon und in einem zwei Finger breiten Abstand von der Wange. Die Haltebügel auf sicheren, aber sanften Druck einstellen. Bei den meisten Modellen sollte sich der Bügel im Nacken befinden.

– Handmikros werden – um störende Atemgeräusche zu vermeiden – ebenfalls nicht frontal besprochen, sondern schräg, und zwar horizontal *und* vertikal betrachtet. Die gedachte verlängerte Achse des Mikrofons führt somit durch den Mund in Richtung der gegenüberliegenden Ohrspitze, wobei die Mikrofonkapsel sich in einem Abstand von einer Handbreit zum Gesicht befinden soll.

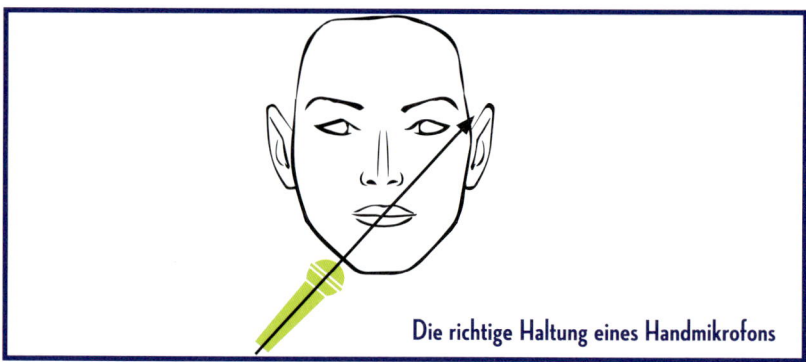

Die richtige Haltung eines Handmikrofons

Abb. 46: Die gedachte verlängerte Achse des Mikrofons führt durch den Mund in Richtung der gegenüberliegenden Ohrspitze.

– Handmikros gehören in die nichtführende Hand, also bei Rechtshändern in die linke! Wie schon besprochen, ist die führende Hand bei den meisten Menschen die beweglichere und sollte als Zeigehand und zum Gestikulieren benutzt werden. Die weniger beweglichere eignet sich zum Halten des Mikros viel besser, da Sie zwecks konstantem Lautstärkepegel einen gleichmäßigen Abstand zwischen Mikro und Mund einhalten sollten. Beim Drehen des Kopfs geht somit das Dreieck aus Unterarm, Oberarm und Mund-Mikro-Abstand immer mit. Moderationskarten nehmen Sie üblicherweise auch in die nichtführende Hand, wenn Sie jedoch ein Handmikro verwenden müssen, nehmen Sie sie in die führende und zeigen bzw. gestikulieren mit den Karten.

– Üben Sie das vorhin besprochene körperliche Zusammenspiel mit einem Gegenstand, der einem Handmikro ähnlich sieht (z. B. eine elektrische Zahnbürste), vor dem Spiegel.

– Wenn Sie noch einen Dinosaurier namens Kabelmikro in die Hand gedrückt bekommen, entlasten Sie den Stecker und verhindern Sie lästige Knackgeräusche, indem Sie eine kleine Kabelschlaufe machen, die Sie gemeinsam mit dem Mikro halten.

– Sprechen Sie mit Mikro nicht anders als ohne. Wenn Sie schon ein Stimmtraining hinter sich und gelernt haben, wie das „Stützen" funktioniert, dann können Sie dies anwenden, um Ihre Lautstärke besser steuern zu können.

– Den eigenen Stimmklang über Lautsprecher zu ertragen, muss man lernen! Nehmen Sie deshalb so oft Sie können Ihre eigene Stimme auf (z. B. mit dem Smartphone) und hören Sie sie mit guten Lautsprechern oder Ohr- bzw. Kopfhörern möglichst laut an. So gewöhnen Sie sich nach und nach an Ihre Stimme.

5.4 Nachfolgende Diskussion oder Fragerunde

– Lassen Sie sich nicht unterbrechen! Stellen Sie von Anfang an klar, dass Sie Fragen erst nach dem Ende Ihrer Präsentation beantworten. Sprecher, die am Beginn verkünden, man könne sie jederzeit und gern unterbrechen, zweifeln wohl an Ihrer eigenen Botschaft. Sie müssen selbst bestimmen, wann dies der Fall sein kann, darf und soll. Meine Empfehlung lautet, die Statements, die Präsentation etc. so kurz wie möglich und nur so lang wie nötig zu halten und danach einer Diskussion großzügig Raum zu geben.

– Sie könnten dies bereits in der Smalltalk-Phase ansprechen: „Die Präsentation wird nun fünf Minuten dauern, ich möchte Ihnen damit einen klaren Einblick in meine These und auch einen konkreten Lösungsvorschlag bieten. Sollten Sie Fragen haben, bitte heben Sie sich diese auf und machen Sie sich vielleicht Notizen, am Ende lade ich gern zu einer Diskussion ein und werde Ihre Fragen beantworten."

– Meine Erfahrung: Je klarer Sie Ihr Thema transportiert haben, umso bessere Fragen erhalten Sie, also solche, die das Thema unterstützen, die prägnant formuliert sind und die Ihnen tatsächlich bei der Vermittlung Ihres Inhalts behilflich sind, anstatt allen nur Zeit zu rauben.

– Geben Sie eine nicht wertende Antwort! Beispiel: „Das ist eine hervorragende Frage!" Sie meinen es vielleicht ja gut, aber alle anderen Fragesteller fühlen sich nun abgewertet.

– Vermeiden Sie es, zu schulmeistern. Beispiel: „... Das hätten Sie jetzt aber wissen können ...", oder: „... Das hab ich Ihnen ja schon vorher erklärt ..."

– Paraphrasieren Sie zunächst die Frage und dann erst beantworten Sie sie.

– Wenn Sie eine Frage stört, aus welchem Grund auch immer, können Sie sagen: „Wer möchte diese Frage noch beantwortet haben?" Wenn sich niemand meldet oder nur sehr wenige, bieten Sie an, diese Frage in der Pause bilateral zu klären. Wenn sich viele melden, wissen Sie, dass Sie hier eine Erwartung unterschätzt haben und stellen sich der Aufgabe.

– Wenn Sie gefragt werden wollen, aber keiner fragt: „Was ich an dieser Stelle oft gefragt werde, ist ...", oder: „Ein Punkt, der jedes Mal sehr viele interessiert, ist ...", und dann beantworten Sie sich die Frage selbst. Diese Vorgehensweise führt oft dazu, dass eine stockende Diskussion bzw. Fragerunde in Gang kommt.

– Wenn Sie keine weiteren Fragen mehr bekommen wollen: „Wir kommen nun langsam zum Ende. Es sind noch zwei Fragen möglich, welche Frage ist für Sie die dringendste?"

Pannenhilfe 5.5

– First of all: Beheben Sie Pannen schweigend! Kommentieren Sie sie nicht. Aus meiner langen Erfahrung weiß ich, dass vielen Zuhörern Pannen, auch wenn sie Ihnen noch so offensichtlich erscheinen, nicht auffallen. Sie bekommen es erst mit, wenn Sie darüber sprechen.

– Eine Panne tritt dann ein, wenn etwas nicht so abläuft, wie Sie es geplant haben. Aber wer außer Ihnen weiß schon, wie etwas geplant war.

– Versprecher sind Schall und Rauch. In den allermeisten Fällen, die ich kenne, empfehle ich, sich nicht darum zu kümmern. Hinter Versprechern verbirgt sich sehr, sehr oft der geheime Wunsch einer „Perfektionitis". Auch Versprecher nehmen die meisten Zuhörer nicht wahr. Was sie jedoch sofort spüren, ist Ihr Gefühl einer Scham. Betrachten Sie Versprecher als etwas Natürliches, und sie werden schlagartig zurückgehen.

– Der Trick gegen Schamgefühle ist Ihre innere Haltung: „Das ist so geplant!"

– Keine Angst vor einem Hänger. Auch das kommt bei jedem Profi ständig vor. Der Trick, wenn's passiert ist: Wiederholen Sie ganz einfach den letzten Satz.

– Für ganz wichtige Sprechsituationen bereiten Sie sich einen Notfallkoffer, ein Sicherheitsnetz, vor: doppelte Moderationskarten, einen Ersatz-USB-Stick mit den Folien, Ersatzkabel zum Anschließen Ihres Computers usw.

– Wenn eine schwerwiegende Panne eingetreten ist, durch die Sie nicht weitermachen können: Bleiben Sie mit Ihrem Fokus beim Publikum. Reden Sie nicht über das Problem, reden Sie darüber, wie sich das Publikum jetzt wohl fühlt und dass Sie verstehen, dass die Panne unangenehm ist. Wenn weiterhin keine Lösung in Sicht ist, machen Sie eine Pause.

– Fazit: Nur wer perfekt vorbereitet ist, also viel geübt hat, kann auch improvisieren!

Die THOMAS KLOCK Methode – ZWISCHENBILANZ 9

– Falls Sie mit der Methode schon vertraut sind oder eine schnelle Vorbereitung benötigen, verwenden Sie die THOMAS KLOCK 10-Schritte-Expressanleitung.

– Egal, ob Sie mit der Expressanleitung und/oder mit dem Arbeitsblatt arbeiten – in beiden Fällen schreiben Sie sich einen wortwörtlichen Text auf. So beherrschen Sie die Dramaturgie.

– Der wortwörtliche Text wird weder abgelesen noch auswendig gelernt, sondern Sie gestalten daraus professionelle Moderationskarten.

– Moderationskarten sind für alle Eventualitäten einsetzbar: Bei guter Verfassung benützen Sie die Karten als Stichwortkonzept, bei einer weniger guten lesen Sie mehr ab, und an einem perfekten Tag verwenden Sie sie gar nicht – Sie sind immer gut vorbereitet!

– Moderationskarten funktionieren nur, wenn Sie professionell damit üben!

– Die Folien für eine Präsentation erstellen Sie am Schluss Ihrer Vorbereitung, und zwar dann, wenn Sie alles schon gut „können".

– Vor einem Sprecheinsatz nehmen Sie sich ausreichend Zeit für das Aufwärmen. Dafür bieten sich zahlreiche Übungen an. Stellen Sie sich ein Standardprogramm zusammen!

– Ergänzen Sie dieses durch spezielle Übungen, wenn Sie Lampenfieber verspüren oder unter Redeangst leiden. Mit Übung hat noch jede und jeder derartige Symptome in den Griff bekommen!

– Trainieren Sie den richtigen Umgang mit Mikrofonen.

– Üben Sie, nachfolgende Diskussionen zu steuern und wie Sie professionell mit Pannen umgehen.

– Beheben Sie Pannen schweigend, nicht kommentieren!

– Versprecher sind keine Panne, sie sind menschlich!

– Ob etwas anderes eine Panne ist oder nicht, wissen in vielen Fällen nur Sie allein. Nehmen Sie deshalb bei Pannen grundsätzlich die innere Haltung „Das ist so geplant!" ein. So bleiben Sie cool und können die Panne gelassen beheben.

YOU'RE PREPARED!

Führungskräfte und Menschen mit Verantwortung sind heutzutage einer Vielzahl von großen Herausforderungen unterworfen. Die kommunikativen Kompetenzen sind dabei so wichtig wie noch nie. Doch nicht nur das Vertreten des Unternehmens oder der Institution nach außen ist dabei ein gewichtiges Aufgabenfeld, es ist auch die Kommunikation nach innen, für die Prozesssteuerung und das Führen von Mitarbeiterinnen und Mitarbeitern durch Sprache und Sprechen. In entscheidenden Situationen sprachlich zu bestehen, die zu vermittelnden Inhalte auf den Punkt zu bringen und eine professionelle Form zu wahren, das alles ist unabdingbar.

Erinnern Sie sich an einen der ersten Absätze dieses Buchs? Da habe ich die Frage gestellt, was die meisten Menschen von echten Profis im Kommunikationszirkus unterscheiden würde. Meine Antwort war: die professionelle Vorbereitung inklusive professionellen Übens. Das würde nicht etwa Zeit kosten, schrieb ich weiter, es würde Zeit sparen, weil Sie damit Ihr Ziel auf Anhieb erreichen würden, ohne zeitfressende „Ehrenrunden" …

Vielleicht waren Sie beim Lesen dieser Zeilen skeptisch. Wenn Sie mir nun – am Ende des Buchs angekommen – durch Ihre Erfahrungen mit den vorgeschlagenen Übungen glauben, dann ist bereits ein großes Stück Arbeit in Ihrem Inneren geschehen. Eine positive Einstellung zu einer professionellen Vorbereitung ist genauso wichtig wie die positive Einstellung zur Sprechsituation selbst.

Jede und jeder von uns ist heute fachlich gut ausgebildet. Sonst hätten wir nicht den Job, den wir haben. Die Unterschiede zwischen den Menschen werden mehr denn je durch die sozialen und damit kommunikativen Kompetenzen bestimmt. *Wie* Sie es sagen, entscheidet, ob Ihre Botschaft gehört und verstanden wird. Natürlich muss der Inhalt passen, er muss wahr, fundiert, gut argumentiert und vor allem korrekt sein. Wie Sie jedoch die „richtigen" Fakten finden und sie danach in ein Verhältnis zueinander und unter einen Hut bekommen, das bestimmt den Grad Ihrer Überzeugungskraft. Die THOMAS KLOCK Methode ist dafür der perfekte Leitfaden.

Vielleicht glauben Sie mir, ohne die Übungen gemacht zu haben. Das freut mich natürlich, und ich bedanke mich für Ihr Vertrauen. Leider wird das nicht reichen: Das „Lesen über" – wie auch das „Reden über" – hat keine Chance gegen das „Erleben von". Um ins Erleben zu kommen, müssen Sie in Ihrer Vorbereitung *üben*.

Ein bekanntes Sprichwort sagt: „Zwischen dem Wissen und dem Tun liegt der große, weite Ozean …" Sie können Ozean auch mit Üben übersetzen.

„Theoretisch kann ich praktisch alles!" habe ich vor Kurzem irgendwo auf einer Postkarte gelesen. Köstlich, nicht wahr? Es ist gar nicht so absurd, den Satz weiterzuentwickeln: „Praktisch kann ich praktisch alles." Ja! Durch Üben.

Weil es in meinen Augen so wichtig ist, möchte ich noch einen Absatz, der schon am Beginn des Buchs steht, an dieser Stelle wiederholen: „Vorbereitung hat bei den Profis ein fixes Zeitbudget, alles andere ist disponierbar. Weil sie wissen, dass von einer guten Vorbereitung alles abhängt: richtige Entscheidungen, Erfolg und Karriere, sogar die Gesundheit … Wenn Sie sagen, Sie haben sicher keine Zeit für eine gute Vorbereitung, dann ist dieses Buch nichts für Sie …"

Indem Sie eben diese Zeilen gelesen haben, ist es offensichtlich geworden: Sie *haben* sich die Zeit genommen!

Willkommen im Kreise der Profis!

YOU'RE PREPARED!

Viel Erfolg!

BILANZ – Die THOMAS KLOCK Methode ...

- ist eine umfassende und gleichzeitig kompakte Methode zur Vorbereitung und Durchführung aller Sprechsituationen im Business;
- bringt die mentale, formale und inhaltliche Ebene in einem Gesamtkonzept zusammen, wodurch eine ganzheitliche Wirkung entsteht;
- betrachtet Menschen als sich selbst organisierende und ihre Realität ständig neu konstruierende Wesen, deren Gehirn der Vorstellungskraft und dem tatsächlichen Erleben den gleichen Stellenwert gibt;
- arbeitet intensiv mit der emotionalen Ebene, da diese viele Ressourcen für Lösungen in sich birgt und ein Einander-Verstehen erst möglich macht;
- versteht Kommunikation als zieldienlich, wenn ihr eine wertschätzende, empathische und lösungsorientierte Haltung zugrunde liegt;
- betrachtet Konflikte als Situationen, in denen Menschen nicht gegen andere handeln, sondern für ihre Bedürfnisse;
- berücksichtigt, dass der Inhalt durch die Ziele bestimmt wird und die Form den Inhalt qualifiziert;
- anerkennt, dass Redeangst ein weitverbreitetes, natürliches Phänomen ist, und beinhaltet zahlreiche Übungen und Tools, die sie beherrschbar machen;
- sieht den Körper als Steuerpult für eine gute persönliche Wirkung und für die Kontrolle der emotionalen Ebene;
- gibt der Stimme des Menschen und einer bildhaften Sprache eine große Bedeutung für die inhaltliche Verständlichkeit;
- achtet auf die Bild/Ton-Schere und setzt den Menschen, nicht das Bild, in den Vordergrund;
- bildet alle Formen der zwischenmenschlichen Kommunikation im THOMAS KLOCK Modell der „Dramaturgischen Musterkurve" ab;
- beinhaltet die THOMAS KLOCK 10-Schritte-Expressanleitung und das THOMAS KLOCK Arbeitsblatt – einzigartige Leitfäden zur perfekten Vorbereitung;
- inkludiert zahllose Tipps und Übungen für die professionelle Vorbereitung und Durchführung von Sprechsituationen im Business;
- wirkt: YOU'RE PREPARED!

Danke!

Durch ihre fachkundigen Blicke auf das Manuskript habe ich von Ingrid Amon, Marie Hauswirth MSc und Nina Hrastnik MSc wertvolle Feedbacks erhalten – herzlichen Dank für die viele Zeit und Mühe sowie gleichzeitig für das Geschenk inniger Freundschaft!

Oft sind es Kleinigkeiten, die eine große Wirkung haben. Danke für einen entscheidenden Hinweis von Mag. Petra Rudolf!

Das Buch bei Leykam als einem der traditionsreichsten Verlage im deutschen Sprachraum herausbringen zu können, ist eine Ehre – dafür meinen herzlichen Dank an den Verlagsleiter Dr. Wolfgang Hölzl. Allen, die im Leykam Verlag bei der Geburt dieses Buches mitgeholfen haben, insbesondere Mag. Elisabeth Klöckl-Stadler, ein ganz großes Danke! So zu schreiben, wie man spricht, hört sich meist gut an, liest sich aber oft mühsam. Meiner Lektorin Dr. Rosemarie Konrad danke ich für ihren unermüdlichen Einsatz zur Verteidigung der deutschen Wortstellung – nebst all den anderen so wertvollen Hinweisen.

Ein herzliches Danke für die Unterstützung während der Zeit des Schreibens durch die motivierenden Worte und Taten von Claudia, Cordelia, Maria, Martha, Ernst, Hubert, Manfred und Michael.

Die Äußerungsebene von Menschen beschäftigt mich schon lange. In meiner Kindheit unterstützten mich meine Eltern, meine Großeltern und viele Verwandte wie mein verstorbener Onkel Günther, zu dem ich eine ganz besondere Beziehung hatte. Ich erhielt das Geschenk, prägenden Lehrerinnen und Lehrern begegnet zu sein, vor allem meinem Musiklehrer im Gymnasium, Prof. Fritz Haselwander: Deine Botschaften sind mir heute noch im Ohr, und sie sind nach wie vor Teil meiner Arbeit – danke für die wunderbare Zeit!

Sämtlichen wohlmeinenden Wegbegleiterinnen und Wegbegleitern während meiner Rundfunkzeit ein herzliches Danke. Allen voran meinem einstigen Idol, dann Mentor, anschließend Chef und schließlich Freund, Dieter Dorner. Du bist 2012 viel zu früh von uns gegangen.

Meinen Eltern, meinem Bruder und seiner Familie, Stephanie, Moritz und Nina: Danke für – alles!

@St.B. und @M.T.: Hope you're prepared ;) ly

Wenn Sie Kontakt aufnehmen möchten!

Sollten Sie Interesse an Trainings, Coachings, Vorträgen und Interviews haben, bitte wenden Sie sich vertrauensvoll an mich. Meine aktuellen Kontaktdaten finden Sie auf meiner Website:

www.thomasklock.at

Rufen Sie mich ganz einfach an oder schreiben Sie mir eine E-Mail. Ich freue mich auf Sie!

Anmerkungen

[1] Loehr (2014), S. 18.

[2] Aus Sicht der Hypnosystemik ist der Begriff der „Wahrnehmung" unsauber. Das Ich entwickelt sich von Beginn unseres Lebens an interaktionell, als ständiger Rückkopplungsprozess mit der Umwelt. Wie Gunther Schmidt, der Begründer der Hypnosystemik, im Buch „Der Realitätenkellner" (2011) schreibt, ist die Äußerung „Ich nehme es wahr" nie die quasi fotografische Abbildung dessen, wie „es ist", sondern immer schon eine selbstorganisierte autonome Leistung, fokussierend Reize auszuwählen und sie so zu verarbeiten, dass erst entsteht, was man „Wahrnehmung" nennt. Deshalb schlägt Schmidt auch vor, solche Prozesse „Wahrgebung" (2011, S. 19) zu nennen.

[3] Vgl. Bauer (2005).

[4] Vgl. Stein, Walker & Forde (1996).

[5] Vgl. Spahn (2012), S. 13ff; Beushausen (2000), S. 22–26.

[6] Vgl. Roth, zit. nach Tarr (2004), S. 22.

[7] Haubl & Spitznagel (1983), zit. nach Beushausen (2000), S. 13.

[8] In der Studie kam klar heraus, dass viele Menschen in der Beantwortung der Frage nach dem Grad der Beeinträchtigung bagatellisieren und so auf einer entsprechenden Skala niedrigere Werte angeben, als es Ihrer erlebten Redeangst nach entsprechen würde. Zum Beispiel zählten Respondenten bis zu 16 (!) körperliche Symptome während ihrer Sprechsituationen auf, obwohl sie auf die Frage „Wie fühlen Sie sich am ehesten, wenn Sie in einer durchschnittlichen Situation vor Menschen stehen und zu ihnen in Form einer Rede, eines Vortrags, einer Präsentation u. Ä. sprechen?" die Antwort „Ich bin stärker angespannt, fühle mich aber trotzdem sicher" angaben! Keine Einzige bzw. kein Einziger dieser Antwortgruppe gab „kein körperliches Symptom" an.

[9] Vgl. Bartl (2011), in: Leeb, Trenkle & Weckenmann (Hrsg.) (2011).

[10] Dr. Gunther Schmidt zählt zur sogenannten „Heidelberger Schule", die wesentlich zur Entwicklung der systemischen Therapie im deutschsprachigen Raum beigetragen hat. Er ist Mitbegründer des Heidelberger Instituts für systemische Forschung und Beratung, des Helm Stierlin Instituts in Heidelberg, des Milton-Erickson-Instituts in Heidelberg, das er auch leitet, der Abteilung systemisch-hypnotherapeutische Psychosomatik der ehemaligen Fachklinik am Hardberg und der Privatklinik für Psychosomatik und Psychotherapie des sysTelios Gesundheitszentrums Siedelsbrunn, dessen ärztlicher Leiter er ist.

[11] Vgl. Schmidt (2011), in Leeb, Trenkle & Weckenmann (Hrsg.) (2011).

[12] Vgl. Schmidt (2005).

[13] Der Namensgeber, Iwan Petrowitsch Pawlow, bekam dafür 1904 den Nobelpreis verliehen. Hunde reagieren auf die Gabe von Futter mit einer Zunahme des Speichelflusses. Pawlow ließ nun in einem Experiment jedes Mal unmittelbar vor dem Füttern eine Glocke ertönen. Bald konnte er feststellen, dass nach einigen Durchgängen bereits der alleinige Klang der Glocke genügte, um den vermehrten Speichelfluss auszulösen. Es war also zu einer neuen Reiz-Reaktions-Verknüpfung gekommen. Neurobiologisch betrachtet ist dafür das sogenannte „Hebb'sche Gesetz" verantwortlich: „Cells that fire together, wire together."

[14] Ion & Brand (2009), S. 42.

[15] Unter „Wahrnehmung" ist die Funktionsweise eines Filters zu verstehen, der aus den Abermillionen Reizen nur jene „durchlässt", die unseren Grundüberzeugun-

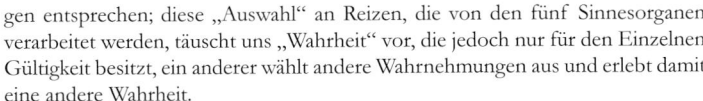

gen entsprechen; diese „Auswahl" an Reizen, die von den fünf Sinnesorganen verarbeitet werden, täuscht uns „Wahrheit" vor, die jedoch nur für den Einzelnen Gültigkeit besitzt, ein anderer wählt andere Wahrnehmungen aus und erlebt damit eine andere Wahrheit.

[16] Wenn die äußere Haltung den Inhalt qualifiziert und die äußere Haltung auch Ausdruck der inneren Haltung ist, dann heißt das, dass der Inhalt von der inneren Haltung qualifiziert wird (was sich mit den Erkenntnissen aus Teil 1 deckt). Vielleicht ist das auch der Grund, warum das Wort so heißt: „In-halt"!

[17] Diese Studie von Fritz Strack, Leonard Martin und Sabine Stepper über den Einfluss des Gesichtsausdrucks auf die Beurteilung der Witzigkeit von Karikaturen gilt als klassische Studie des Forschungsgebiets Embodiment.

[18] Von Gary Wells und Richard Petty, 1980.

[19] Auch wenn wir uns die Ohren zuhalten, hören wir, und zwar über die Haut und das Skelett. Darüber gelangen Schwingungen in das Innenohr und werden als Reize ins Gehirn übertragen. Seh-, Geruchs- und Geschmackssinn lassen sich vollständig verschließen. Der Tastsinn hingegen lässt sich nicht komplett ausschalten, manche Informationen werden permanent aufgenommen, z. B. Temperatur, Luftbewegungen, Schwerkraftempfinden usw. Jedoch ist es möglich, das bewusste Tasten einzustellen, indem man nicht greift, in der Bewegungslosigkeit keine Wechsel von Druckstellen empfindet usw., womit sich der Tastsinn weit mehr herunterregeln lässt als das Hören.

[20] Genau genommen wird dafür die Zwischenrippen- und Teile der Bauch- sowie Rückenmuskulatur verwendet, die beim Ausatmen dem nun wieder nach oben wandernden Zwerchfell entgegenwirken. Dadurch entsteht die Voraussetzung, in unserem Inneren eine Luftsäule aufzubauen. Diese Luftsäule ist die eigentliche „Saite", die in uns schwingt und die von den Stimmbändern „angeschlagen" wird.

[21] Studie von Casey A. Klofstad, Rindy C. Anderson und Susan Peters, Universität Miami, 2012.

[22] Studie von Bill Mayew, Mohan Venkatachalam und Christopher Parsons, University of California, San Diego, 2013.

[23] Studie von Susan Hughes, Albright College, 2010.

[24] Vgl. Hüther (2004).

[25] Die Hauptbotschaft, jene, auf die sich die ganze Marketinglinie stützt, wird USP (Unique Selling Proposition) genannt.

[26] Ich beschäftige mich schon sehr lange mit dieser Thematik und musste feststellen, dass es in diesem Bereich im deutschsprachigen Kulturkreis eine geradezu babylonische Sprachverwirrung gibt. Mein Modell soll dazu beizutragen, diesbezüglich ein wenig Ordnung zu schaffen.

[27] vgl. Bauer (2005).

[28] vgl. Berendt (1983).

[29] Die Tragödie befasst sich mit dem unausweichlich schicksalhaften Scheitern eines Protagonisten ab dem Zeitpunkt einer Katastrophe.

[30] Hüther im Interview für den Blog „Treibstoff" von „news aktuell" der Deutschen Presseagentur am 24.02.2017. https://www.newsaktuell.de/academy/wp/was-geschichten-im-gehirn-bewirken/

[31] Damit „das Neue" des Themas verstanden werden kann, muss es natürlich ebenfalls an bereits Vorhandenes anknüpfen. Profis gestalten das Thema deshalb mit einer klaren und einfachen Aussage, die vor allem den Unterschied zu bisherigen Betrachtungen des Themenfelds hervorhebt. So entsteht automatisch eine Anknüpfung an Bestehendes.

Weiterführende und zitierte Literatur

AMON, Ingrid (2011). Die Macht der Stimme. Persönlichkeit durch Klang, Volumen und Dynamik. München: Redline.

ANDERSEN, Hans Christian (1996). Sämtliche Märchen. Düsseldorf: Albatros.

BAUER, Joachim (2005). Warum ich fühle, was du fühlst. Intuitive Kommunikation und das Geheimnis der Spiegelneurone. München: Heyne.

BALSER-EBERLE, Vera (1993). Sprechtechnisches Übungsbuch. Wien: ÖBV.

BERENDT, Joachim-Ernst (1983). Nada Brahma. Die Welt ist Klang. Frankfurt: Insel.

BEUSHAUSEN, Ulla (2000). Sicher und frei reden. Sprechängste erfolgreich abbauen. München: Ernst Reinhardt.

BOHNE, Michael (2008). Klopfen gegen Lampenfieber. Sicher vortragen, auftreten, präsentieren. Reinbek: Rowohlt.

BRÜGGEMEIER, Beate (2010). Wertschätzende Kommunikation im Business. Wer sich öffnet, kommt weiter! Paderborn: Junfermann.

COBLENZER, Horst & MUHAR, Franz (1976). Atem und Stimme. Anleitung zum guten Sprechen. Wien: ÖBV.

COLE, Kris (1996). Kommunikation klipp und klar. Besser verstehen und verstanden werden. Weinheim: Beltz.

COYLE, Daniel (2009). The Talent Code. Greatness Isn't Born, It's Grown. London: Random House.

HEY, Julius (1997). Der kleine Hey. Die Kunst des Sprechens. Mainz: Schott.

HÜTHER, Gerald (2004). Die Macht der inneren Bilder. Wie Visionen das Gehirn, den Menschen und die Welt verändern. Göttingen: Vandenhoeck und Ruprecht.

ION, Frauke & BRAND, Markus (2009). Motivorientiertes Führen. Führen auf Basis der 16 Lebensmotive nach Steven Reiss. Offenbach: Gabal.

LANGEHEINE, Linda (2004). Lampenfieber ade. Leitfaden für die erfolgreiche Bewältigung von Auftrittsangst. Frankfurt: Zimmermann.

LEEB, Werner; TRENKLE, Bernhard & WECKENMANN, Martin (Hrsg.) (2011). Der Realitätenkellner. Hypnosystemische Konzepte in Beratung, Coaching und Supervision. Heidelberg: Carl-Auer.

LOEHR, James E. (2014). Die neue mentale Stärke. Sportliche Bestleistung durch mentale, emotionale und physische Konditionierung. 8. Aufl. München: BLV Buchverlag.

MOLCHO, Samy (2001). Alles über Körpersprache. Sich selbst und andere besser verstehen. München: Goldmann.

Rosen, Sidney & Hoffmann, Lynn (2009). Die Lehrgeschichten von Milton H. Erickson. Salzhausen: Isko-Press.

Rosenberg, Marshall B. (2004). Gewaltfreie Kommunikation. Eine Sprache des Lebens. Paderborn: Junfermann.

Schmidt, Gunther (2005). Einführung in die hypnosystemische Therapie und Beratung. Heidelberg: Carl-Auer.

Schulz von Thun, Friedemann (1981). Miteinander Reden (Bände 1 bis 3). Allgemeine Psychologie der Kommunikation. Reinbek: Rowohlt.

Spahn, Claudia (2012). Lampenfieber. Handbuch für den erfolgreichen Auftritt – Grundlagen, Analyse, Maßnahmen. Leipzig: Henschel.

Spitzer, Manfred (2002). Lernen. Gehirnforschung und die Schule des Lebens. Heidelberg: Spektrum.

Sprenger, Reinhard K. (2004). Die Entscheidung liegt bei dir. Wege aus der alltäglichen Unzufriedenheit. Frankfurt: Campus.

Stein, M. B.; Walker, J. R. & Forde, D. R. (1996). Public-Speaking Fears in a Community Sample – Prevalence, Impact on Functioning, and Diagnostic Classification, in: Archives of General Psychiatry, 53, S. 169–174.

Storch, Maja; Cantieni, Benita; Hüther, Gerald & Tschacher, Wolfgang (2006). Embodiment. Die Wechselwirkung von Körper und Psyche verstehen und nutzen. Bern: Hans Huber.

Tarr, Irmgard (2004). Vom Lampenfieber zur Vorfreude. Sicher und souverän auftreten. Kröning: Asanger.

Tomatis, Alfred (1995). Das Ohr und das Leben. Erforschung der seelischen Klangwelt. Düsseldorf: Patmos.

Watzlawick, Paul; Beavin, Janet & Jackson, Don (1969). Menschliche Kommunikation. Formen, Störungen, Paradoxien. Bern: Hogrefe.

Notizen

Notizen

Notizen

Notizen

Notizen